Teubner Studienbücher Chemie

Braun / Fuhrmann / Legrum / Steffen
Spezielle Toxikologie für Chemiker

Teubner Studienbücher Chemie

Herausgegeben von
Prof. Dr. rer. nat. Christoph Elschenbroich, Marburg
Prof. Dr. rer. nat. Friedrich Hensel, Marburg
Prof. Dr. phil. Henning Hopf, Braunschweig

Die Studienbücher der Reihe Chemie sollen in Form einzelner Bausteine grundlegende und weiterführende Themen aus allen Gebieten der Chemie umfassen. Sie streben nicht die Breite eines Lehrbuchs oder einer umfangreichen Monographie an, sondern sollen den Studenten der Chemie – aber auch den bereits im Berufsleben stehenden Chemiker – kompetent in aktuelle und sich in rascher Entwicklung befindende Gebiete der Chemie einführen. Die Bücher sind zum Gebrauch neben der Vorlesung, aber auch – da sie häufig auf Vorlesungsmanuskripten beruhen – anstelle von Vorlesungen geeignet. Es wird angestrebt, im Laufe der Zeit alle Bereiche der Chemie in derartigen Lehrbüchern vorzustellen. Die Reihe richtet sich auch an Studenten anderer Naturwissenschaften, die an einer exemplarischen Darstellung der Chemie interessiert sind.

Spezielle Toxikologie für Chemiker

Eine Auswahl toxischer Substanzen

Von
Prof. Dr. rer. nat. Rainer Braun,
Prof. Dr. med. Günter Fred Fuhrmann,
Prof. Dr. rer. physiol. Wolfgang Legrum,
Universität Marburg

Prof. Dr. med. Christian Steffen
BfArM, Berlin

 B. G. Teubner Stuttgart · Leipzig 1999

Prof. Dr. rer. nat. Rainer Braun
Geboren 1941 in Wuppertal. Apotheker, Dipl.-Chemiker, Promotion 1969, Habilitation 1978. Geschäftsführer Pharmazie der ABDA (Bundesvereinigung Deutscher Apothekerverbände), Eschborn. Honorarprofessor am Institut für Pharmakologie und Toxikologie der Universität Marburg.

Prof. Dr. med. Günter Fred Fuhrmann
Geboren 1932 in Schackensleben. 1960 Promotion an der Ludwig-Maximilians-Universität München, 1972 Venia Docendi für Pharmakologie Universität Bern. Von 1977 bis 1998 Professor für Molekulare Pharmakologie an der Philipps-Universität Marburg.

Prof. Dr. rer. physiol. Wolfgang Legrum
Geboren 1951 in Ludwigshafen/Rhein. 1976 Staatsexamen der Pharmazie in Kiel, Studium der Humanbiologie und Promotion in Marburg 1979, Habilitation 1988, apl. Professor seit 1994 am Institut für Pharmakologie und Toxikologie, Gastprofessor am Fachbereich Chemie der Universität Marburg.

Prof. Dr. med. Christian Steffen
Geboren 1945 in Marburg. Nach Studium in Marburg und Paris, Staatsexamen in Medizin 1970, Promotion 1973, wiss. Mitarbeiter am Institut für Pharmakologie der Universität Marburg, seit 1985 am Institut für Arzneimittel des BGA in Berlin (heute Bundesinstitut für Arzneimittel und Medizinprodukte – BfArM) als Direktor und Professor.

Die Deutsche Bibliothek – CIP-Einheitsaufnahme

Spezielle Toxikologie für Chemiker : eine Auswahl toxischer Substanzen / von Rainer Braun ... – Stuttgart ; Leipzig : Teubner, 1999
 (Teubner-Studienbücher : Chemie)
  ISBN-13: 978-3-519-03538-1   e-ISBN-13: 978-3-322-80119-7
  DOI: 10.1007/978-3-322-80119-7

Das Werk einschließlich aller seiner Teile ist urheberrechtlich geschützt. Jede Verwertung außerhalb der engen Grenzen des Urheberrechtsgesetzes ist ohne Zustimmung des Verlages unzulässig und strafbar. Das gilt besonders für Vervielfältigungen, Übersetzungen, Mikroverfilmungen und die Einspeicherung und Verarbeitung in elektronischen Systemen.

© 1999 B. G. Teubner Stuttgart · Leipzig

Inhaltsverzeichnis

1	**Toxikologie der Metalle und Metalloide**	7
1.1	Allgemeine Toxikologie der Metalle	7
1.1.1	Einführung.	7
1.1.2	Einteilung der Metalle	14
1.1.3	Molekulare und ionische Mimikry toxischer Metalle	19
1.1.4	Metalle im menschlichen Organismus	26
1.1.5	Maßsystem für die Toxizität der Metalle	28
1.1.6	Entgiftungsmechanismen für toxische Metalle im Organismus	29
1.1.7	Oligodynamischer Effekt	30
1.1.8	Eintrag der Metalle in die Umwelt	31
1.2	Toxikologie ausgewählter Metalle	34
1.2.1	Blei	34
1.2.2	Cadmium	41
1.2.3	Quecksilber	47
1.2.4	Thallium	59
1.2.5	Vanadium (Vanadin)	62
1.3	Metalloid Arsen	66
2	**Toxikologie organischer Substanzen**	75
2.1	Lösungsmittel	75
2.2	Toxische Wirkung der Lösungsmittel	75
2.2.1	Lokale toxische Wirkung auf die Haut	76
2.2.2	Reizung der Schleimhäute	76
2.2.3	Narkotische Wirkung	77
2.3	Toxikologische Bewertung von Lösungsmitteln	80
2.4	Ausgewählte Lösungsmittel nach chemischen Gruppen	82
2.4.1	Einwertige Alkohole	82
2.4.2	Mehrwertige Alkohole	85
2.4.3	Ester	86
2.4.4	Ketone	86
2.4.5	Alkane	87
2.4.6	Halogenierte aliphatische Kohlenwasserstoffe	89
2.4.7	Aromatische Kohlenwasserstoffe	95
2.5	Gefahrstoffe, Substitution und Vermeidung	99

2.6	Allgemeine Toxikologie der Biozide	101
2.6.1	Insektizide	103
2.6.2	Herbizide	117
2.6.3	Fungizide	123
2.6.4	Rodentizide	128
2.6.5	Toxizität technischer Produkte	131
2.7	Atemgifte	133
2.7.1	Toxische Effekte auf die äußere Atmung	133
2.7.2	Toxische Effekte auf den Gastransport im Blut	138
2.7.3	Toxische Effekte auf die innere Atmung	144
3	**Karzinogenese**	**149**
3.1	Tumorerkrankungen	149
3.2	Genotoxizität	151
3.2.1	Molekulare Mechanismen der Genotoxizität	151
3.2.2	Tumorentwicklung	157
3.3	Genotoxische Stoffe	160
3.3.1	Direkt genotoxische Stoffe	161
3.3.2	Indirekt genotoxische Stoffe	175
3.4	Testsysteme auf Genotoxizität	189
3.4.1	Tests an Mikroorganismen	190
3.4.2	Tests an Warmblüterzellen	192
3.4.3	Tests am Tier	197
4	**Glossar**	**201**
5	**Literaturverweise**	**209**
6	**Stichwortverzeichnis**	**211**

Vorwort

Das rege Interesse der Chemiestudenten an der Toxikologie hat uns ermutigt, unsere zweistündige Vorlesung über ausgewählte Kapitel der Speziellen Toxikologie, die nunmehr 20 Jahre am Fachbereich Chemie der Philipps-Universität Marburg gehalten wird, in schriftlicher Form festzuhalten. Damit soll auch die Einführung in die Theoretische Toxikologie (Allgemeine Toxikologie für Chemiker, G. F. Fuhrmann, Teubner-Verlag) eine Ergänzung im Bereich der speziellen Toxikologie anhand einer Auswahl toxischer Substanzgruppen erfahren.

Wir haben die Darstellung der Materie in drei Kapitel unterteilt. Das erste Kapitel befaßt sich mit der speziellen Toxikologie von Metallen und Metalloiden anhand von exemplarischen Beispielen. Eine Einteilung nach toxikologischen Gesichtspunkten in nicht reaktive, stimulatorisch wirksame, essentielle und toxische Metalle setzt die Schwerpunkte.

Das zweite Kapitel gibt eine Auswahl aus dem großen Arsenal toxischer organischer Verbindungen. Für den experimentell arbeitenden Chemiker sind beim Umgang mit Lösungsmitteln Kenntnisse über deren toxische Wirkungen wichtig. Weiterere Abschnitte behandeln die Toxizität der Biozide (Insektizide, Herbizide und Fungizide) und die Gruppe der Atemgifte.

Im letzten Kapitel sind die karzinogenen Wirkungen von organischen Verbindungen dargestellt. Nach einer Einführung in die Entstehung von Tumoren, werden die wichtigsten genotoxischen Mechanismen anhand von Substanzgruppen erklärt. Der letzte Abschnitt geht auf Testmethoden ein, die in der Praxis zur Prüfung von Substanzen auf mutagene Eigenschaften dienen.

Der Dank der Autoren gilt dem Verlag, der den Wunsch an uns herangetragen hat, auch die spezielle Toxikologie in diesem knappen Rahmen darzustellen, und den interessierten Nutzern des Buches der Allgemeinen Toxikologie, die für diese Erweiterung den Grundstein legten. Die Autoren danken außerdem J. Fuhrmann, M. Legrum, P. Legrum, Dr. H.-J. Martin und Prof. K. J. Netter für vielfältige Anregungen, Hinweise und das Korrekturlesen.

Marburg, März 1999   Die Autoren

1 Toxikologie der Metalle und Metalloide

1.1 Allgemeine Toxikologie der Metalle

1.1.1 Einführung

Durch das natürliche Vorkommen von Schwermetallen in der Erdkruste und im Wasser sind Lebewesen diesen Metallen immer ausgesetzt gewesen. So führten wahrscheinlich hohe lokale Konzentrationen in bestimmten geographischen Arealen mit der Wasser- und Nahrungsaufnahme zu den ersten Vergiftungsfällen. Die Freisetzung von Schwermetallen aus Küchengebrauchsgegenständen und Zivilisationseinrichtungen wie Bleirohren für die Wasserleitung erhöhten dabei das natürliche Risiko einer Vergiftung.

Historisch gesehen ist Blei eines der beständigsten und am meisten persistierenden Metalle, das vom Menschen entdeckt und nutzbar gemacht wurde. So dienten wahrscheinlich primitive Öfen dazu, das Metall aus seinen Erzen zu schmelzen. Nachweisbar benutzten die Ägypter 7000 bis 5000 v. Chr. Bleiglasuren für ihre Töpferwaren und die erste Bleifigur aus der oberägyptischen Stadt Abydos wird auf das Jahr 3800 v. Chr. datiert. Die Ägypter verwendeten z. B. Blei als Hauer, Anker und Wassertiefenlot.

Zur Blütezeit des Römischen Reiches wurden Bleirohre als Hauswasserleitungen benutzt. Aber nicht nur das Trinkwasser sondern auch die Kochgeschirre waren bleihaltig. Eine alte griechische Vorschrift sah das Eindicken von Weintrauben in bleiüberzogenen Töpfen oder Bronzekesseln mit Bleiauskleidung vor. Der so über das Feuer eingedickte Weintraubensirup hatte den Namen Sapa und war über einen langen Zeitraum haltbar. Die Konservierung des Sapa war dem hohen Gehalt an herausgelöstem Bleiazetat (Bleizucker) zu verdanken, welches einen Befall mit Bakterien und Pilzen wirksam verhinderte. Geschätzte Konzentrationen an Bleiazetat im Sapa wurden äußerst hoch mit 0.2 bis 1 g/Liter angegeben. Da Sapa besonders von den Aristokraten zum Süßen des Weines und der Speisen verwendet wurde, errechnet sich bei ihnen eine nahrungsbedingte Zufuhr von etwa 250 µg Pb/Tag. Wesentlich gesünder lebten dagegen die Sklaven und Plebejer, die nur 15 bzw. 35 µg Pb/Tag zu sich nahmen, was in etwa der heutigen täglichen Bleizufuhr mit

Nahrungsmitteln entspricht. Der Untergang des Römischen Reiches ist von einigen Autoren mit bleibedingten Fertilitätsstörungen in Verbindung gebracht worden. Ein historischer Ablauf der Bleiproduktion über fast 5000 Jahre ist in Abbildung 1 wiedergegeben.

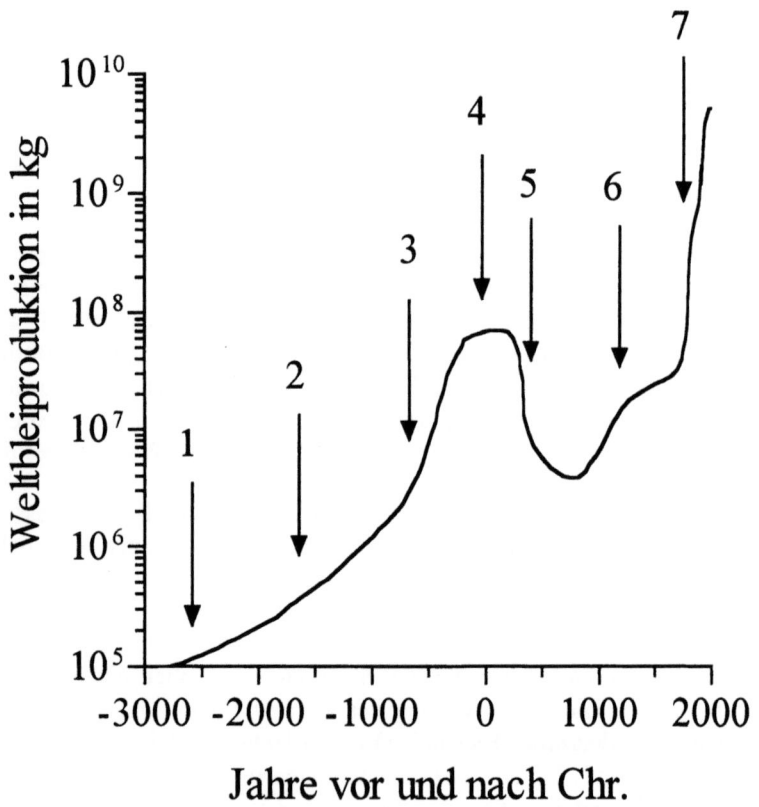

Abb. 1: Weltbleiproduktion. 1: Beginn der Kupellation, 2: erste Periode der Bronzezeit, 3: Einführung des Münzwesens, 4: Blüte des Römischen Reiches, 5: Niedergang des Römischen Reiches, 6: Silberbergbau in Europa, 7: Einführung des Tetraethylbleis.

Die tödliche Wirkung von bestimmten Schwermetallen und Metalloiden wurde in der Vergangenheit vielfältig von Giftmischern ausgenutzt. Aus einer aristotelischen Bemerkung um das Jahr 340 v. Chr. geht hervor, daß man in dieser Zeit den toxischen Charakter des Arsens verhältnismäßig gut kannte. Aber erst als aus dem natürlich vorkommenden Auripigment das weiße Arsenik durch Sublimation gewonnen werden konnte, steigerte man damit ganz wesentlich seine Giftigkeit. So wurde um das Jahr 900 die Giftwirkung des Arseniks der des 'tödlichen Quecksilbers' gleichgestellt und man bemerkte dazu 'nur ist der Arsenik sehr tödlich und von seinen nachteiligen Wirkungen kann man nicht gerettet werden'. Trotz der ausgesprochenen Giftigkeit wurde Arsenik dennoch ärztlich verordnet. Man benutzte Arsenik in medizinischen Lösungen zur Enthaarung, zum Reinigen von Wunden, wie auch gegen Läusebefall und Krätze. So leicht wie es für die Vernichtung von Ratten und Mäusen zur Verfügung stand, so bequem konnte es auch zum Giftmord verwendet werden. Erst der chemische Nachweis des Arsens, im Jahre 1836 durch Marsh eingeführt, hemmte seinen Mißbrauch (vgl. Abb. 17).

Die Nutzbarmachung der Bodenschätze und die stürmische industrielle Entwicklung haben zu einer stetig zunehmenden Belastung mit Schwermetallen geführt. Einen ganz wesentlichen Beitrag zur Schwermetallbelastung der Umwelt leisten der Straßen- und der Luftverkehr sowie die Verbrennungsanlagen. Bei allen Verbrennungsprozessen, wie bei der exzessiven Verbrennung von Kohle und Erdöl, werden Schwermetalle in die Atmosphäre freigesetzt und auf diesem Wege bis hin zu den Erdpolen verteilt. Ein Beispiel für eine lokale Belastung mit Blei, die durch den Kraftfahrzeugverkehr hervorgerufen wurde, zeigt Abbildung 2.

In einem Profilausschnitt ist der Stadtbereich von Marburg mit seiner damaligen Verkehrsdichte und Bleibelastung wiedergegeben. Die Stadt liegt in einem nordsüdlich verlaufenden engen Taleinschnitt der Lahn, in dem Nordwest- und Südwestwinde vorherrschen. Die Tallage fördert Temperaturinversionen und das stark gebremste Windfeld verursachte eine große Belastung mit Bleipartikeln. Das Blei stammte aus Benzinmotoren, die mit Tetraethylblei als Antiklopfmittel betrieben wurden. Durch die geographisch bedingten Luftströmungen wurden in Marburg Tonnen von Blei, besonders am Hang der Oberstadt abgelagert.

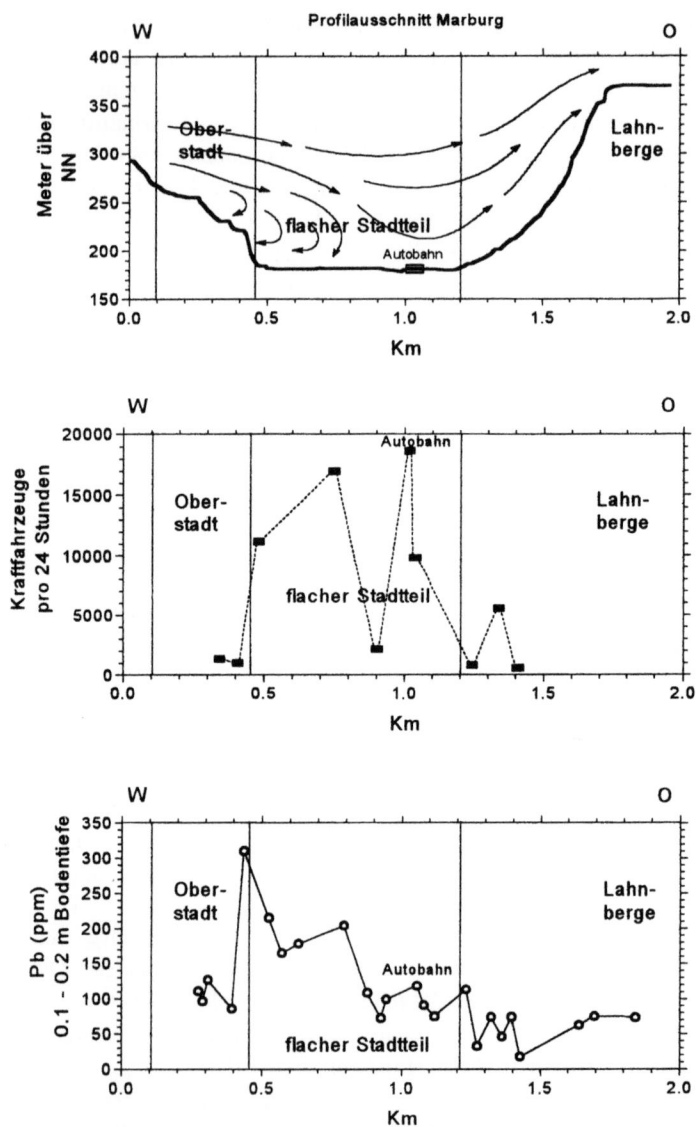

Abb. 2: Profilausschnitt Marburg in Westost Richtung. Oben: Höhenprofil mit Westwinden und Turbulenzen am Hang der Oberstadt. Mitte: Verkehrsdichte des innerstädtischen Verkehrs. Unten: Bleikonzentrationen in oberflächlichen Bodenproben.

Der Transport von Schwermetallen erfolgt jedoch nicht nur lokal wie in dem obigen Beispiel gezeigt, sondern auch global. Neben dem Weg über die Atmosphäre spielt der Transport auf dem Wasserwege in der sogenannten Hydrosphäre über Regen, Flüsse und Meere eine bedeutende Rolle. In Abbildung 3 wird die globale Bewegung der Schwermetalle von der Lithosphäre ausgehend über die Hydro- und Atmosphäre anschaulich gemacht.

Analysen von Schwermetallen im Eis der Polkappen bewiesen die Zunahme der Schwermetallbelastung über lange Zeiträume. Sie geben aber auch Auskunft über kürzere Perioden. Die Einführung des Tetraethylblei im Jahre 1923, wie auch der Beginn seiner Verbannung aus dem Benzin im Jahre 1976, ebenfalls durch die USA eingeleitet, hat zunächst zu einer proportionalen Steigerung, nachfolgend aber zu einer Reduktion von Blei im Eis an den Polkappen geführt. Der allgemeine Trend liegt jedoch immer noch im Einschleusen weiterer Schwermetallbodenschätze in den Kreislauf. Dagegen sollte in Zukunft ihre exzessive Verwendung eingeschränkt und mehr rezyklisiert werden, um der Vergrößerung der Kreisläufe wirksam zu begegnen.

Neben dem Kreislauf der Schwermetalle zwischen Land, Wasser und Luft ist ihr Transport in der biologischen Nahrungskette für den Menschen von Bedeutung (Abb. 4).

Niedere Ausgangsorganismen wie Bakterien, Pilze, Pflanzen können Schwermetalle während ihres Wachstums anreichern. Sie erreichen dann den Menschen über die Nahrungskette wie Fische und Schlachttiere in konzentrierter Form. Dies gilt besonders für Quecksilber und Cadmium, dagegen wird Blei über die Nahrungskette eher verdünnt.

Die toxische Wirkung von Schwermetallen beschränkte seinen therapeutischen Einsatz bei der Bekämpfung von Infektionskrankheiten, die durch Bakterien hervorgerufen werden. Vor mehr als 80 Jahren führte Paul Ehrlich mit einer organischen Metallverbindung, dem Arsphenamin (Salvarsan) das Prinzip der selektiven Toxizität ein. Er wollte, wie er es selbst ausdrückte, chemisch auf die Bakterien zielen, ohne den Menschen zu treffen. Dieses Ziel wird heute ohne Schwermetalle mit selektiver wirkenden modernen Antibiotika erreicht.

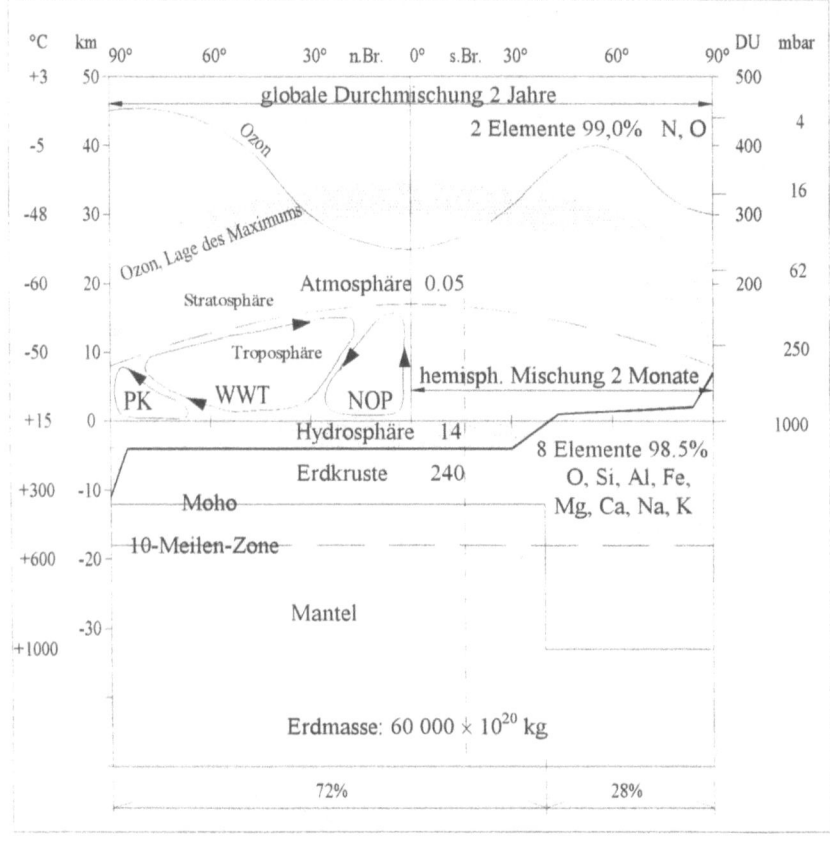

Abb. 3: **Aufbau der äusseren Erdschichten.** Atmosphäre mit Stratosphäre und Troposphäre, Hydrosphäre, Erdkruste (Lithosphäre) und einem Teil des Erdmantels. Angaben der Massen von Atmosphäre, Hydrosphäre und Erdkruste in 10^{20} kg. In der gesamten Hydrosphäre mit 14×10^{20} kg Masse sind 10^{14} kg Schwermetalle enthalten. Abkürzungen: PK Polkreislauf, WWT Westwindtrift, NOP Nordostpassat, Moho Mohorovicic-Diskontinuität. An den Ordinatenskalen ist links die Temperatur in °C und die Höhe über NN in km, rechts die Ozonkonzentration in DU (Dobson-Units) und der Druck in mbar angegeben. Zwischen der über die Höhe integrierten Ozonmenge und der Lage des Maximums des Ozons ist zu unterscheiden. Die Linie der Erdoberfläche stellt nur die Häufigkeiten der Tiefen und Höhen dar. Ordinate oben: Breitengrade, Nord-links, Süd-rechts, unten Verhältnis zwischen Wasser und Land.

Als Schwermetalle bezeichnet der Chemiker solche Metalle, die eine größere Dichte als 5 g/cm³ besitzen. Dieser physikalische Parameter sagt jedoch nichts über die chemischen Eigenschaften der etwa 40 verschiedenen Elemente aus. Sie reagieren eher selten in ihrer metallischen Form mit einem Organismus. Dagegen ist ihre toxische Wirkung hauptsächlich auf ihre löslichen Salze zurückzuführen. Als mögliche Angriffspunkte oder Rezeptoren kommen dabei grundsätzlich größere organische Moleküle, bevorzugt Proteine, mit reaktiven Liganden wie O, S oder N in Frage. Dabei besitzen mehrwertige Schwermetalle die Fähigkeit koordinative Bindungen einzugehen, d. h. sie neigen zur Bildung von Komplexen.

Die moderne Biochemie benutzt Schwermetallsalze gerne als Hilfsmittel, um Emzyme, Transportproteine und biologische Stoffwechselwege näher zu charakterisieren. Zum Beispiel hemmt die Oxoverbindung des Vanadiums, das Vanadat-Anion, in mikromolaren Konzentration ATPasen, die phosphorylierte Zwischenverbindungen bilden.

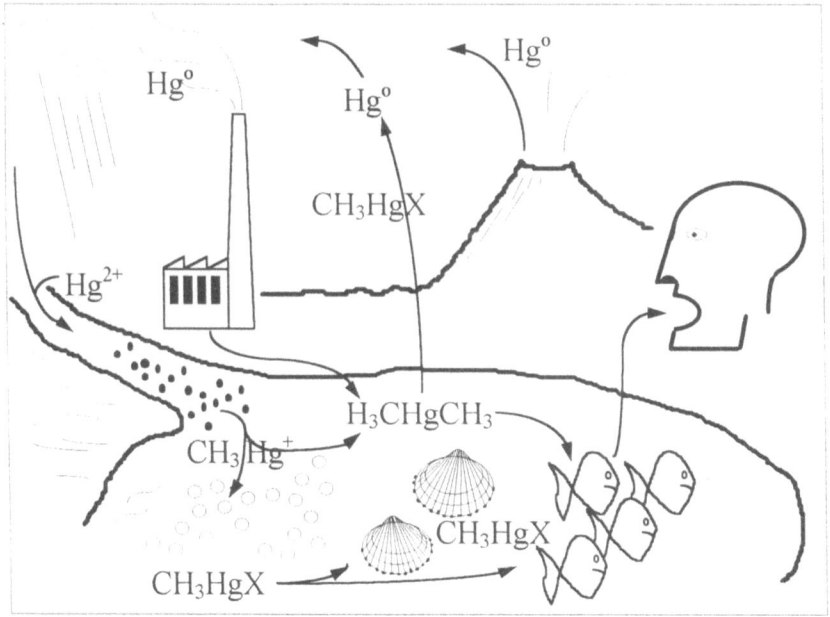

Abb. 4: Transport von Schwermetallen in der Nahrungskette gezeigt am Beispiel des Quecksilbers, das aus natürlichen und anthropogenen Quellen stammt.

Trotz der Kenntnisse, die bei bestimmten biochemischen Reaktionen bis hin auf die molekulare Ebene reicht, wissen wir über den genauen Ablauf einer Schwermetallvergiftung im Menschen nur wenig. Dies liegt zum Teil an der Vielzahl der möglichen Reaktionsorte im Organismus und zum anderen Teil an der komplizierten Chemie der Metalle.

Die Vielfältigkeit der toxischen Effekte hat vielleicht dazu beigetragen, daß im Gegensatz zu anderen Gruppen von Giften die Konzepte 'kritisches Organ' und 'kritische Konzentration' besonders häufig benutzt werden. Der Begriff kritisches Organ bedeutet hier soviel wie das empfindlichste Organ, das bereits bei niedrigsten Konzentrationen reagiert. Dabei ist keine Aussage über den Schweregrad der toxischen Wirkung am Organ gemacht. Es kann durchaus sein, daß bei höheren Konzentrationen ein anderes Organ weit mehr in Mitleidenschaft gezogen wird.

1.1.2 Einteilung der Metalle

Bezüglich ihrer biologischen und toxikologischen Relevanz können die Schwermetalle in sechs Gruppen eingeteilt werden.

• Nicht reaktive, gering toxische Schwermetalle

Die Beschreibung 'nicht reaktiv, gering toxisch' ist ein relativer Begriff, denn jedes Element kann für einen Organismus ein Gift sein. Es kommt dabei auf die lösliche chemische Form, auf den Aufnahmemechanismus, auf die Aufnahmemenge und schließlich auf die Empfindlichkeit des Organismus selbst an. Gering toxisch bedeutet, daß das Schwermetall bei oraler Aufnahme unwirksam ist.

• Stimulatorisch wirksame Schwermetalle

Eine stimulierende, hormonähnliche Wirkung besitzen fast alle Schwermetalle, wenn sie in niedrigster Konzentration (10^{-16} bis 10^{-6} M) an biologischen Systemen oder Enzymen getestet werden. Die Übersicht des Periodensystems (Abb. 5) gibt Hinweise auf die so klassifizierten Schwermetalle.

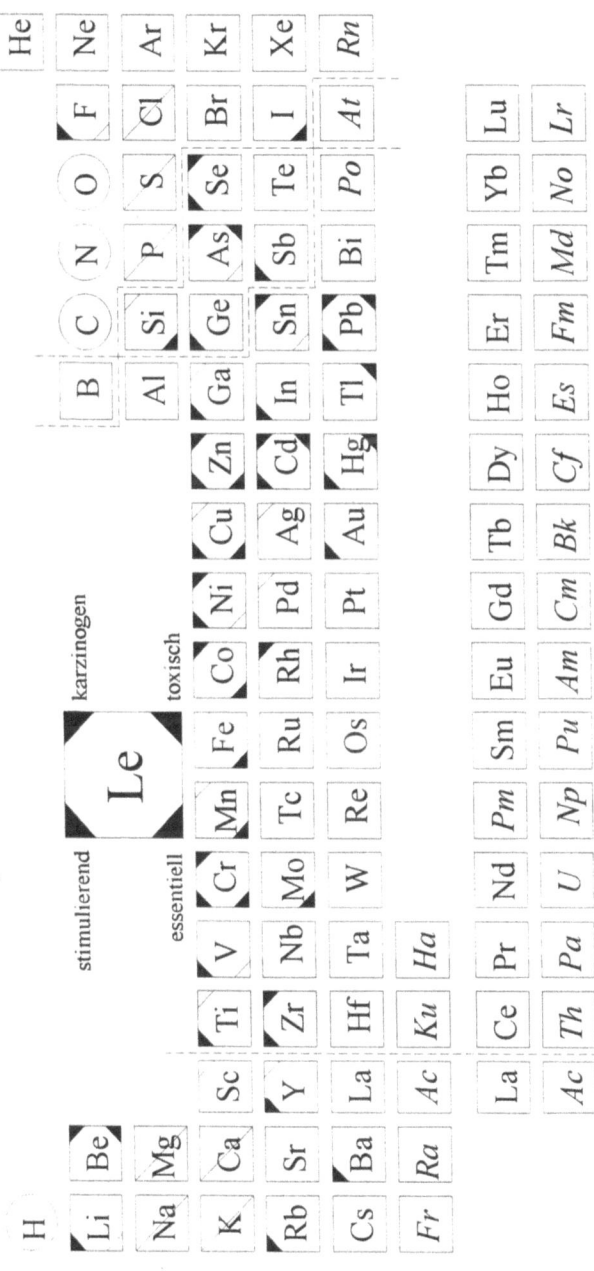

Abb. 5: Periodensystem der Elemente mit biologischen und toxikologischen Informationen. Die vier konstitutiven Elemente machen 96 Gew.% des Organismus aus (O). Sieben weitere (☒) nochmals 3.3% (Makroelemente). Der Rest von 0.7% entfällt auf Spurenelemente (Mikroelemente). Trennungslinien grenzen Metalle von Metalloiden und Nichtmetallen ab. An den Ecken der Quadrate befinden sich Informationen über biologische (links) und toxikologische Eigenschaften (rechts) der Elemente. Ausgefüllte Ecken: gesicherte Funktion, offene Ecken: vermutete Funktion. Symbole radioaktiver Elemente sind *kursiv* gesetzt.

• Essentielle Schwermetalle

Der Unterschied zwischen stimulatorisch und essentiellen Schwermetallen wird besonders deutlich, wenn man den Zusammenhang zwischen Konzentration und biologischer Reaktion bei Säugetieren beurteilt. So ist die stimulatorische Wirkung allein noch nicht ausreichend, um überhaupt zu überleben. Erst eine bestimmte Anzahl verschiedener Schwermetalle wie Eisen, Zink, Kupfer, Mangan, Cobalt, Chrom und Molybdän ist unbedingt notwendig, um eine normale Entwicklung und das Wachstum von Säugetieren zu gewährleisten. Aus diesem Grund sind die biologischen Kenntnisse über die Wirkung der in der Nahrung vorkommenden essentiellen Schwermetalle von großer Bedeutung. Ob Schwermetalle lebensnotwendig oder essentiell sind, hängt nämlich von den biochemischen Reaktionen ab, an denen sie beteiligt sind. Erst wenn eine bestimmte Konzentration an essentiellen Schwermetallen im Organismus erreicht wird, erfolgt eine normale Entwicklung. Wird diese durch Homöostase geregelte Konzentration überschritten, so wirken auch die essentiellen Schwermetalle toxisch. Ein Zuviel bewirkt schließlich sogar den Tod. Nach biochemischen Gesichtspunkten, kann folgende Einteilung der essentiellen Schwermetalle vorgenommen werden:

Metalloporphyrine (Häm-Eisen-Verbindungen):

Hämoglobin, Myoglobin, Cytochrome, Katalase, Peroxidase.

Nicht-Häm-Eisen-Proteine:

Transferrin (77 kD, 2 Fe^{3+}), Ferretin (460 kD, ca. 4000 Fe^{3+}), Hämosiderin, Ferredoxin, Rubredoxin.

Cobalt und Nickel enthaltende Moleküle (Corrin-Ring):

Vitamin B_{12}, Methylkobalamine, Coenzym F 430 (Nickel).

Metalloenzyme:

Zink enthaltende Proteine (mehr als 300 verschiedene Enzyme): Alkoholdehydrogenase, Kohlensäureanhydratase, Carboxypeptidase.

Kupferhaltige Proteine: Askorbinsäureoxidase, Phenoloxidase, Coeruloplasmin (Transportform für Kupfer im Blut), Cytochrom-c-Oxidase, Cu-Zn-Superoxid-Dismutase, Hämocyanine.

Molybdoenzyme: Xanthin-Oxidase, Aldehyd-Oxidase, Sulfit-Oxidase, Nitrat-Reduktase.

Metallaktivierte Enzyme:

Alle biochemischen Phosphat-Transfer-Reaktionen, Phosphorylierungen und Dephosphorylierungen erfordern divalente positiv geladene Metallionen zur Katalyse. Neben Mg^{2+} können auch Mn^{2+} und andere zweiwertige Kationen mehr oder minder katalytisch wirksam sein.

Viele der essentiellen Schwermetalle kommen im menschlichen und tierischen Organismus nur in sehr geringer Konzentration vor. Daraus leitete sich auch die Bezeichnung 'Spurenelemente' ab. Auch heute ist der endgültige Beweis ihrer Essentialität oft nicht ganz einfach, da eine schwermetallfreie Ernährung zum Nachweis fast nicht herzustellen ist. Beim Molybdän hat man z. B. das nächste Gruppenelement Wolfram in der Nahrung angereichert, um die Aufnahme von Molybdän im Darm zu blockieren und so zunächst indirekt den Mangel nachgewiesen. Beim Chrom ist der chemische Nachweis im Organismus überaus schwierig und der Beweis entsprechender Mangelsymptome kann bisher nur aus der parenteralen Ernährung (intravenöse Zufuhr) gezogen werden. Ein Fehlen von Mangan kann dagegen überhaupt nicht nachgewiesen werden, da die biochemische Funktion des Mangans vom reichlich vorhandenen Magnesium voll ersetzt wird. Für Vanadium wiederum ist eine Essentialität bei Hühnern und Ratten nachgewiesen worden, beim Menschen nicht.

• Toxische Schwermetalle

Wie aus dem vorhergehenden folgt, sind auch die für einen Organismus essentiellen Schwermetalle in hoher Konzentration toxisch. Als eine Regel für die Toxizität von Schwermetallen ergibt sich, daß nur die ionische, gelöste Form der Schwermetalle die giftige Form ist. Ganz allgemein gilt, daß diffusible Schwermetalle toxischer sind als nicht-diffusible.

So wird in der Medizin zur Röntgenkontrastdarstellung des Verdauungsapparates (Schlund, Speiseröhre, Magen-Darm-Bereich) das grobkörnige, nur schwerlösliche Bariumsulfat verwendet, ohne daß eine signifikante Aufnahme des Bariums resultiert. Enthält das Material aufgrund eines

Herstellungsfehlers zuviel lösliches Bariumchlorid, dann bewirken die Barium-Ionen eine schlaffe Lähmung der Skelett- und Herzmuskulatur, die schließlich zum Herztod führen kann. Von allen Schwermetallen sind die der 6. Periode potentiell die toxischsten des periodischen Systems der Elemente (Abb. 5). Streng genommen gilt dies für die relativ gut wasserlöslichen Salzen von Blei, Quecksilber und Thallium. Jedoch wird die hohe Toxizität oft durch die schlechte Wasserlöslichkeit der entsprechenden Salze kaschiert.

Neben der Löslichkeit ist der elektrochemische Charakter für die Toxizität eines Metalles oder seiner Verbindung von besonderer Bedeutung. Grundsätzlich nimmt die akute Giftigkeit mit der Elektropositivität in den Untergruppen IB (Cu < Ag < Au), IIB (Zn < Cd < Hg) und IIIA (Al < Ga < In < Tl) zu. Diese Zunahme der Toxizität kann durch steigende Affinität zu Amino-, Imino- und Sulfhydryl-Gruppen erklärt werden, die aktive Zentren einer Reihe von Enzymen sind.

Diese Verallgemeinerung gilt nicht mehr über die Gruppe IV hinaus, da die Elektropositivität hier graduell abnimmt und mit einem Anstieg der Elektronegativität einhergeht. Ab Gruppe IV gehen die Metalle meist starke kovalente Bindungen ein und bilden koordinative Komplexe oder Chelat-Komplexe mit biologischen Liganden. Einige neigen zur Bildung von Sauerstoffsäuren, in denen das Metall ein Teil des Anions ist. Die Stabilität dieses Typs kovalenter Verbindungen sowie deren Toxizität nehmen in folgender Reihe zu:

$$IB < IIB < IIIB < IIIA < IV < V < VIII.$$

Neben der Oxidationsstufe kann auch die Transportform entscheidend für die Toxizität der Metalle sein. Dies ist beim Vanadium zu erkennen, das als Vanadat (5-wertig) toxischer ist als in der vierwertigen Form Vanadyl. Einige Oxyanionen lassen sich in ihrer molekularen Form nicht mehr von biochemisch wichtigen Oxyanionen wie Phosphat- oder Sulfat-Anionen unterscheiden. Sie benutzen dieselben speziellen Eintrittspforten, welche für diese lebensnotwendigen Anionen vorhanden sind, um sie in das Innere der Zellen zu bringen. Für diesen speziellen Mechanismus wurde von Wetterhahn-Jennette 1981 der treffende Begriff *'ionic mimicry'* geprägt.

Es tritt nicht nur bei Oxyanionen auf, sondern auch mit Kationen und sogar mit Komplexverbindungen toxischer Metalle.

• Radioaktive Schwermetalle

Radioaktiv-isotope Metalle wie z. B. ^{60}Co und ^{226}Ra wirken zusätzlich toxisch durch ihre Strahlenemission. Eine solche Wirkung erfolgt von den γ-Strahlern, ohne daß das Schwermetall in den Organismus aufgenommen wird. Dabei ist das genetische Material der Zellen besonders empfindlich gegenüber der Strahlenemission. Neben den Erbgutveränderungen können bösartige Tumoren entstehen. Aufgrund seiner langen Halbwertszeit von 24.100 Jahren besitzt der α-Strahler ^{239}Pu ein besonderes Gefahrenpotential; er ist überaus stark karzinogen. Eine akute und chronische Toxizität, wie sie für andere Schwermetalle gilt, sind für Plutoniumisotope im allgemeinen wenig relevant, da die chronischen strahlenbiologischen Effekte im Vordergrund stehen. Die kontinuierliche punktuelle Bestrahlung durch α-Partikel auf die zelluläre DNA bewirkt chromosomale Aberrationen, Schwester-Chromatid-Austausch und/oder karzinogene Transformationen.

• Mutagen, karzinogen und teratogen wirkende Schwermetalle

Eine Wirkung auf das Erbgut (mutagene Wirkung) und das Entstehen von bösartigen Tumoren (karzinogene Wirkung) wurde bereits für die radioaktiven Schwermetalle beschrieben. Darüber hinaus werden bei Ungeborenen erheblich unspezifischere Mechanismen zur Auslösung teratogener Wirkungen (Mißbildungen) diskutiert. In Abbildung 5 des periodisches Systems der Elemente sind die karzinogen wirkenden Elemente besonders markiert. Die Induktion von Mutationen in somatischen Zellen kann eine bösartige Entartung einleiten und stellt damit die Beziehung zur Karzinogenese her.

Beim Menschen wird eine Mutagenität nur für sehr wenige Metalle wie Chrom, Arsen, Quecksilber sowie einige Schwermetallkombinationen angenommen, die in den meisten Fällen jedoch von ihrer allgemeinen Toxizität übertroffen werden dürfte. Hinsichtlich der Karzinogenität liegen epidemiologische Daten für Arsen, Beryllium, Cadmium, Chrom und Nickel vor. Nach den Beurteilungskategorien der Senatskommission zur

Prüfung gesundheitsschädlicher Arbeitsstoffe (Deutsche Forschungs-Gemeinschaft, Mitteilung 34, MAK- und BAT-Werte-Liste 1998) unterscheidet man dabei noch folgendermaßen: Metallisches Nickel ist z. B. in Form inhalierbarer Stäube/Aerosole in die Kategorie 1 einzustufen. In diese Gruppe gehören die Stoffe, die eindeutig beim Menschen Krebs erzeugen (vgl. Tab. 7). Dazu rechnen auch die inhalierbaren Nickelverbindungen Nickelcarbonat, Nickeloxid und Nickelsulfid. Das Nickeltetracarbonyl wird dagegen in Kategorie 2 gelistet. Es gilt damit als Stoff, der für den Menschen als krebserzeugend anzusehen ist. Hierbei geht man aufgrund hinreichender Ergebnisse aus Langzeit-Tierversuchen oder epidemiologischen Untersuchungen davon aus, daß er einen nennenswerten Beitrag zum Krebsrisiko leistet.

Das in Abbildung 5 dargestellte Periodensystem der Elemente gibt eine graphische Zusammenfassung des Kapitels. Neben der besprochenen Gruppe der Metalle sind auch die Metalloide und Nichtmetalle mit ihren biologischen und toxikologischen Eigenschaften erfaßt. Die Bereichsgrenzen sind durch Linienzüge kenntlich gemacht. Die zur Verfügung stehenden Informationen über stimulatorische, essentielle, karzinogene und toxische Eigenschaften der einzelnen Elemente sind durch eine Markierung an den vier Ecken ihrer Symbole vermerkt.

1.1.3 Molekulare und ionische Mimikry toxischer Metalle

Unter Mimikry versteht man, daß Schwermetalle die perfekte molekulare Form entsprechender Transportsubstrate aufweisen und außerdem noch im Stoffwechsel Funktionen übernehmen können. In das Zellinnere gelangen anionische Schwermetalle über spezifische Anionentransporter der Membran, kationische Schwermetalle über Metallpumpen wie die Na^+-K^+-ATPase oder bestimmte Schwermetalle als Aminosäurekomplexe über Transportmechanismen von Aminosäuren.

• Mimikry toxischer Anionen

In Abbildung 6, Teil A sind die chemischen Strukturen der physiologischen Anionen Phosphat und Sulfat denen der entsprechenden toxischen Metallanionen gegenüber gestellt:

Mimikry physiologischer Anionen und Kationen

A: Anionen als Substrate des Anionentransporters

	physiologisches Ion	toxisches Ion	
+V	$^-O-\overset{\overset{O}{\|}}{P}-OH$ $\;\;O(H)$	$^-O-\overset{\overset{O}{\|}}{As}-OH$ $\;\;O(H)$	$^-O-\overset{\overset{O}{\|}}{V}-OH$ $\;\;O(H)$
+IV	$O=\overset{\overset{O}{\|}}{S}-O^-$ $\;\;O^-$	$O=\overset{\overset{O}{\|}}{Se}-O^-$ $\;\;O^-$	$O=\overset{\overset{O}{\|}}{Cr}-O^-$ $\;\;O^-$ $O=\overset{\overset{O}{\|}}{Mo}-O^-$ $\;\;O^-$

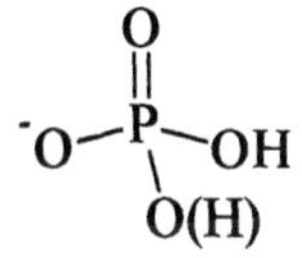

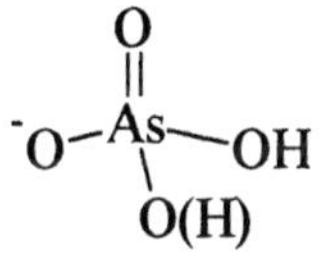

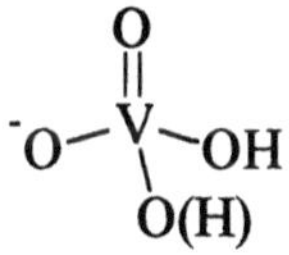

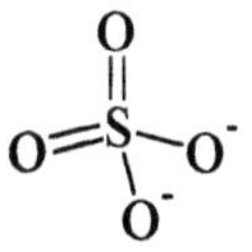

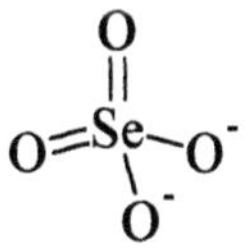

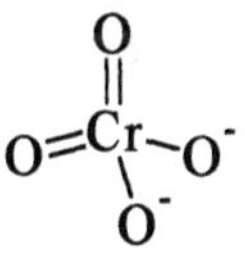

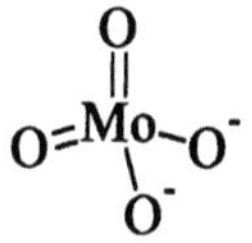

B: Kationen

	physiologisches Ion	Radius pm	toxisches Ion	Radius pm
+I	Na^+,	95	Li^+	60
	K^+	133	Tl^+	144
	NH_4^+	143	Rb^+	148
			Cs^+	169
+II	Ca^{2+}	97	Sr^{2+}	113
			Ba^{2+}	135
			Pb^{2+}	132
			Lanthanide	103 - 85
	Mg^{2+}	65	Be^{2+}	31
			VO^{2+}	65
	Zn^{2+}	74	Cd^{2+}	97
			Hg^{2+}	110

Abb. 6: Beispiele für Mimikry toxischer Anionen (**A**) und Kationen (**B**). 100 pm = 1 Å.

Alle diese Verbindungen haben die Geometrie eines Tetraeders. Die obere Reihe zeigt Anionen, die bei physiologischem pH-Wert teilweise ionisiert in der monovalenten Form vorliegen. Dabei wird das Vanadat nicht nur transportiert, sondern es ersetzt auch in der biochemischen Stoffwechselreaktion das anorganische Phosphat. Ähnliches gilt für das Arsenat. Sein Eintritt in die Zelle und die nachfolgende biochemische Reaktion mit der Glyzerinaldehyd-3-phosphat-Dehydrogenase führen zu einer Abnahme des ATP-Gehaltes.

Im oberen Teil der Abbildung (Abb. 6 A) befinden sich die hauptsächlich zweiwertigen sulfatanalogen Verbindungen. Selen ist wie Schwefel ein allotropes Chalkogen, das in sulfatanaloger Form vorkommen kann. Selenate werden durch die Anionentransporter in die Zelle eingeschleust und besitzen dort mutagene Wirkungen. Ebenfalls mutagen wirkt das dreiwertige Chrom (CrIII) (Abb. 7), das nach dem Membrandurchtritt über Anionen-Transporter aus dem sechswertigen Chromat (CrVI) durch reduktive Stoffwechselreaktionen gebildet werden kann. Der Chromat- wie auch der Molybdat-Transport wird im Darm durch Sulfat gehemmt, jedoch nicht durch Phosphat. Beide Schwermetallanionen können als sulfatanaloge Verbindungen den Schwefelstoffwechsel in der Zelle blockieren. Ein Beispiel ist die ATP-Sulfurylase, welche die Bildung von Adenosin-5-phosphosulfat aus ATP und Sulfat katalysiert. Im Zellinneren reagiert Molybdat mit dem Glukokortikoid- und dem Östrogenrezeptor.

• Mimikry toxischer monovalenter Kationen

Wie die Anionen, so können auch Schwermetallkationen den Weg über Transporter in das Zellinnere finden (Abb. 6 B). Lithium-Ionen, die bereits bei einer Blutspiegelkonzentration von 1.4 mM toxisch wirken, treten über Na^+-Kanalproteine in das Zellinnere ein und werden mit etwa einem Zehntel der Geschwindigkeit des Natriums durch die Na^+-K^+-ATPase aus der Zelle ausgeschleust. Durch diese Interferenz mit der Ionenpumpe wird auch weniger Kalium in die Zelle hineintransportiert und als Folge sinkt die intrazelluläre Kaliumkonzentration ab. Als kaliumanaloges Metall gelangt das toxische einwertige Thallium-Ion, das in Größe und Ladung sich nicht vom Kalium-Ion unterscheidet, über die Na^+-K^+-ATPase in das Zellinnere. Eine Anreicherung findet besonders in den Erythrozyten statt. Thallium ist jedoch hauptsächlich ein Epithel- und Nervengift. Neben der Na^+-K^+-

ATPase sind andere Kaliumtransporter wie das Na^+-K^+-Cl^--Cotransportsystem in der Niere an der Aufnahme beteiligt. Thallium wird nicht nur in der Niere rückgewonnen, es existiert außerdem ein intensiver enterohepatischer Kreislauf, der für die verhältnismäßig lange Halbwertszeit von etwa 30 Tagen verantwortlich ist. Eine Anreicherung von Thallium findet vermutlich über Porin in den Mitochondrien statt. Hier ist eine Oxidation von Tl^+ in Tl^{3+} möglich. Die letztere Form ist ein starkes Oxidationsmittel, das für die Zerstörung der Mitochondrien verantwortlich sein könnte.

- Mimikry toxischer divalenter und trivalenter Kationen

Weit mehr Mimikry-Mechanismen als für monovalente existieren für divalente Kationen (Abb. 6 B). Calcium ist ein äußerst wichtiges Kation für die biologische Regulation. Es wirkt als sekundärer Transmitter bei der Übertragung von Signalen, die von Transmittern und Hormonen ausgehen können. Zu den vielen durch Calcium stimulierten Reaktionen in der Zelle gehören auch die elektromechanische (Muskelkontraktion) und die elektrosekretorische Kopplung (Sekretion aus exkretorischen und inkretorischen Drüsen). Calciumpumpen, Na^+/Ca^{2+}-Austauscher und Calcium-Kanäle bestimmen die effektive Calciumkonzentration in der Zelle. Dort können Calcium-stimulierte Kaliumkanäle geöffnet, vesikuläre Exocytose ausgelöst oder sogar Proteolysemechanismen in Gang gesetzt werden. Extrazellulär ist Calcium z. B. für die Blutgerinnung notwendig. Als dem Calcium sehr ähnlich gilt das Strontium, das in vielen Reaktionen Calcium auch in seiner Funktion ersetzen kann. Dagegen sind die Lanthanide wie Lanthan, Cer, Praseodym, Neodym, Samarium, Holmium, Ytterbium u. a., klassische Calciumantagonisten. So bewirkt die chemische Ähnlichkeit mit Calcium unüberschaubare Interferenzen im Stoffwechsel der physiologischen Calciumwirkungen. Hierzu gehört auch eine seit langem bekannte antikoagulierende Wirkung auf die Blutgerinnung.

Ein ganz besonders vielseitiges toxisches Metall ist das zweiwertige Blei-Ion, das sich in einigen physiolgischen Funktionen ähnlich dem Calcium verhält. Die Ähnlichkeit kommt besonders am Ca^{2+}-aktivierten K^+-Kanal in Erythrozyten zum Ausdruck. Steigt die Calciumkonzentration im Zellinneren auf einige µM an, so können in wenigen Minuten alle Kalium-Ionen durch im Schnitt zehn maximal-aktivierte K^+-Kanäle pro Erythrozyt

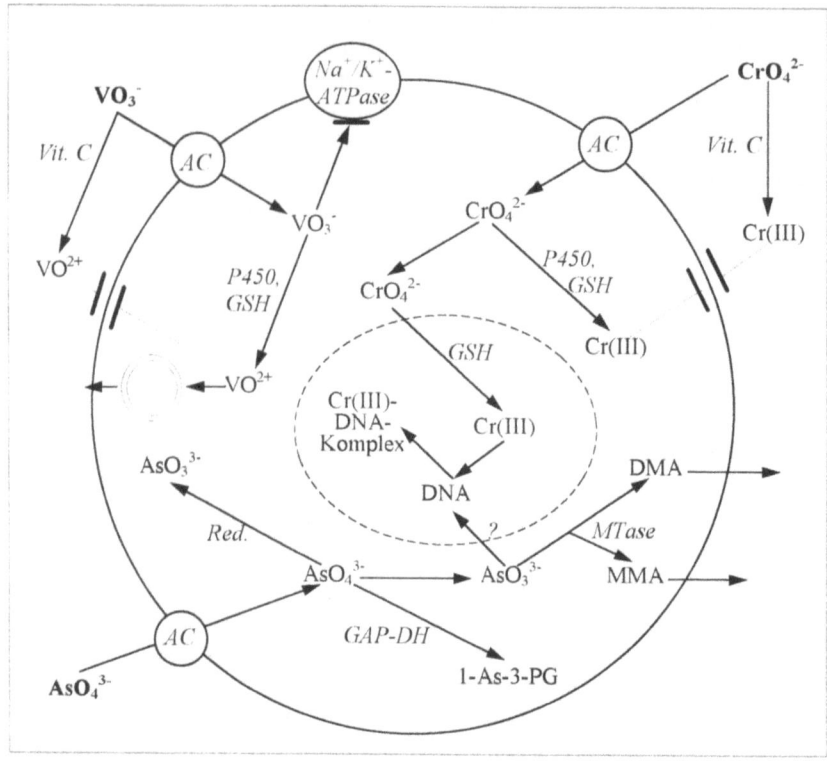

Abb. 7: Aufnahme von drei verschiedenen toxischen Anionen durch den Anionencarrier (*AC*) der Zelle. Reaktionen können im Cytosol und im Kern der Zelle erfolgen: Reduktion (*Red.*), Oxidation (Cytochrom P-450, *P450*), Methylierung (Methyltransferasen, *MTase*), Konjugation an Glutathion (*GSH*), Speicherung in Zellorganellen. Im allgemeinen sind die in Kationen umgewandelten Moleküle nicht mehr in der Lage, die Zelle zu verlassen, wie an Chrom und Vanadium gezeigt. Methylierte Arsenverbindungen sind weitgehend diffusibel (vgl. Abb. 18).

auslaufen. Durch Verminderung des Calziumgehaltes der Inkubationslösung unter die kritische Öffnungskonzentration konnten wir zeigen, daß Blei-Ionen anstelle von Calzium in der Lage sind, diesen K^+-Kanal zu öffnen. Im Gegensatz zum Calzium permeiert jedoch Blei als lipophiler Anionen-Komplex innerhalb etwa einer Minute durch die Zellmembran. Ein Durchtritt des Blei-Anionen-Komplexes durch den Anionentransporter des Erythrozyten konnte ausgeschlossen werden. An spannungsabhängigen Ca^{2+}-Kanälen hat Blei jedoch meist einen hemmenden Effekt. Dies zeigt sich besonders bei der Ca^{2+}-abhängigen Neurotransmitter-Freisetzung. Es gibt jedoch beim Blei auch eine Reihe von Calzium-unabhängigen Effekten. So wird die empfindliche Proteinkinase C schon bei 10^{-10} M gehemmt oder diejenigen SH-Enzyme, die bei der Hämoglobinsynthese eine wichtige Rolle spielen, werden blockiert.

Als leichteres Homologes des Magnesiums kann das zweiwertige Beryllium bis in den Zellkern gelangen und dort eine mutagene Wirkung entfalten.

Die strukturelle Ähnlichkeit mit Zink führt dazu, daß bestimmte Zink-Enzyme auch eine Substitution mit Cadmium oder Quecksilber im aktiven Zentrum zulassen. Bei der Carboxypeptidase A ändert sich mit der Metallsubstitution durch Cadmium oder Quecksilber im aktiven Zentrum der funktionelle Abstand zum Histidin (His-196) und die enzymatische Aktivität nimmt ab.

• Molekulare Mimikry

Schwermetalle bilden eine Reihe stabiler Komplexe mit einer Anzahl von Liganden, die auch in lebenden Zellen vorkommen. Unter molekularem Mimikry versteht man einen Komplex zwischen einem Schwermetall und einem endogenen Substrat, der in idealer Weise einem bekannten Metabolit zum Verwechseln ähnlich ist. Solch ein Komplex ist z. B. Methylquecksilber-Cystein, das der Aminosäure Methionin strukturell verwandt ist. Ashner und Clarkson fanden 1988, daß der Transporter für diese Aminosäure dermaßen getäuscht ist, daß er Methylquecksilber-Cystein als sein Substrat akzeptiert und es transloziert. Die hohe Affinität zu Thiol-Gruppen im Inneren und Äußern der Zelle kann nun dazu führen, daß der Methylquecksilberkomplex mit anderen Thiolgruppen sich austauscht. Dieser Transport und Austausch erfolgt in der Niere und ist auch für die Passage des Moleküls durch die Bluthirnschranke verantwortlich. Hier trägt er zur schnellen Zunahme von Methylquecksilber im Gehirn bei.

Ein weiteres Substrat sowohl für monovalentes Methylquecksilber als auch für zweiwertiges Quecksilber ist Glutathion. Methyl- und anorganische Quecksilber-Komplexe ähneln den Verbindungen von konjugiertem und oxidiertem Glutathion. Entsprechende Transporter schleppen dann die Quecksilber-Komplexe durch die Membran. Auch Dipeptidtransporter der Niere, die Valeryl-Glycin transportieren, lassen sich durch das strukturell ähnliche Methylquecksilber-Cystenyl-Glycin zum Transport verleiten. Weiter sind Glutathion-Komplexe mit anderen Metallen wie Arsen, Kupfer und Zink möglich.

Eine letzte Möglichkeit des molekularen Mimikry soll am Beispiel von Uranyl-Komplexen gezeigt werden. Uranyl-Ionen sind seit langer Zeit dafür bekannt, daß sie an Hefen den Glukosetransport inhibieren. Der Mechanismus kann ebenso durch ein Mimikry erklärt werden, das mit der transportierten Glukose in der ß-D-Glukopyranose-Form zusammenhängt. Uranyl-Ionen liegen in wässrigen Lösungen hauptsächlich als Dimere vor. In diesem Komplex sind zwei Uranylatome durch zwei Hydroxo-Brücken zusammengehalten. Vergleicht man die Größe und die Sauerstoffabstände mit ß-D-Glukopyranose, so findet man eine große strukturelle Übereinstimmung beider Moleküle. Daraus wurde der Schluß gezogen, daß die dimere Form des Uranyls möglicherweise mit den Bindungsstellen der Glukose am Transporter reagiert und hierdurch deren Transport hemmt.

1.1.4 Metalle im menschlichen Organismus

Die Zahl der Zellen eines Menschen wird auf die außerordentlich hohe Zahl von 10^{14} geschätzt. Für den erwachsenen Europäer gilt ein durchschnittliches Gewicht von 70 kg. Der Gewichtsanteil der neun nichtmetallischen Elemente beträgt dabei bereits 98%. Es sind in der folgenden Reihe: Sauerstoff (45.5 kg) > Kohlenstoff (12.6 kg) > Wasserstoff (7.0 kg) > Stickstoff (2.1 kg) > Phosphor (0.7 kg) > Schwefel (0.175 kg) > Chlor, Fluor und Iod (0.106 kg). Dagegen verbleiben für alle Metalle nur 2% Gewichtsanteile. Auf die Metalle Na^+, K^+, Mg^{2+} und Ca^{2+} entfällt der größte Teil mit 1.9%. Die sogenannten Spurenmetalle machen, neben einem Rest von 0.09%, lediglich 0.01% aus. Tabelle 1 gibt durchschnittliche Mengen von Metallen und Metalloiden im menschlichen Organismus an.

Element	mg/70 kg Körpergew.	µmol/kg Körpergew.	Atome × 10^6/Zelle	aus der Nahrung in mg/Tag
Aluminium	100	53	22	36.4
Antimon	70	8	3.5	
Arsen	14	2.7	1.1	0.14
Barium	16	1.7	0.73	16
Blei	80	5.4	2.3	0.2 - 0.3
Cadmium	30	3.9	1.6	0.018 - 0.2
Calzium	**1050000**	**374286**	**160000**	**800 -1200**
Chrom	5	1.4	0.6	0.06
Cobalt	3	0.7	0.3	0.3
Eisen	4200	1071.4	450	15
Kalium	**140000**	**51143**	**22000**	**2000 -5500**
Kupfer	110	22.9	10	3.2
Magnesium	**35000**	**20571**	**8700**	**350 - 400**
Mangan	20	5.1	2.2	5
Molybdän	5	0.7	0.32	0.35
Natrium	**105000**	**65714**	**28000**	**1100 -3300**
Nickel	10	2.4	1	0.45
Niob	100	15.7	7	0.6
Quecksilber	4	0.3	0.12	0.005 - 0.02
Rubidium	1100	185.7	79	10
Selen	20	3.6	1.5	0.06 - 0.15
Strontium	140	22.9	10	2
Titan	10	3	1.3	0.3
Vanadium	20	5.6	2.4	2.5
Zink	2330	514.3	220	12
Zinn	30	3.6	1.5	17
Zirconium	300	47.1	20	3.5

Tab. 1: In Spalte 2 ist der durchschnittliche Gehalt der Elemente eines 70 kg schweren Menschen in mg angegeben, in Spalte 3 die resultierende Konzentration in µmol/kg Körpergewicht (KG). In Spalte 4 wird davon ausgegangen, daß der Mensch aus etwa 10^{14} Zellen besteht und eine homogene Verteilung der Atome im Körper vorliegt. Diese Annahme ist idealisierend, vermittelt aber dem Betrachter einen Eindruck über die mögliche Größenordnung. Für viele Elemente ergibt sich ein Verhältnis von etwa 1 Million Atome pro Zelle. Dies gilt nicht nur für einige der essentiellen Metalle, sondern auch für eine ganze Reihe von toxischen Metallen wie *Arsen, Blei, Cadmium, Quecksilber* etc. *(kursiv)*, die mit der Nahrung und aus der Luft in den Organismus gelangen. Die letzte Spalte gibt an, welche mittleren Mengen (Bereich) an Metallen und Metalloiden täglich mit der Nahrung zugeführt werden. Für **Na$^+$, K$^+$, Mg^{2+}** und **Ca^{2+}**(fett) ist die empfohlene tägliche Zufuhr angegeben.

1.1.5 Maßsystem für die Toxizität der Metalle

Die Toxizität einer Substanz kann durch LD_{50}-Werte charakterisiert werden, das ist diejenige Dosis, welche die Hälfte einer Tierpopulation tötet. Für den Vergleich von LD_{50}-Werten verschiedener Schwermetalle muß unter anderem die chemische Form, in der das Schwermetall vorliegt, die Art der Aufnahme, die Tierart, das Geschlecht sowie das Alter des Tieres, das Gewicht und das Zeitintervall der Beobachtung in Betracht gezogen werden. Es ist zweckmäßig, den LD_{50}-Wert in mol/kg Körpergewicht anzugeben. Da jedoch die Dosierungsbereiche über mehrere Zehnerpotenzen variieren können, wurde 1977 von Luckey und Venugopal der Begriff der 'toxischen Potenz' (potential toxicity) eingeführt:

Dabei ist [T] die molekulare Konzentration einer toxischen Substanz in mol/kg Körpergewicht und analog der 'potentia hydrogenii' gilt für die 'potentia toxicologica' pT:

$$pT = -\log [T]$$

Da T_{50} der LD_{50} entspricht, ergibt sich: $pT_{50} = -\log [T_{50}]$.

Beispiel: Ein Schwermetall mit einer LD_{50} von 10 mg/kg (M_r = 100 g/mol) besitzt dann eine T_{50} von 10^{-4} mol/kg oder eine pT_{50} von 4.

Klasse	pT_{50}	T_{50} oral (mol/kg)
super-toxisch	6	0.000 001
extrem-toxisch	5	0.000 01
hoch-toxisch	4	0.000 1
mäßig-toxisch	3	0.001
gering-toxisch	2	0.01
praktisch-nichttoxisch	1	0.1
relativ harmlos	0	1
harmlos	-1	10

Tab. 2: Information über den allgemeinen Toxizitätsgrad einer toxischen Substanz. Durch diese Definition lassen sich toxische Substanzen übersichtlich in Klassen einteilen.

Die folgende Tabelle (Tab. 3) zeigt eine Zusammenstellung von verschiedenen Metallen nebst den zugehörigen Toxizitäten (T_{50}-Werte in mmol/kg Körpergewicht) nach oraler Verabreichung an Ratte und Maus.

Substanz	Spezies	LD_{50} mg/kg	T_{50} mmol/kg	pT_{50}	Klasse
Tl_2SO_4	Ratte	25	0.05	4.30	hoch-toxisch
$HgCl_2$	Ratte	37	0.14	3.87	mäßig-toxisch
$CdCl_2$	Ratte	88	0.48	3.32	mäßig-toxisch
$CoCl_2$	Ratte	80	0.62	3.21	mäßig-toxisch
Pb-Azetat	Maus	200	0.62	3.21	mäßig-toxisch
$FeCl_3$	Ratte	900	6	2.26	gering-toxisch
$FeSO_4$	Maus	1520	10	2.00	gering-toxisch
$CaCl_2$	Ratte	4000	36	1.44	pr.-nichttoxisch
NaCl	Ratte	3750	64	1.19	pr.-nichttoxisch

Tab. 3: Orale Toxizität verschiedener Metallsalze. Wie die Beispiele dieser Metalle zeigen, liegt die Klassifizierung in der Größenordnung von praktisch-nichttoxisch für NaCl bis hoch-toxisch für das Thalliumsulfat. Die Daten entstammen dem 'Merck Index'. Zur Kennzeichnung von Gefahrstoffen dienen T+ für LD50 <25, T für 25 < LD50 < 200 und **Xn** für 200 < LD50 < 2000 mg/kg KG Ratte, orale Applikation

1.1.6 Entgiftungsmechanismen für toxische Metalle im Organismus

Es gibt eine ganze Reihe von Mechanismen im menschlichen Organismus, die zu einer Adaptation an toxische Metalle und Metalloide führen. Ganz allgemein gilt die Tatsache, daß diffusible Substanzen toxischer sind als nicht-diffusible. Eine Entgiftung kann somit eintreten, wenn toxische Metalle oder Metalloide an Proteine sowie an nicht-essentielle Metaboliten oder in Knochen, Zähnen, Nägeln bzw. Haaren immobilisiert werden.

Auf zellulärer Ebene kann folgende Unterteilung vorgenommen werden:

• Intranukleare Einlagerung oder Bindung

Das Chromatin des Kernes besteht aus Desoxyribonukleinsäuren (DNA), basischen Histonproteinen sowie aus z. T. sauren Nichthistonproteinen. Neben einer Reaktion von Schwermetallen mit den ersten beiden Komponenten des Kernes binden besonders die sauren Nichthistonproteine

Metalle wie Quecksilber und Kupfer. Außerdem können morphologisch erkennbare Einschlußkörperchen mit z. B. Blei, Wismut, Quecksilber und Kupfer vorliegen.

• Akkumulation von Schwermetallen in Organellen

Schwermetalle können von multilammelaren Lipidkörperchen eingeschlossen und auf diese Weise unwirksam gemacht werden. Außerdem kommen für die Entgiftung lysosomale Kompartimente in Frage (Abb. 7), deren Inneres besonders sauer ist. Goldbeladene Lysosomen bezeichnet man als Aurosomen. Schließlich findet man Schwermetalle in Mitochondrien angereichert.

• Bindung von Schwermetallen und Metalloiden im Zytoplasma

Für die Bindung von Schwermetallen im Zytoplasma steht eine ganze Reihe von physiologischen Molekülen mit entsprechenden funktionellen Gruppen bereit, wie z. B. Glutathion, ATP etc. Eine wichtige Funktion haben induzierbare Proteine, deren Bildung durch bestimmte essentielle wie auch verschiedene toxische Metalle im Körper angeregt wird. Hierzu gehört vor allem das Metallothionein, das durch Bindung die toxischen Schwermetalle Cadmium und Quecksilber immobilisiert und entgiftet.

1.1.7 Oligodynamischer Effekt

Durch alte Quellen aus China und Ägypten ist bekannt, dass silberhaltige Salben und Pflaster oder Silberfolien in der Behandlung von Wunden Einsatz fanden. Die Perser bewahrten auf ihren Kriegszügen das Trinkwasser in Krügen aus Silber oder Kupfer auf, um es haltbar zu machen, wie Herodot berichtet. Die wachtumshemmende und keimtötende Wirkung, die gerade von geringen Konzentrationen (100 nM) an Kupfer- oder Silberionen ausgeht, wurde an Algen bewiesen und führte 1893 durch den schweizer Botaniker Naegeli zur Prägung des Begriffs 'oligodynamischer Effekt'. Durch Vergleiche war ihm aufgefallen, dass innerhalb der Zelle völlig andere morphologische Veränderungen ablaufen, wenn geringe Konzentrationen der Schwermetalle zum Einsatz kamen. Erstaunlich war die Übertragbarkeit dieser Wirkung auf weitere Wasserfüllungen desselben Behälters, ohne einen weiteren Zusatz von Metallsalzen. Heute ist bekannt, dass hierfür die an der Oberfläche von Glas oder Kunststoffen Adsorptions- und Austauschvorgänge mit Natriumionen verantwortlich sind. Auch gediegene Metalle zeigen die erwünschte antimikrobielle Wirkung, sofern sie oberflächlich durch eine Oxidschicht aktiviert sind, aus der Metallionen in Lösung gehen können. Diese Aktivierung kann durch Luftsauerstoff oder durch Einwirkung von Oxidationsmitteln erreicht werden.

Oligodynamisch wirksam sind in abnehmender Reihenfolge die Schwermetalle Pa > Cd > Ag > Messing > Cu > Hg. Ihre wachstumshemmende und abtötende Wirkung auf bakterielle Keime erfolgt im ppb-Konzentrationsbereich. Sie beruht auf einer Komplexierung der Ionen an Proteine und Nucleinsäuren der Mikroorganismen. Da für den Menschen Silber die beste physiologische Verträglichkeit aufweist, hat nur dieses praktische Bedeutung erlangt. So wird z. B. Silbernitrat zur Gonorrhoe-Prophylaxe des Neugeborenen am Auge verwendet. Zur Desinfektion von Wasser sind Konzentrationen zwischen 1 und 10 µM erforderlich bei Einwirkungszeiten zwischen einer und 20 Stunden, je nach Keimart und Höhe der Einsaat. Einer starken Abschwächung unterliegt die Wirkung durch die Anwesenheit von komplexierenden und fällenden Anionen (Halogenide, Halogenoide, Sulfid), divalenten Kationen (Ca, Mg) und unspezifischen Adsorbentien (Kolloide, Lipide).

Der Mechanismus der oligodynamischen Wirkung des Silbers beruht nach Eindringen der Ionen in die Bakterien u. a. auf einer Verdrängung von Wasserstoff in den Wasserstoffbrücken zwischen den gepaarten Nucleotiden der DNA. Diese reversible Bindung ist zehnfach stärker als die an Proteine. Eine Bindung an die RNA ist selbstredend gering. Um eine Hemmung des Wachstums zu erreichen, muss mehr als ein Atom Silber pro 80 Basenpaare eingelagert worden sein. Die Vergrößerung der Bindungslängen verzerrt die Helixstruktur der DNA und behindert deren Transkription.

1.1.8 Eintrag der Metalle in die Umwelt

Natürlicherweise kommen Schwermetalle in Wasser, Luft, oder Böden kaum in größeren Konzentrationen vor. Jedoch können lokale Ausnahmen auftreten. Zum Beispiel sind einige Tiefengewässer (Mineral- und

Thermalbrunnen) bekannt, die sehr hohe Arsengehalte aufweisen und deshalb für die menschliche Nutzung nicht geeignet sind. Die Luft kann in der Nähe von Lagerstätten von elementarem Quecksilber (Almadén, Spanien) aufgrund der Verdampfung des Metalls hohe Konzentrationen desselben aufweisen. Gleiches gilt auch für die Umgebung von Vulkanen (200 ng/m^3), aus denen insgesamt 150 000 Tonnen gasförmigen Quecksilbers im Jahr freigesetzt werden. Auch sind Landstriche bekannt, deren Böden durch natürliches Vorkommen von Metallen (oberflächennahe Lagerstätten) für eine landwirtschaftliche Nutzung nicht in Betracht kommen, da die Vegetation die Metalle aufnimmt und sie in die Nahrungskette einspeist. Hingegen kennt man auch umgekehrtes: Eine zu geringe Konzentration des Schwermetalls Cobalt in manchen Böden verursacht Blutgerinnungsstörungen beim Weidevieh, was erfolgreich durch einen künstlichen Eintrag (Meliorationsdüngung) behoben werden kann.

Terrestrische Spurenelementmängel sind je nach Ausgangsgestein der Böden für Mangan, Bor, Kupfer und Molybdän beschrieben. Die Aufbringung zu großer Mengen an Klärschlamm oder Müllkompost mit zum Teil hohen Schwermetallgehalten (obere Richtwerte: Zn 3000; Cu, Pb, Cr jeweils 1200; Ni 200; Cd 30; Hg 25 mg/kg Trockenmasse) kann den tolerierbaren Gesamtgehalt der landwirtschaftlich genutzten Böden, gemessen in einer Schicht von 20 cm Stärke, überschreiten lassen. Die landbauliche Verwertung von Kompost ist deshalb begrenzt.

Unabhängig vom Gesamtgehalt an Schwermetallen ist die Verfügbarkeit für die Pflanzen. Blei ist aufgrund einer Immobilisierung kaum über die Wurzeln aufnehmbar, ganz im Gegensatz zu Cadmium und Zink. Kupfer und Nickel werden mäßig aufgenommen. In gewissen Grenzen lässt sich über eine Anhebung des pH-Wertes durch Aufkalkung die Verfügbarkeit der Schwermetalle drosseln. Höhere Tongehalte im Boden bedingen eine Immobilisierung durch Kationenaustausch. Huminstoffe sind in der Lage, schwerlösliche Komplexe mit Schwermetallen zu bilden. Das setzt deren Mobilität bis auf die Beweglichkeit der Trägermoleküle herab, die durch Polymerisation von Fulvosäuren über Huminsäuren zu Huminen zunächst geringer wird, durch einen stetigen biologischen Abbau aber nach geraumer Zeit wieder zunimmt. Können Schwermetalle durch Eingehen von Redoxreaktionen Anionen bilden, wie z. B. Arsen, Chrom, Selen, Uran und Vanadium, weisen sie im Alkalischen hohe Beweglichkeiten auf.

Die Gesamtmenge an Schwermetallen, die durch natürliche Vorgänge in Luft, Wasser und Erde gelangen, ist beachtlich, auch wenn hierdurch nur geringe Konzentrationen erreicht werden. In den meisten Fällen sind die natürlichen Kreisläufe mächtiger als die anthropogenen, jedoch von anderer Qualität, da nur letztere lokal zu hohen (inhomogenen), eventuell toxischen Konzentrationen führen können.

In Lagerstätten findet man Schwermetalle in der Regel in chemisch stabilen Verbindungen mit Chalkogenen, so dass eine unmittelbare Verbreitung kaum möglich ist. Erst menschliche Aktivitäten bringen eine Mobilisation in physikalischer und chemischer Hinsicht (Tab. 4). Durch die Verhüttung entstehen in offenen Prozessen Verbindungen mit höherer chemischer Reaktivität und die sich anschließende Nutzung durch den Menschen führt zu einer weitgehend inhomogenen Verteilung. Ein Großteil aller genutzten Metalle ist trotz Wiederverwendung nach entsprechender Zeit verloren und mündet dann in natürliche Kreisläufe. Mikroorganismen methylieren unter anaeroben Bedingungen eine Reihe von Schwermetallen (Arsen, Antimon, Zinn, Blei, Selen, Quecksilber u. a.) in Deponien oder küstennahen Gewässern und setzen sie als permethylierte Verbindungen zum Teil in die Atmosphäre frei. Eine unvollständige Biomethylierung liefert die für den Organismus besonders toxischen Monokationen (Methyl-Hg^+).

Metall Symbol	Erdkruste Gew. %	Produktion 10^6 to/a	Weltmeere 10^6 to
Fe	3.38	716	?
Cu	3.0×10^{-4}	9.4	600
Zn	5.8×10^{-3}	6.1	1200
Pb	1.4×10^{-3}	5.5	4
Cr	6.4×10^{-3}	2.8	24
Ni	4.2×10^{-3}	0.75	240000
As	2.6×10^{-4}	0.027	1800
V	1.0×10^{-2}	0.020	312
Cd	1.0×10^{-5}	0.018	7
Ag	5.7×10^{-6}	0.011	30
Hg	1.0×10^{-5}	0.0066	4
Au	3.0×10^{-7}	0.0013	240

Tab. 4: Gegenüberstellung der Häufigkeit ausgewählter Metalle in der Erdkruste, ihrer Weltjahresproduktion und der in den Weltmeeren enthaltenen Mengen. Insgesamt sind im Wasser 50 Elemente nachgewiesen, darunter 10^{11} Tonnen an Schwermetallen.

1.2 Toxikologie ausgewählter Metalle

1.2.1 Blei

Die Bezeichnung trägt der bläulichen Farbe des Metalls Rechnung. Sein natürliches Vorkommen ist ausschließlich auf Verbindungen mit der Oxidationsstufe +2 beschränkt. Am häufigsten und wichtigsten ist Bleiglanz (PbS), aus dem Blei dargestellt wird. Er enthält etwa 1% an Silber. Daneben gibt es einige farbige, schwerlösliche Salze, die früher als Pigmente Verwendung fanden. Aufgrund der lateinischen Bezeichnung *plumbum* wurde durch den Schweden Berzelius das Elementsymbol Pb eingeführt. Der englische Name *lead* ist mit dem deutschen *Lot* und *Löten* verwandt, was auf die niedrige Schmelztemperatur des Metalls hinweist.

- Globales Vorkommen und anthropogene Einflüsse

Die Jahresproduktion an Blei liegt bei etwa 5.5 Millionen Tonnen. In der Umgebung von Minen und Schmelzen und selbstverständlich auch von aufgelassenen Hüttenbetrieben finden sich erhöhte Bleikonzentrationen (>200 bis 4000 mg/kg) im Erdboden. Da Blei im Boden schnell immobilisiert wird und auf Dauer gebunden bleibt, können es Pflanzenwurzeln nur in sehr geringem Maße aufnehmen. Bleikontaminationen von Pflanzen sind hauptsächlich durch Immissionen verursacht. Bedingt durch die atmosphärische Verteilung stieg nach Einsetzen der industriellen Revolution 1750 die Bleikonzentration im Grönlandeis deutlich an.

- Anwendungen

Von historischem und toxikologischem Interesse sind teilweise folgende Anwendungen von Blei und dessen Verbindungen:

- Die Verwendung von Bleigeschirr war bei den Römern modern und galt als besonderer Luxus, ähnlich wie Ende des 19. Jhdt. Geschirr aus Aluminium. Das Herauslösen von Blei durch Kontakt mit sauren Speisen führte zu chronischer Zufuhr von Bleiionen mit Vergiftungen. Bleirohre als Bestandteile der Trinkwasserleitungen stellen noch heute in vielen Bezirken Englands eine große Sanierungsaufgabe dar. Aus den Leitungsrohren kann weiches nitrat-, carbonat- und huminsäurehaltiges Wasser toxisch relevante Mengen an Blei herauslösen und zu chronischen Vergiftungen führen. Seit 1935 werden in Deutschland zuführende

Wasserrohre nicht mehr in Blei ausgeführt. Blei, das sich wegen der Duktilität leicht walzen lässt, dient in der Dachdeckerei als Bleiblech zum Abdichten von Anschlüssen. Bleiauskleidungen (Bleikammern) werden wegen ihrer chemischen Beständigkeit gegenüber Schwefelsäure genutzt. Geschosskerne und Schrot bestehen aus Blei oder enthalten es in Legierung. Verbleibt das Material im Gewebe (Steckschüsse), kann es sich auflösen und zu Vergiftungen führen. Bleilegierungen finden Verwendung als Letternmetall mit Antimon und Zinn (Hartblei) und als Lagermetall für Achslager (Bahnmetall). Bleimäntel dienen als Vulkanisierform zur Herstellung von Hydraulik-Hochdruckschläuchen. Beim halbmaschinellen Abschälen dieser Formen besteht die Gefahr der Exposition. Daneben sind auch bleiummantelte Kabel im Einsatz. Zur Herstellung von Bleiakkumulatoren dient etwa die Hälfte der Produktion. Für diese Verwendung bestehen auch effiziente Verfahren der Wiederverwertung, die bereits vor über hundert Jahren begonnen, zu den ältesten Techniken des Recyclings gehören.

- Eine Anwendung als Pigment fanden Mennige als Rostschutzanstrich und in Malerfarben Bleiweiß (Carbonat), Chromgelb (Postgelb, Chromat) und Neapelgelb (Antimonat). Gefahren der Freisetzung aus diesen Materialien ergeben sich bei der Prozessierung gestrichener Objekte (Schrott, Fensterrahmen, Anstriche). Während aus bleisilicathaltigen Glasuren im Kontakt mit sauren Speisen Bleiionen in Lösung gehen, besteht eine solche Gefahr bei Bleikristallglas und Flintglas, die große Anteile an PbO enthalten, nicht. Bleiarsenat wird im Ausland teilweise zur Schädlingsbekämpfung im Weinbau eingesetzt, seine Anwendung ist in Deutschland verboten. Verständlich sind die höheren Blei und Arsengehalte in manchen importierten Weinen.

- Als lösliche Bleiverbindung hat Bleiacetat in den letzten zwei Jahrhunderten medizinische Anwendung erfahren. Es diente innerlich als Adstringens. Wegen seines süßlichen Geschmacks auch Bleizucker genannt, wurde es zum direkten Süßen von Wein genutzt, ähnlich wie Bleiglätte (PbO) zum Entsäuern des Weines. Diese Verfahren lösten im 17. Jhdt. in Frankreich verschiedentlich Massenvergiftungen aus, die mit Bleikoliken begannen. Der Einsatz von Bleiessig, Bleiwasser, Bleipflaster und Bleipuder besonders in der Wundbehandlung und von Pigmenten in der Kosmetik führte häufig zu chronischen Vergiftungen.

- Ionisches Blei kann in Nahrungsmitteln auftreten, sofern bei der Herstellung und Verpackung bleihaltige Legierungen verwendet werden. Zu erwähnen sind dabei in erster Linie solches Weißblech, dessen Zinnüberzug früher häufiger einen zu hohen Bleianteil aufwies, Dosennähte, die mit bleihaltigem Zinn ausgeführt waren, und Tuben.

- Anfang der Zwanziger Jahre entdeckte man die Eigenschaft der Alkylderivate des Plumbans (Tetraethyl- und Tetramethyl-Blei, TEL bzw. TML), die Klopffestigkeit von Treibstoffen für Ottomotoren zu steigern. Konzentrationen von ursprünglich 640, später 150 mg Pb/L Benzin waren zur Erhöhung der Oktanzahl zugelassen. In Europa gingen 6% der Bleiförderung (USA 17%) in die Produktion dieser Zusatzstoffe. Um die Ablagerung des während der Verbrennung freiwerdenden Bleis als hochschmelzendes PbO im Motor zu umgehen, sorgte der Zusatz von 1,2-Dichlorethan (Ethylendichlorid) und 1,2-Dibromethan in gefärbten Blei-Fluiden für die Bildung von flüchtigen Bleihalogeniden (PbCl$_2$ Smp. 373°C und PbBr$_2$ Smp. 501°C). Als Aerosol werden die Verbindungen aus dem Brennraum ausgetragen. Deshalb ist es kaum verwunderlich, dass seit 1940 die Konzentrationen im Grönlandeis verstärkt zunahmen und die in Wässern von Kläranlagen gefundene Bleifracht zu ca. 80% aus Straßen- und Dachabwässern stammte. Gegenwärtig vertriebene unverbleite Kraftstoffe für Ottomotoren dürfen maximal 13 mg Pb/L enthalten. In Schmierölen finden Bleiseifen als Stabilisatoren und Sikkative Verwendung.

• **Toxikokinetik**

Blei und seine anorganischen Verbindungen werden von der intakten Haut kaum resorbiert.

Akute Vergiftungsfälle mit anorganischen Bleiverbindungen sind selten, da auch nach oraler Aufnahme große Mengen ohne Vergiftungszeichen toleriert werden. Die geringe intestinale Resorptionsquote liegt zwischen 5 und 10% und bietet dem Erwachsenen ausreichenden Schutz, nicht dagegen dem Kind, das bis zu 50% aufnimmt. Wird allerdings das Darmepithel geschädigt (bis 50 g Bleiionen) treten nach massiver Resorption tödliche Vergiftungen auf.

Die chronische Bleivergiftung (Saturnismus, bereits seit 200 v. Chr. bekannt) tritt als Folge einer beruflichen Exposition nach regelmäßiger Zufuhr von anorganischen Bleiverbindungen in Milligamm-Mengen pro Tag auf (Berufskrankheiten-Verordnung). Hierbei spielt in der Regel neben der oralen die pulmonale Aufnahme die wichtigere Rolle. Da je nach Atemvolumen, Löslichkeit und Partikelgröße zwischen 30 und 50% des in der Atemluft enthaltenen Bleis in der Lunge aufgenommen werden, reichen zur Ausbildung einer chronischen Vergiftung noch geringere Mengen aus als bei ausschließlich oraler Exposition. Die Aufnahme lässt sich als Funktion der pulmonalen Retention und Resorption darstellen.

Nach der Resorption sind mindestens 90% des im Blut befindlichen Bleis an die Erythrozyten gebunden. Das freie Blei gelangt von hier aus in die weichen Gewebe und in den Knochen, wobei es sich wie Calcium verhält. Die Plazentarschranke und die Blut-Hirn-Schranke werden in Form von lipophilen Komplexen ohne wesentliche Behinderung überwunden. Die weichen Gewebe stellen flache Kompartimente dar, aus denen Blei mit einer Halbwertzeit von 20 Tagen renal und biliär ausgeschieden wird. Zur mineralischen Knochenmatrix hat Blei eine hohe Affinität, so dass ein großer Anteil im Knochen gespeichert wird. Als schwer lösliches Bleiphosphat enthält dieses Kompartiment etwa 95% des gesamten Bleis im Organismus (body burden) und deponiert im Laufe des Lebens ohne berufliche Exposition etwa 200 mg Blei. Eine Mobilisation des Bleis kann sich durch Fieber, Schwangerschaft, Stress, Azidose oder Frakturen auslösen lassen, Vorgänge, welche auch physiologisch Calcium mobilisieren. Die normale Halbwertzeit der Elimination aus dem Knochen beträgt 20 Jahre. Die Ausscheidung von Blei aus dem Organismus erfolgt zu 75% renal, der Rest biliär und in Spuren über Haare, Nägel, Schweiß und Milch.

Tetraalkyl-Blei (TML, TEL) wird im Gegensatz zu allen anderen Bleispezies besonders leicht durch die intakte Haut und durch die Lunge resorbiert. Es folgt eine rasche Aufnahme in das Gehirn, was im akuten Vergiftungsbild zentrale Wirkungen in den Vordergrund treten lässt. Seine Eliminationshalbwertzeit für das Gehirn beträgt etwa 500 Tage. Tetraethyl-Blei unterliegt einem Metabolismus über Triethyl- und Diethyl-Bleiionen zu anorganischem Blei. Zu einer Ausscheidung von organischem Blei aus dem Organismus kommt es kaum.

- Toxikodynamik

Typisch für eine akute Bleivergiftung ist das Vorherrschen gastrointestinaler Symptome wie Erbrechen, Leibschmerzen, Darmkrämpfe, Obstipation und Proteinurie. Sie werden durch Spasmen der glatten Muskulatur des Darmes verursacht (Bleikolik), weil Blei das physiologische Calcium verdrängt (Mimikry). Spasmen der Gefäßmuskulatur und der Kapillaren sind Ursache für eine blassgraue Färbung der Haut (Bleikolorit). Bei Kindern sind zentralnervöse Symptome ausgeprägt, während sie bei Erwachsenen zum Bild der chronischen Vergiftung gehören. Ihnen liegen Interferenzen mit der calciumabhängigen Freisetzung von Neurotransmittern zugrunde.

Die chronische Vergiftung beginnt mit unspezifischen Symptomen wie Müdigkeit, Schwäche, Blässe, Appetitlosigkeit, Gewichtsabnahme, Leberschwellung, Koliken und Obstipation. Sie wird deshalb oft nicht erkannt. Typisch, jedoch nicht regelmäßig, ist das Auftreten eines Bleisaumes (PbS) am Zahnfleisch. Eindeutige Anzeichen für eine chronische Vergiftung sind neben zentralnervösen, periphermotorischen und glattmuskulären Funktionsstörungen, vor allem die Störungen der Biosynthese des Hämoglobins und der Erythropoese. Hierbei handelt es sich um einen typischen Schwermetalleffekt, der ohne eine Interaktion mit Calcium zustande kommt.

Blei blockiert die Biosynthese des Hämoglobins durch Hemmung von drei Enzymen, der Delta-Aminolaevulinsäure-Dehydrase (Porphobilinogen-Synthase), der Koproporphyrinogen III-Decarboxylase und der Ferrochelatase (Abb. 8). Die Folge ist der Anstieg von zwei in Blut und Urin ausgeschiedenen Synthesezwischenstufen. So ist der Nachweis von Delta-Aminolaevulinsäure und Koproporphyrin III diagnostisch von Bedeutung. Protoporphyrin IX ist in den Mitochondrien und in den Erythrozyten erhöht. Die Hemmung einer Pyrimidin-5'-Nukleotidase lässt im Erythrozyten ein Ribonukleotid persistieren, das für die basophile Tüpfelung verantwortlich scheint, die klinisch zur Früherkennung einer Intoxikation dienen kann.

Aber nicht nur über Enzymhemmungen wirkt Blei auf Erythrozyten. Seine hämolytische Wirkung verkürzt ihre Lebensdauer. Das unmittelbar nach

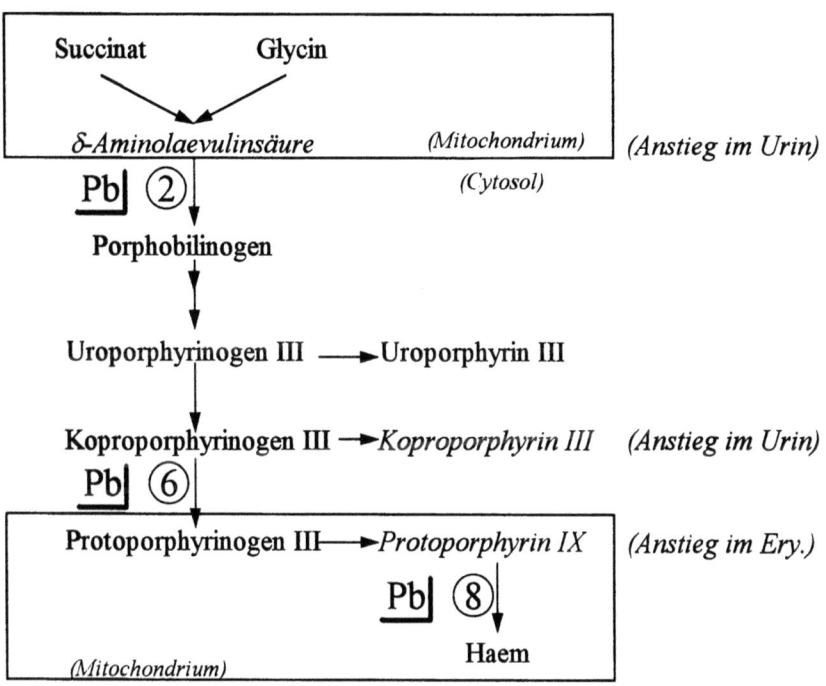

Abb. 8: Vereinfachtes Schema der Hämbiosynthese und der drei Angriffspunkte von Blei. Die Synthese startet mit Succinyl-CoA im Mitochondrium, wechselt zum Cytosol, um wieder in das Mitochondrium zurückzukehren. Acht Enzyme sind für die Synthese erforderlich.: 1: δ-Aminolaevulinat-Synthase (Schlüsselenzym); **2: Porphobilinogen-Synthase** = δ-Aminolaevulinsäure-Dehydratase; 3: Hydroxymethylbilan-Synthase; 4: Uroporphyrinogen III-Synthase; 5: Uroporphyrinogen III-Decarboxylase; **6: Koproporphyrinogen III-Decarboxylase**; 7: Protoporphyrinogen IX-Dehydrogenase. Analoge Dehydrogenasen gibt es für die Substrate Uro- und Koproporphyrinogen; **8: Ferrochelatase**. Letztere ist in der Lage, auch andere Schwermetalle wie Cobalt oder Zinn in das Protoporphyrin einzubauen. Die Anhäufung von *Zwischenstufen*, die im Urin bzw. im Erythrozyten gefunden werden, ist beweisend für eine Exposition mit Blei.

der Resorption von den Erythrozyten gebundene Blei ist in der Lage, als lipophiler, membrangängiger Komplex (mit Bicarbonat) in die Erythrozyten einzudringen. Hier aktivieren Bleiionen wie physiologischerweise Calcium die Kaliumkanäle und führen damit zu einem vollständigen Kaliumverlust. Der zelluläre Gehalt an APT fällt gleichzeitig ab.

Zentrale degenerative Vorgänge im Gehirn sind Auslöser für Schwindel, Seh- und Hörstörungen, Gedächtnisschwäche, Schlaflosigkeit, Depressionen und Erregungszuständen (Encephalopathia saturina). Ursache hierfür könnten Kontraktionen von Arteriolen und Kapillaren sein. Eine zentral ablaufende degenerative Schädigung des motorischen Systems äußert sich peripher in Nervenlähmungen mit motorischen Ausfällen an Armen und Beinen. Besonders die Arbeitshand ist davon betroffen, da die Streckermuskulatur infolge der Lähmung des Nervus radialis nachlässt (sog. Fallhand).

Die spastische Wirkung auf Gefäßwände kann auch zu Nierenschädigung, Gangrän und Angina-pectoris-Anfällen führen.

Eine akute Vergiftung mit Tetraethyl-Blei, die z. B. durch Schnüffeln von verbleitem Benzin ausgelöst werden kann, äußert sich als toxische Psychose. Beständige Erregung, Schlaflosigkeit, Kopfschmerzen, zentral ausgelöste Krämpfe, Halluzinationen, Temperatur- und Blutdruckabfall lassen sich beobachten. Erschöpfung kann zum Tod führen. Eine chronische Zufuhr von organisch gebundenem Blei führt zu dem Bild einer chronischen Vergiftung durch anorganisches Blei.

- Therapie

Zur schnellen Giftentfernung ist bei der akuten Vergiftung Erbrechen auszulösen, danach wird lösliches Blei zweckmäßig in schwerlösliches Sulfat überführt.

Von den Chelatoren eignet sich zur Therapie chronischer Intoxikationen am besten EDTA, das zur Schonung der Calciumbestände als $CaNa_2$-EDTA einzusetzen ist. Penicillamin ist auch per os anwendbar, wirkt aber schwächer. Zur Erkennung von Bleidepots kann ein sogenannter Mobilisationstest durchgeführt werden. Hierzu misst man die nach kombinierter Anwendung der beiden Chelatoren im 24-Stunden-Sammelurin ausgeschiedene Menge an Blei und vergleicht sie mit der zuvor unter Kontrollbedingungen eliminierten Menge. Anstiege auf das über 10-fache sprechen für vorhandene Bleidepots.

Dimercaprol (BAL) ist in der Regel ungeeignet, da sein Bleikomplex leicht dissoziiert und deswegen Schäden an den Nierentubuli setzt. Es hat jedoch den Vorzug, in das Gehirn eindringen zu können.

Keine der genannten Maßnahmen ist zur Therapie einer akuten Vergiftung mit Tetraethylblei geeignet. Dessen zentral ausgelöste Erregung kann mit Diazepam gedämpft werden.

1.2.2 Cadmium

Cadmium, als Element 1817 dargestellt, ist ein typischer Begleiter der Schwermetalle Zink, Kupfer, Blei. Es fällt bei deren Herstellung automatisch als Nebenprodukt an und wird deshalb niemals eigens abgebaut. Sein antropogener Eintrag in die Umwelt ist unabhängig von seiner Nutzung im wesentlichen von der (Bunt-)Metallgewinnung abhängig. Die Vergesellschaftung mit anderen Metallen drückt sich auch in der Namensgebung aus, da καδμεῖα (galmei) im Laufe der Geschichte die vier Elemente Kupfer, Zink, Cobalt und Cadmium bzw. deren Erze bezeichnete.

- Anwendung

Die erst in diesem Jahrhundert einsetzende industrielle Nutzung des Cadmiums besteht in seiner Verwendung als galvanischer Rostschutz für Eisen, als Legierungsbestandteil, als Farbpigment (Cadmiumgelb, CdS), als Stabilisator für Kunststoffe (max. 1 mg/L nach EN 71), zur Herstellung von Trockenbatterien, Ni-Cd-Akkumulatoren und als Neutronenabsorber in Regelstäben von Kernreaktoren. Spezialanwendungen für Cadmium sind niedrig schmelzende Legierungen (Woodsches Metall und Lipowitz-Legierung) und Lote.

Für die Ausbreitung von Cadmium in der Umwelt ist seine Flüchtigkeit verantwortlich. Cadmium verdampft bei der Metallgewinnung und bei technischen Anwendungen (z. B. Schweißen) als einatomiges Gas und reagiert mit Sauerstoff leicht zu Cadmiumoxid (CdO), das sich als Aerosol auch durch Verbrennung aus cadmiumhaltigen Materialien wie Kohle, Erdöl, Müll und Klärschlamm bildet. Deshalb steht für beruflich Exponierte die inhalative Aufnahme im Vordergrund. Die Durchschnittsbevölkerung nimmt Cadmium dagegen hauptsächlich mit der Nahrung auf. Der Gehalt der Luft liefert hier nur einen kleineren Beitrag zur Gesamtbelastung, wobei Raucher freiwillig wegen des Cadmium-Gehaltes des Tabaks eine höher belastete Sondergruppe bilden. Der Eintrag von Cadmium auf die landwirtschaftlichen Nutzflächen erfolgt als Aerosol über die Luft oder direkt durch Ausbringen von Phosphatdünger (Superphosphat) und Klärschlamm, dessen maximale Konzentration 30 mg/kg Trockenmasse nicht überschreiten darf. Cadmium reichert sich auf Grund seiner Wechselwirkung mit Huminsäuren in der organischen Bodensubstanz an und gelangt von hier in Pflanzen, z. B. Nicotiana tabacum, die es leicht aufnehmen. Pilze binden es an einem Glutathionanalogon, dem Phytochelatin ((-Glu-Cys)$_{n=1-8}$ -Gly).

- Toxikokinetik

Die geringe Partikelgröße und Wasserlöslichkeit des Cadmiumoxids (CdO) im Aerosol bedingt sein Vordringen bis in die Alveolen der Lunge, wo es zurückgehalten und zu 25 bis 50% resorbiert wird. Die Resorptionsquote ist von beiden Parametern abhängig. Durch den Konsum von zwanzig Zigaretten mit je 1-2 µg Cd kann dem Körper inhalativ etwa ebensoviel Cadmium zugeführt werden wie mit der täglichen Nahrung, die zwischen 15 und 60 µg Cd beisteuert. Insgesamt werden mit dem gerauchten Tabak etwa 10 Tonnen Cadmium freigesetzt, genausoviel wie in der Stahlindustrie. Die Lebensmittel enthalten zwischen 4 (Äpfel), 60 (Kartoffeln), 120 (Weizenmehl), 20 (Rindfleisch) und 1300 (Rinderniere oder Austern) µg Cd/kg Frischgewicht weitgehend in Bindung an Proteine. Die Resorption von Cadmium im Gastrointestinaltrakt liegt bei ca. 2-8%. Sie ist nicht konstant, sondern von der Füllung der Eisendepots und dem Angebot an Calcium abhängig. Da zur Kompensation von Mangelzuständen an Eisen und Calcium die Transportproteine für Eisen und endogene Liganden für Calcium verstärkt gebildet werden, steigt die Resorption von Cadmium, das diese Wege partiell als Eintrittspforten nutzt, ebenfalls an.

Das durch Lunge und Darm resorbierte Cadmium ist im Blut zunächst an Albumin gebunden und erreicht so leichter die Leber, wo es auf Metallothionein (MT, 6600 Da, 61 AS) übertragen wird. Dieses gelangt in beladener Form in den Kreislauf (Abb. 9). Metallothionein, welches

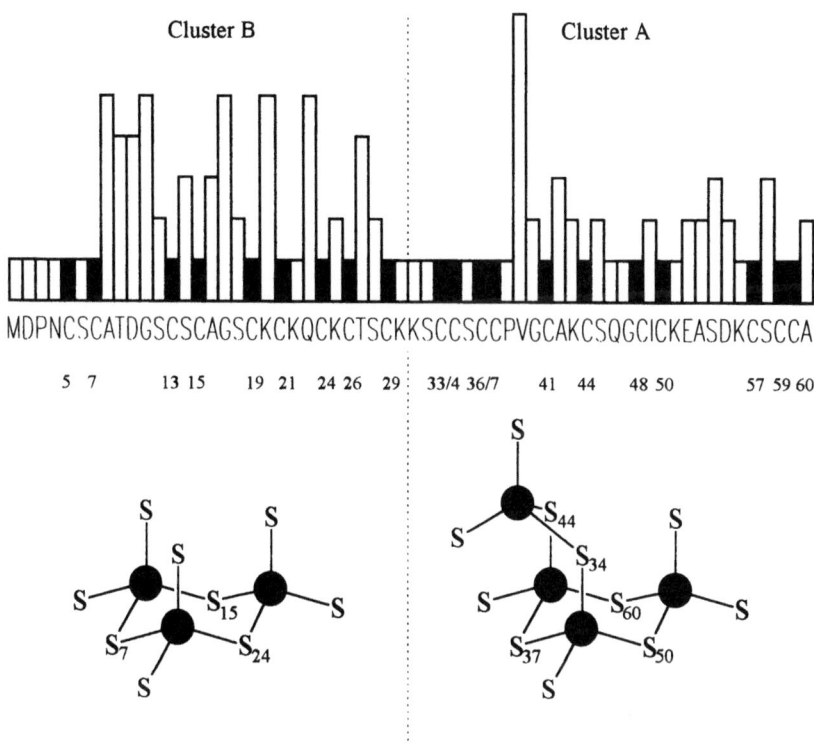

Abb. 9: **Aufbau von Metallothionein.** Über der Sequenz der 61 Aminosäuren des Metallothioneins von Säugetieren (hier Ratte) ist durch die Höhe der Säulen die Aminosäurevariabilität bei 30 Spezies dargestellt. Die 20 Cystein-Reste (gefüllte Säulen) unterliegen keiner Variation. Die Aminosäuren 1-30 bilden das Cluster B, das mit 9 Cystein-Resten drei divalente Kationen (gefüllte Kreise) in jeweils tetraedrischer Anordnung komplexiert (Cd_3Cys_9). Cluster A, dem die Aminosäuren 31-61 zugrunde liegen, bindet vier Kationen unter Beteiligung von 11 Thiol-Gruppen (Cd_4Cys_{11}). Die idealisierten Chelate in den beiden Clustern sind im unteren Teil abgebildet. Die Indizes an den Thiol-Schwefeln geben die Position des entsprechenden Cystein-Restes an. Zwischen Metall und Schwefel ergibt sich im voll beladenen Metallothionein ein molares Verhältnis von beinahe 1:3.

im Molekül etwa 20 Cysteinreste trägt, ist ein effektiver Ligand für Schwermetalle und physiologischerweise ein beweglicher Speicher für Zink. Es läßt sich durch Schwermetallzufuhr induzieren (Cd > Cu > Hg > Zn), was für den Körper durch Bindung eine partielle Entgiftung des

Metalls bedeutet. Mit Cadmium beladenes Metallothionein wird in der Niere aufgrund seiner Größe zunächst glomerulär filtriert, dann aber im proximalen Tubulus reabsorbiert. Intrazellulär löst hier abdissoziiertes ionisches Cadmium eine renale Neubildung einer zweiten Isoform des Metallothioneins aus, was im Endeffekt durch Bereitstellung von Bindungsstellen zu einer Deponierung von Cadmium in der Nierenrinde führt. Hier lagern zwischen 30 und 50% des Gesamtkörperbestandes, während auf Leber und Muskel je etwa 20% entfallen.

Auch in der Plazenta induziert Cadmium die Bildung von Metallothionein. Aufgrund der starken Bindung an dieses Protein ist Cadmium kaum plazentargängig, und das Neugeborene bleibt praktisch frei davon (Abb. 10). Die Aufnahme des Metalls führt im Laufe des Lebens zu einem

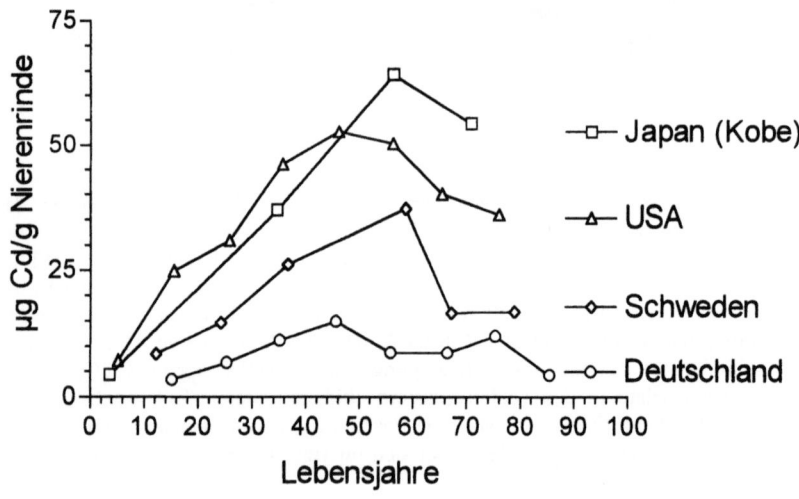

Abb. 10: Konzentration von Cadmium in der Nierenrinde des Menschen in Abhängigkeit vom Lebensalter. Die Daten repräsentieren den Zustand in Bevölkerungsgruppen verschieden großer, nicht repräsentativer Stichproben unter Einschluss von Rauchern. Die Konzentrationsangaben verstehen sich für das Frischgewicht des Organs. Nach Friberg et al., 1974.

stetigen Anstieg seiner Konzentration im gesamten Organismus vor allem in der Niere, wobei dort nach ca. 50 Jahren ein Maximum durchlaufen wird. Es liegt für Nicht-Raucher bei durchschnittlich 24 mg Cd/kg Frischgewicht (Raucher 73 mg Cd/kg) in der Nierenrinde. Nierenschäden sind erst ab einer Konzentration von >200 mg Cd/kg zu erwarten. Dann scheint eine Grenze in der Speicherkapazität erreicht zu sein und freigesetztes Cadmium kann irreversibel die Nierentubuli schädigen, wodurch seine renale Ausscheidung zunimmt. Solche Konzentrationen sind höchstens durch eine langjährige berufsbedingte Exposition erreichbar.

Aufgrund des Anstiegs der Cadmium-Konzentration in der Nierenrinde steigt auch die renale Ausscheidung bis auf ca. 2 µg/L an, obwohl eine renale Reabsoption des Metallothioneins erfolgt. Die biologische Halbwertzeit für die Elimination von Cadmium liegt zwischen 10 und 30 Jahren. Verschiebungen aus nicht speichernden Organen, d. h. solchen ohne nennenswerte Syntheseleistung für Metallothionein (Apothionein), in speichernde Organe hinein (Cd-shift) erfolgen mit einer Halbwertzeit von nur 5 Tagen.

- Toxikodynamik

Das gemeinsame Prinzip der bekannt gewordenen akuten Schädigungen durch Cadmium beruht auf der Eigenschaft seiner Ionen, Proteine in Membrangrenzflächen zu denaturieren. Hierbei löst es über eine Radikalbildung Lipidperoxidation aus.

Die Inhalation von Cadmium als Dampf, Rauch oder Aerosol führt zu trockenen Schleimhäuten, Husten und Fieber. Noch 24 Stunden nach der Exposition kann sich ein Lungenödem ausbilden, das je nach Schweregrad der Schädigung tödlich sein kann.

Die enterale Aufnahme von größeren Mengen an Cadmium-Ionen löst in der Regel innerhalb weniger Minuten Erbrechen und Diarrhoe aus, begleitet von kolikartigen Schmerzen. Das Erbrechen und eine geringe Resorptionsquote lassen schwere Intoxikationen meist nicht entstehen.

Unter längerer beruflicher pulmonaler Exposition gegenüber Cadmium (Konzentrationen > 70 µg/m^3) bilden sich entzündliche Veränderungen der Schleimhäute des Respriationstraktes aus, häufiger begleitet vom

Cadmium-Schnupfen, einer Degeneration des Riechepithels mit Ausbildung einer Anosmie. Weiterhin entwickeln sich eine obstruktive Atemwegserkrankung und ein Lungenemphysem.

Unabhängig von der Expositionsroute bleibt die Niere Zielorgan der Schädigung. Als Frühsymptom einer nicht reversiblen Schädigung der Nierentubuli läßt sich eine Proteinurie erkennen. Vorrangig findet man β_2-Mikroglobuline, die in Anwesenheit von freiem Cadmium nicht mehr reabsorbiert werden können und als diagnostische Marker dienen.

Die längerfristige orale Aufnahme von stark mit Cadmium belasteten Lebensmitteln löst eine Reihe von Symptomen aus, die sich in einer Störung des Mineralhaushaltes (Ca, Phosphat und Fe) und des Vitamin D-Stoffwechsels äußern. Dies führt sowohl zu Eisenmangelanämien als auch zu schwerer schmerzhafter Erweichung des Knochens und zu seinem Abbau (Osteomalazie bzw. Osteoporose).

In Japan, wo diese Intoxikation 1956 auftrat, nachdem Reis mit einem Cadmium-Gehalt von 2 mg/kg zum Verzehr kam, wurde die Bezeichnung Itai-itai-Krankheit (itai = aua) geprägt. Die Cadmium-Belastung kam durch die Bewässerung der Reisfelder mit Wasser zustande, das durch Cadmium aus Abraumhalden eines Bergwerks verunreinigt war.

Im einzelnen sind folgende Zusammenhänge bekannt. Cadmium verdrängt bereits im Dünndarm Calcium von dessen Bindungsprotein und mindert seine Resorption. Die Calcium-Konzentration im Plasma reguliert die Ausschüttung der Hormone Calcitonin (Aufbau von Knochen bei hoher Calcium-Konzentration) und Parathormon (Abbau von Knochen und damit verbundener Verlust an Phosphat und Calcium). Cadmium inhibiert die in der Nierentubuluszelle lokalisierte Cholecalciferol-Hydroxylase und verhindert so die Entstehung der biologischen Wirkform des Vitamin D_3, nämlich des 1,25-Cholecalciferols (Calcitriol), das die Synthese des Calcium-Bindungsproteins und die Knochenmineralisation veranlasst.

Eine Schädigung des Hodens, der männlichen Keimzellen, die Auslösung von Bluthochdruck sowie von Lungen- und Prostatakarzinomen durch Cadmium wird diskutiert.

- Therapie

Die Gabe von BAL als Chelatbildner ist nach akuter inhalativer Vergiftung sinnvoll. In der Therapie chronischer Vergiftung ist sie umstritten, da mit der Mobilisierung des Metalls die Gefahr einer Nierenschädigung entsteht.

1.2.3 Quecksilber

Die Namensgebung (quick) zeigt, dass das Metall bereits früh bekannt, genutzt und vor allem als flüssiges Element eine besondere Aufmerksamkeit beanspruchte. Die Griechen nannten es ὑδράργυρος, 'wässriges Silber'. Den Alchimisten verdanken wir die Bezeichnung Mercurius, die an die innere Verwandschaft mit dem umlaufschnellsten Planeten und dem flinken Götterboten anbindet. Hieraus entstand die englische Bezeichnung 'mercury'. Quecksilber kommt teilweise gediegen in der Natur vor, jedoch sind auch etwa 20 quecksilberhaltige Mineralien beschrieben, von denen das rote Sulfid Zinnober (HgS, Cinnabaris) das wichtigste ist. Aufgrund seiner extrem schlechten Löslichkeit ist es, im Gegensatz zu schwarzem, praktisch nicht toxisch.

- Globales Vorkommen und anthropogene Einflüsse

Die Luft enthält Quecksilber in einer durchschnittlichen Konzentration von 20 ng/m^3. Pro Jahr werden 150 000 Tonnen durch Entgasung des Erdmantels in die Atmosphäre abgegeben, wobei Vulkane einen großen Beitrag leisten. Seit mindestens 2000 Jahren bestehen stabile Verhältnisse, wie die konstante Konzentration von 60 ng/kg im Polareis erkennen lässt. Nicht kontaminiertes Oberflächenwasser kann infolge von Erosion 200 ng Quecksilber /L enthalten, Trinkwasser dagegen weniger als 30 ng/L. Das Wasser der Ozeane weist Konzentrationen zwischen 30 und 300 ng/L auf.

Die Weltjahresproduktion an Quecksilber beträgt rund 10 000 Tonnen, wovon 40% aus Europa stammen. Menschliche Aktivitäten führen also dem natürlich zirkulierenden Quecksilber einen nur geringen Teil zu. Trotzdem werden aufgrund der lokalen Massierung des Eintrags durchaus hohe Konzentrationen erreicht, die in Flüssen bis 1800 ng/L betragen können. Anthropogen gelangen weltweit 4000 Tonnen Quecksilber pro Jahr in die Ozeane. Eine chemische und biochemische Methylierung von Quecksilber in den oberen Schichten organischer Fluss- und Meeressedimente lässt etwa 5% des Quecksilbers über Plankton, Schalentiere und Fische in die Nahrungskette des Menschen eintreten. Nach Schätzungen werden pro Jahr weltweit 10 Tonnen Methylquecksilber im Süßwasser und 480 Tonnen in den Ozeanen gebildet, welche in die Atmosphäre entweichen. Teilweise werden Quecksilberionen bakteriell zu elementarem Quecksilber reduziert und gelangen ebenfalls in die Atmosphäre, im Jahr bis 40 000 Tonnen (Abb. 11). Generell ist davon auszugehen, dass das gesamte geförderte Quecksilber nach seiner Nutzung in die Umwelt zurückkehrt.

- Anwendungen

Mehr als die Hälfte der Weltproduktion an Quecksilber wird von der elektrotechnischen Industrie (Tageslichtlampen, Batterien) und zur Chlorkali-Elektrolyse verwendet. Die Farbenindustrie verbraucht etwa 15%, für Mess- und Kontrollinstrumente werden 10% veranschlagt. Seine landwirtschaftliche Verwendung (Saatbeizen) ist stark rückläufig und beträgt weniger als 5%. In der Papierindustrie und für katalytische Zwecke liegt der Anteil bei 3%, für Arzneistoffe bei 1%. Die Zahnheilkunde verbraucht zwischen 3 und 5%. Der Rest von rund 10% dient etwa 3000 verschiedenen Anwendungen.

Von historischem und toxikologischem Interesse sind folgende Quecksilber-Anwendungen:

- Metallisches Quecksilber diente aufgrund seiner hohen Dichte als Sperrflüssigkeit in wissenschaftlichen Geräten (Scholander, van Slyke). Auch elektrotechnische Geräte enthielten beachtliche Mengen (Gleichrichter, Schalter). Wurde es verschüttet, sammelte es sich häufig unter den Holzböden der Laborräume und verdampfte von dort. Hierbei kann ein Kubikmeter Luft von 20°C ca. 15 mg Hg^0 aufnehmen. Dasselbe Problem ergab sich früher in den Spiegelbelegen im Raum Nürnberg und Fürth, in denen bis Ende des 19. Jhdt. Kristallglastafeln mit amalgamierter (verquickter) Zinnfolie belegt wurden. Das Amalgam härtete unter Abpressen des überschüssigen Quecksilbers. Zum Teil sind die früheren Produktionsstätten, die heute als Wohnhäuser genutzt werden, beachtlich kontaminiert. Noch gravierender sind die Freisetzungen von gasförmigem Quecksilber, wenn bei der Goldgewinnung oder beim Vergolden große

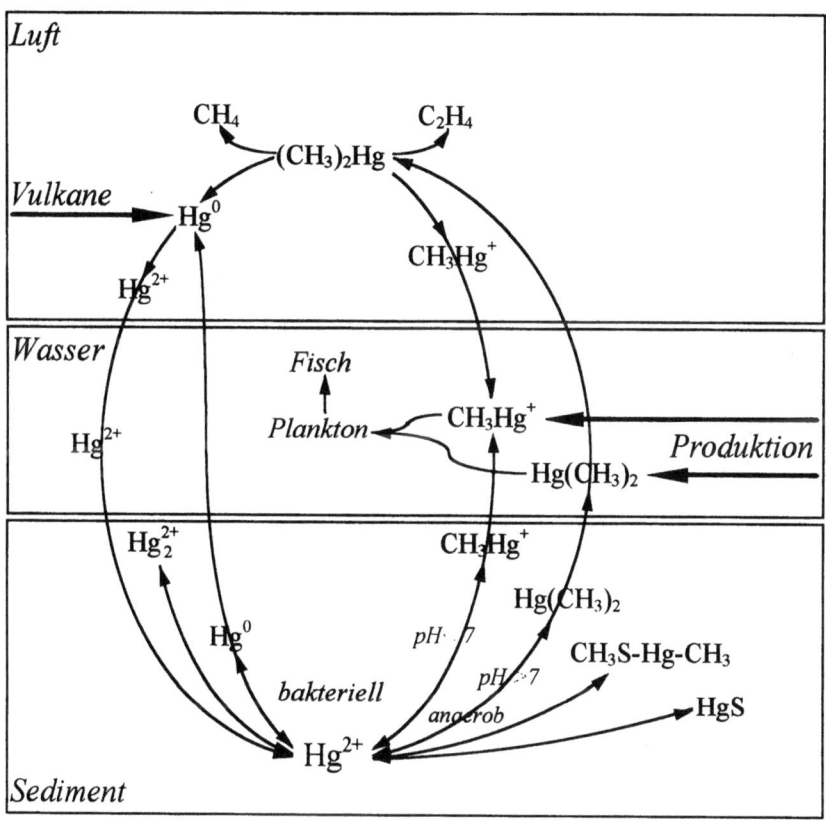

Abb. 11: Darstellung des globalen Quecksilberkreislaufs in Atmosphäre und Hydrosphäre. Metallisches Quecksilber tritt vorwiegend durch vulkanische Aktivität in den Kreislauf ein. Anthropogene Einflüsse steuern anorganisches Quecksilber aller Oxidationsstufen bei, wie auch organisch gebundenes, vorwiegend als Methylquecksilber, das in technischen Produktionsverfahren anfällt, oder als Phenylquecksilber aus Saatbeizen. Im Sediment von Flüssen, Seen und Schelfen methylieren methanogene Bakterien Hg^{2+} durch Übertragung eines Carbanions. Es entsteht je nach Bedingungen Methyl-, Dimethyl- oder Methanthiolatomethyl-Quecksilber. Methylierungen werden auch durch Bakterien im Gastrointestinaltrakt angenommen. Anaerob wachsende Bakterien fällen mit Schwefelwasserstoff kaum mobilisierbares HgS aus. Auch bakterielle Reduktionen und Demethylierungen finden statt. Dimethylquecksilber wird unter atmosphärischen Bedingungen gespalten. Methylquecksilber bindet als weiche Lewis-Säure gerne (Pseudo-)Halogenanionen, wodurch lipophile Komplexe entstehen. Methanthiolatomethyl-Quecksilber wird vor allem für die distale Schädigung peripherer Nerven im Zuge der Minamata-Disease verantwortlich gemacht.

Mengen an Quecksilber durch Hitze verdampft werden. Quacksalber, Vergolder und Goldwäscher setzten sich hohen Konzentrationen an Quecksilber aus. Eine heute obsolete Verreibung von Fett mit 30% metallischem Quecksilber diente als 'Graue Salbe' zur Behandlung der Syphilis. Kupferamalgam, das größere Mengen an Quecksilber abgibt als heute verwendete Silberamalgame, wurde u. a. wegen seiner desinfizierenden Wirkung zur Versorgung kariöser Zähne verwendet.

- Unter den anorganischen mono- und divalenten Quecksilberverbindungen finden sich einige, die zu medizinischen und industriellen Zwecken früher häufig angewandt wurden. Von Interesse waren vor allem die desinfizierenden Eigenschaften, die bei der Behandlung dermatologischer und ophthalmologischer Infektionen und Erkrankungen und bei Befall mit Ektoparasiten in Salben genutzt wurden. Die starke Komplexbildung mit biologischem Material mit daraus resultierender Proteindenaturierung ermöglicht diese Anwendungen. Unter den erwähnenswerten Verbindungen finden sich Kalomel (Hg_2Cl_2; LD_{100} ca. 2-3 g), weißes Präzipitat ($HgNH_2Cl$), gelbes Oxid (HgO) und rotes Iodid (HgI_2). Kalomel diente auch als Abführmittel. Dies war wegen seiner äußerst geringen Löslichkeit und schlechten Resorption möglich. Zur Gerätedesinfektion und zur Holzbehandlung wurde das stark ätzende Sublimat ($HgCl_2$; LD_{100} ca. 200-400 mg) verwendet. Die beizende Wirkung auf Tierhaare machte man sich in der Herstellung von Filz zu Nutze ($HgNO_3$), so dass Filzhüte oft große Konzentrationen an Quecksilber enthielten.

- Organische Quecksilberverbindungen (Abb. 12) sind seit 1913 in größerem Maße als Fungizide zur Saatgutbeizung verwendet worden. Besonders geeignet hierfür schienen wegen der hohen Flüchtigkeit kurzkettige Alkylverbindungen des Quecksilbers wie Methyl- oder Ethylquecksilber-Chlorid. Jedoch besteht auch die Gefahr einer Schädigung des Saatgutes und der Anwender, weswegen Verbindungen dieses Typs in Deutschland schnell verboten wurden. Alkoxy- und Aryl-Quecksilberverbindungen (z. B. Methoxyethylquecksilber-Chlorid oder Phenylquecksilber-Acetat) haben diese Nachteile nicht. Sie werden zur Trockenbeize eingesetzt. Zur Blattspritzung (Obst, Reis) sind sie jedoch nicht mehr zugelassen.

Phenylquecksilber-Borat oder -Nitrat dienen heute zur Konservierung bestimmter nicht sterilisierbarer Arzneizubereitungen. Gleiches leistet

H₃C—O—C₂H₄—Hg—Cl

Methoxyethylquecksilberchlorid

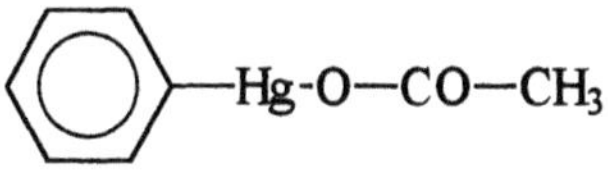

(Phenyl)—Hg-O—CO—CH₃

Phenylquecksilber-Acetat
(-Borat = Merfen®)

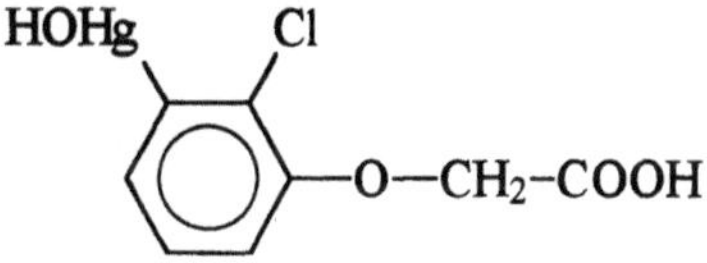

Novasurol   Merbaphen®

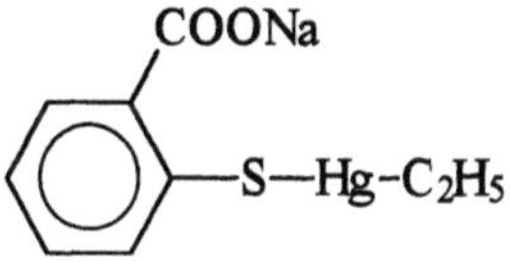

Thiomersal

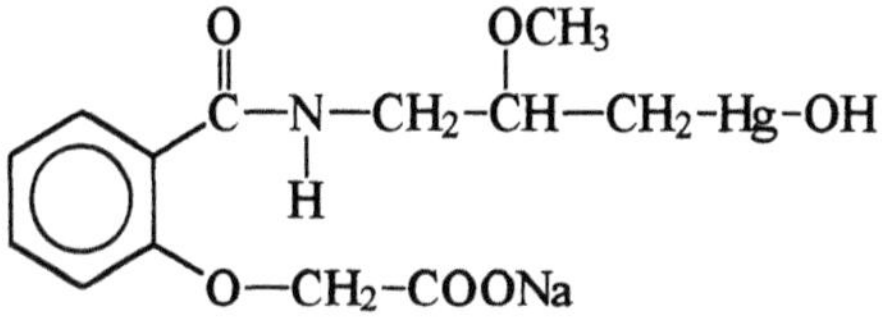

Mersalyl   in Salyrgan®

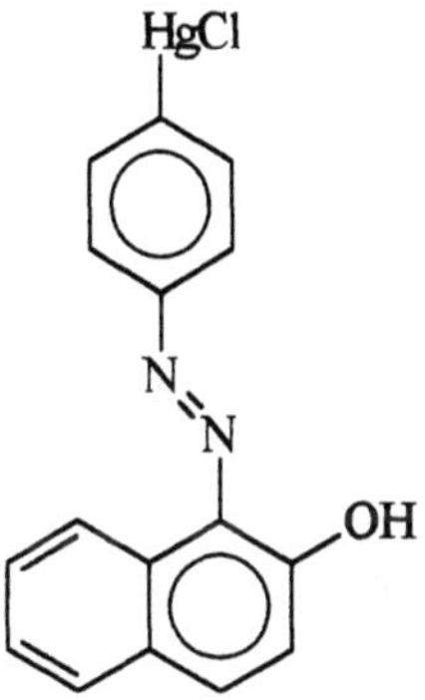

Mercury Orange

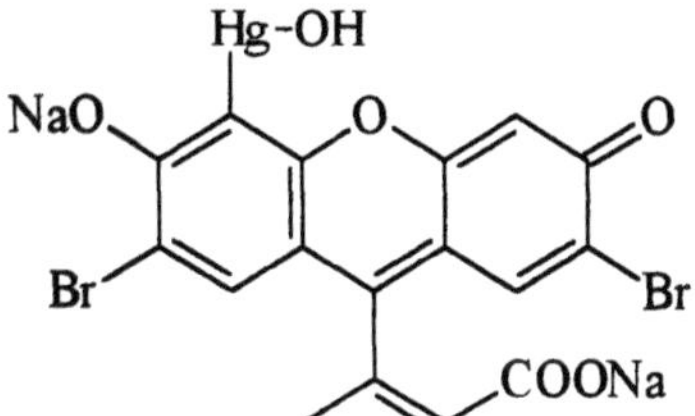

Merbromin   Mercurochrom®

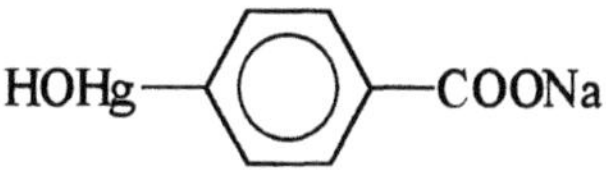

4-Hydroxymercuribenzoat-Na
"PCMB"

Abb. 12: Organische Quecksilberverbindungen

Thiomersal DAC, das in Tuberkulintests enthalten ist und der Auslösung von Kontaktallergien verdächtigt wird. Mercurochrom dient als Desinfektionsmittel.

Einen interessanten wissenschaftshistorischen Aspekt stellt die Entwicklung der quecksilberhaltigen Diuretika dar. Ausgangspunkt war das Novasurol (Merbaphen®), eine zur Syphilisbehandlung entwickelte Verbindung, an der 1919 eine diuretische Wirkung auffiel. Der Einbau von Quecksilber in organische Moleküle reduzierte die toxischen Eigenschaften der Hg^{2+}-Ionen, verlieh ihnen aber deren diuretischen Effekt. So konnte im Jahre 1924 als erstes therapeutisch anwendbares quecksilberhaltiges stark wirkendes Diuretikum Mersalyl (Salyrgan®) in den Handel gebracht werden. Obwohl alle Quecksilberdiuretika heute obsolet sind, förderten sie das grundlegende Verständnis für die Vorgänge der Harnbereitung in der Niere und beeinflussten wesentlich die Entwicklung aller späteren quecksilberfreien Diuretika.

In jüngster Zeit konnte die durch Quecksilber ausgelöste diuretische Wirkung (Polyurie) kausal aufgeklärt werden. Zur Erklärung seien zunächst die grundlegenden Prozesse der Harnbereitung in der Niere kurz erläutert, wie sie im unteren Teil der Abb. 13 schematisch dargestellt sind. Nach einer Ultrafiltration des Blutes im Glomerulum strömt das blutisotone Filtrat durch den proximalen Nierentubulus und gelangt in den absteigenden Teil der Henleschen Schleife. Auf dieser Strecke herrscht eine zunehmend höhere Osmolarität des Harns, die durch einen aktiven Co-Transport von Na- und Cl-Ionen im benachbarten aufsteigenden Teil der Henleschen Schleife erzeugt wird (Haarnadel-Gegenstromprinzip). Gleichzeitig ist dieser aufsteigende Bereich des Systems für Wasser nicht permeabel. Das absteigende Tubulussystem weist dagegen eine hohe Permeabilität für Wasser auf, was die Konzentrierung des Ultrafiltrats erst ermöglicht. Die hohe Durchlässigkeit dieser Zellwände für Wasser wird durch eine reichliche Ausstattung mit porenbildenden Proteinen, sog. Aquaporinen erreicht, die sich mit immunologischen Methoden nur in diesem Bereich des Tubulussystems nachweisen lassen. Die Aquaporine, die aus sechs transmembranären Domänen gebildet werden, besitzen in einem Cystein-Rest eine Bindungsstelle für Quecksilber-Ionen. Ist Quecksilber anwesend, wird die Pore für einen Wasseraustausch außer Funktion gesetzt. Dies verhindert den passiven Austritt von Wasser aus dem Filtrat und damit zu dessen Zunahme, was eine diuretische Wirkung ausmacht.

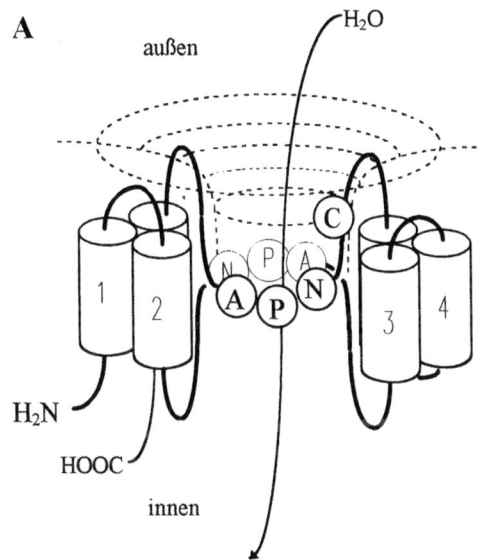

Abb. 13: **A** Modell eines Aquaporins (AQP). Das Motiv NPA, das zwischen der 2. & 3. sowie der 5. & 6. transmembranären Domäne auftritt, bildet die eigentliche Pore für H_2O. Hg^{2+} blockiert den Wasserdurchtritt durch Bindung an ein Cystein im Kanalbereich.

B Darstellung der Permeabilität für Wasser entlang eines Nephrons, das der Übersichtlichkeit wegen gestreckt gezeichnet ist. Während Aquaporine im absteigenden Teil des Tubulus für die H_2O-Permeabilität verantwortlich sind, ist diejenige des Sammelrohres hauptsächlich durch das Antidiuretische Hormon ADH reguliert (nach Agre *et al.*, 1995).

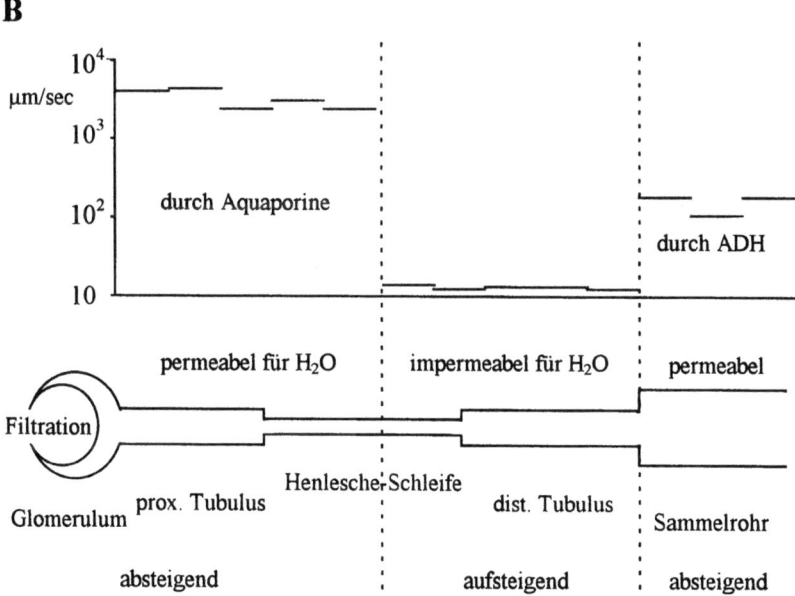

• Toxikokinetik

Die toxikologische Betrachtung des Quecksilbers muss sich mit drei verschiedenen Verbindungstypen beschäftigen, mit elementarem, anorganischem und organisch gebundenem Quecksilber.

- Elementares Quecksilber in metallischer Form hat nur ein geringes toxisches Potential. Eine orale Aufnahme selbst größerer Mengen ist nicht gefährlich. Eine dermale Resorption tritt im Normalfall nicht auf, sie ist aber vom Grad der Dispersion abhängig. Intravenös injiziertes Quecksilber kann Embolien, also einen Fremdkörperverschluss kleinster Gefäße, auslösen. Es ist nicht akut toxisch, führt jedoch sicher zu einer chronischen Intoxikation.

Wesentlich gefährlicher ist die Exposition gegenüber gasförmigem Quecksilber. Wo immer metallisches Quecksilber vorkommt, befindet sich aufgrund seines hohen Dampfdruckes Quecksilber in der Luft. Nach Inhalation gelangt gasförmiges Hg° wegen seiner hohen Lipophilie (Löslichkeit in Pentan 2.7 mg/L, in Wasser nur 20 µg/L) und Beweglichkeit, ähnlich wie Narkosegase, über die kurze alveolare Diffusionsstrecke ins Blut. Die Resorptionsquote liegt bei etwa 80%, der Verteilungsgrad zwischen Luft und Körpergewebe wird auf 1:20 geschätzt.

Bedingt durch seine hohe Beweglichkeit kann das Hg°-Atom in Zellen verschiedener Organe diffundieren (Transportform). Es unterliegt gleichzeitig einer raschen metabolischen Umwandlung, die bereits in roten Blutzellen beginnt, aber auch in anderen metabolisch aktiven Zellen abläuft. In den Erythrozyten liefert ein zweimaliger Elektronenentzug unter katalytischer Beteiligung der Katalase Hg^{2+}-Ionen. Dieser Schritt führt zu einer weitgehenden Immobilisierung. Wird durch ein erhöhtes Angebot von gasförmigem Hg° die Umgiftungskapazität überschritten, gelangt ein größerer Anteil des leicht beweglichen lipophilen Hg° über die Blut-Hirn-Schranke in das zentrale Nervensystem. Auch hier folgt eine Umwandlung in ionisches Quecksilber und eventuell die Bildung eines biologisch unwirksamen Selenid-Komplexes, so dass aus diesem Kompartiment Quecksilber nur mit einer biologischen Halbwertzeit von mehreren Jahren eliminiert wird. Bei gleichbleibender Zufuhr ist hier mit einer Kumulation zu rechnen. Es wird verständlich, warum vor allem hohe

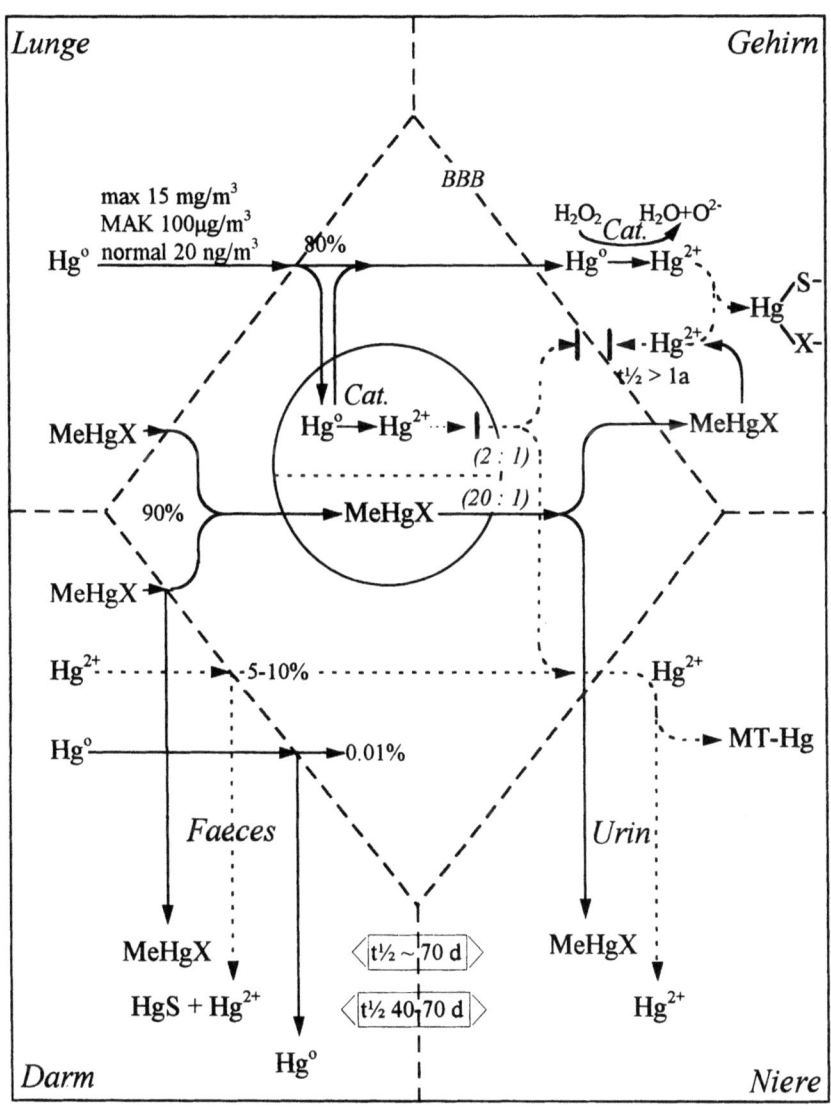

Abb. 14: Toxikokinetik der Quecksilberspezies Hg°, Hg²⁺ und MeHgX im Organismus nach pulmonaler (l. o.) und enteraler (l. u.) Exposition. Verteilung und Reaktionen im Erythrozyten (mitte), Gehirn (r. o.) und Niere (r. u.). *BBB*: Blut-Hirn-Schranke, *Cat.*: Katalase, t½: Halbwertzeit, MT: Metallothionein, Resorptionsquoten in Prozent.

Spitzenkonzentrationen zu vermeiden sind (MAK 100 µg Hg/m³; Spitzenbegrenzung). Ähnlich wie die Blut-Hirn-Schranke verhält sich Quecksilber auch an der Plazentarschranke. Gasförmiges Hg⁰ erreicht also leicht fetales Gewebe.

- Die Resorption von Quecksilberionen unterscheidet sich wesentlich von der des Elementes. Monovalente Kationen werden sehr schlecht resorbiert, während zweiwertige (Hg^{2+}) aus dem Gastrointestinaltrakt zu 2 bis 15% aufgenommen werden. Der Transport erfolgt im Blut, an Plasmaeiweiße und an Erythrozyten gebunden. Es erreicht auf diesem Weg zwar alle Organe, kann aber schlecht Membranen passieren, so dass es sich vor allem in der Niere, weniger in Leber und Darmschleimhaut anreichert. Interaktionen mit Proteinen erfolgen über Thiol-Gruppen und führen zur Denaturierung und Enzyminhibition. In diesem Sinne lassen sich 'PCMB' und Mercury Orange anwenden (Abb. 12). An Metallothionein der Nierentubuluszellen gebunden findet man höchste Konzentrationen in der Nierenrinde. Die Halbwertzeit der Elimination liegt bei ca. 60 Tagen. Werden im Organismus Quecksilberionen aus Hg⁰ oder organischen Molekülen freigesetzt, unterliegen sie dem besprochenen Verteilungsmuster. Umgekehrt kann nach Reduktion von ionischem zu elementarem Quecksilber letzteres in das Gehirn gelangen oder über die Lunge abgeatmet werden, weil ihm diese zusätzlichen Verteilungswege offen stehen.

- Die Bindung von Quecksilber in organischen Molekülen verleiht dem Element völlig andere biologische und ökologische Eigenschaften. Deutlich zeigt sich dies an den früher als Fungiziden eingesetzten kurzkettigen Alkylquecksilberderivaten wie Methylquecksilberchlorid (CH_3HgCl) und Dimethylquecksilber (CH_3HgCH_3). Methylquecksilberchlorid ist leicht flüchtig und wird über die Lunge fast vollständig (90%) aufgenommen. Gleiches gilt für die Resorption aus dem Darm und über die Haut. Aufgrund ihrer Lipophilie breiten sie sich im Organismus leicht aus und dringen in Kompartimente ein, die durch Gewebeschranken geschützt sind. Eine Einlagerung erfolgt auch in die Haare. Durch seine Demethylierung entsteht Hg^{2+}, welches weniger mobil ist. Ihm eröffnet sich allerdings durch die Reaktion mit Glutathion und ähnlichen Verbindungen ein Zugang zu deren Ausscheidungswegen über Faeces und Urin. Die mittlere Halbwertzeit beträgt 70 Tage.

- Toxikodynamik

- Werden große Mengen an gasförmigem Quecksilber eingeatmet, tritt das Bild einer akuten Vergiftung auf. Es kann sich äußern in Metallgeschmack, Erbrechen, blutigen Durchfällen und einer Nierenschädigung mit Polyurie und Proteinurie. Seltener steht eine Reaktion mit Lungenentzündung, Fieber, Husten und Atemnot im Vordergrund. Die Intoxikation führt erst nach längerer Krankheit zum Tod.

- Die orale Aufnahme von löslichen anorganischen Quecksilberverbindungen kann eine lokale Verätzung zur Folge haben, was jedoch keine quecksilberspezifische Reaktion ausmacht. Typisch ist dagegen der Metallgeschmack, Erbrechen und Durchfälle, die durch Sulfide schwarz gefärbt sein können. Die Niere reagiert anfänglich mit einer Polyurie, die durch eine reversible Blockade der Aquaporine im proximalen Tubulus und im absteigenden Teil der Henleschen Schleife zustandekommt. Erst eine weitere Schädigung mit höheren Konzentrationen führen zu einer Proteinurie, der dann eine Anurie folgen kann, welche nach völliger Zerstörung der Nierenfunktion in eine Urämie mündet und den Tod innerhalb einer Woche zur Folge hat. Weniger hohe Dosierungen ergeben subakute Verlaufsformen. In diesem Stadium tritt Quecksilber in den Speichel über und löst eine Entzündung des Mund- und Rachenraumes bei gleichzeitiger Lockerung der Zähne aus (Stomatitis mercurialis).

Bei subakut mit anorganischem Quecksilber vergifteten Kindern konnte früher die Feersche Erkrankung (Synonyme: Akrodynie, pink disease) beobachtet werden.

Je länger die Exposition mit anorganischem oder elementarem Quecksilber anhält (chronische Intoxikation, Merkurialismus), desto stärker tritt die Wirkung auf das zentrale Nervensystem in den Vordergrund. Besonders gilt dies für die chronische Inhalation von Dämpfen (Hg^0). Neben Zahnlockerung, Zahnausfall und Ablagerungen von HgS am Zahnfleisch (Quecksilbersaum) und Nierenreizung, treten bei einem Merkurialismus folgende typische Vergiftungserscheinungen auf: Stirnkopfschmerzen, Schwindelanfälle, Metallgeschmack, Stockschnupfen mit Vereiterungen (Quecksilberschnupfen) und Blutarmut. Ferner sind charakteristisch eine nervöse Reizbarkeit (Erethismus mercurialis), ein feinschlägiger Tremor, der durch die Intention einer Bewegung verstärkt wird, vor allem beim

Schreiben (Tremor mercurialis, Zitterschrift) und ein erschwertes, verwaschenes Sprechen (Psellismus mercurialis). Allgemein imponiert eine stark abnehmende geistige Leistungsfähigkeit (psychische Schwäche, Konzentration, Gedächtnis).

- Für die Vergiftung von Menschen mit Dimethylquecksilber und Methylquecksilber-Komplexen (MeHgX) gibt es bemerkenswerte Fallberichte: Zwischen 1953 und 1960 kamen in Fischerfamilien an der Bucht von Minamata (Kyushu, Japan) Sensibilitätsstörungen und zentralnervöse Schädigungen vor. Bis als Ursache der 'Minamata-Disease' genannten Erkrankung eine Intoxikation mit Methylquecksilber erkannt wurde, starben 46 Personen. Das Methylquecksilber war in Muscheln und Fischen enthalten, die es über die Nahrungskette aufgenommen hatten. Die Quecksilberverbindungen entstanden teilweise bei der Produktion von Vinylchlorid und gelangten mit dem Abwasser in die marine Küstenregion, teilweise bildeten sie sich hier durch Biomethylierung von ionischem Quecksilber. Ein in Schweden beobachtetes Massensterben von Tieren (Vögel, Raubvögel, Wildtiere), die direkt und indirekt gebeiztes Saatgut gefressen hatten, führte wegen der ökologischen Schäden 1965 zu einem Anwendungsverbot dieser Beizung. Etwa zehn Jahre später wurde mit verschiedenen Quecksilberverbindungen gebeiztes Saatgetreide aus Unwissenheit zur Herstellung von Brot verwendet, was im Iraq 450 Menschenleben forderte.

Im Vordergrund stehen, nach einer Latenzperiode von Monaten, Symptome einer Schädigung des zentralen Nervensystems. Zunächst sind Missempfindungen zu beobachten, gefolgt von einer Gesichtsfeldeinengung sowie Sprach- und Koordinationsstörungen. Kinder und Säuglinge reagieren mit Entwicklungsschäden am zentralen Nervensystem. Da die methylierten Quecksilberderivate die Plazentarschranke leicht überwinden, können sie bereits im Fetalstadium die pathologischen Veränderungen einleiten.

• Therapie

Zur Beschleunigung der renalen Ausscheidung ionischen Quecksilbers jeglicher Provenienz eignen sich die Chelatoren BAL (Dimercaprol), DMPS (Dimercapto-Propansulfonsäure) und DMSA (Dimercaptobernsteinsäure, **Dim**ercaptosuccinic acid), D-Penicillamin, sofern die Nierenfunktion intakt ist. Chelatoren nach Vergiftungen mit organischen Quecksilberverbindungen einzusetzen, verbietet sich wegen einer beschleunigten Einschleusung von Quecksilber in das zentrale Nervensystem.

1.2.4 Thallium

Thallium wurde 1861 von W. Crookes aufgrund seiner smaragdgrünen Flammenfärbung in selenhaltigen Mineralien entdeckt und ein Jahr später von Lamy rein dargestellt. Die grüne Spektrallinie (535 nm) führte zur Wahl des Namens θαλλός, der 'grüner Zweig' bedeutet. Thallium ist mit Pyrit und Zinkblenden vergesellschaftet und gelangt über den Röstprozess bei der Schwefelsäureherstellung in den Bleikammerschlamm, aus dem es gewonnen werden kann.

- Anwendungen

Elementares Thallium dient gelöst in Quecksilber (Amalgam) als leitende Flüssigkeit in Schaltern und als Füllung von Thermometern für tiefe Temperaturen. Mit Hilfe seines Oxids werden Gläser hoher Brechkraft hergestellt und in Verbindungen mit Schwefel, Selen, Tellur und Arsen ist seine Halbleitereigenschaft in photoelektrischen Zellen und Szintillationszählern nützlich. Seine Alkalihalogenide lassen sich für Leuchtstoffe in Leuchtschirmen verwenden und die Pyrotechnik nutzt seine Flammenfärbung für Feuerwerkskörper. Aufgrund seiner Toxizität für Säugetiere, der geschmacklichen Indifferenz und des verzögerten Wirkungseintritts kann Thallium(II)-sulfat als Rodentizid verwendet werden. Es kommt hierzu in einer rot eingefärbten 2-3%igen Zubereitung als Korn oder Paste zum Einsatz (Zelio®). Die Einführung als Rodentizid und Insektizid eröffnete seine missbräuchliche Verwendung für Morde und Selbstmorde. Wichtig ist die frühere medizinische Anwendung von Thallium-Acetat als Antihidrotikum und Depilierungsmittel, die in den 20er Jahren häufiger zu Vergiftungsfällen führte. Das Radionuklid ^{201}Tl wird zur Myokardszintigraphie eingesetzt.

Durch Verwendung von thalliumhaltigem Eisenoxid bei der Herstellung von Zement kam es Ende der 70er Jahre im Umkreis von Zementwerken zu Immissionen, welche zu chronischen Vergiftungen führten. Da Pflanzen und Pilze teilweise Thallium akkumulieren, ist der Eintrag durch Staubniederschlag im Jahresmittel auf 0.01 mg Thallium/m² × d begrenzt.

Thallium kommt in den Oxidationsstufen +1 und +3 vor, wovon letztere weniger beständig ist. Ähnlichkeiten des einwertigen Thalliums bestehen einerseits zum Silber (schwerlösliches Oxid, Sulfid, Halogenid), andererseits zum Kalium (lösliches Hydroxid, Carbonat, Sulfat). Die Ionenradien der genannten Elemente sind ziemlich ähnlich Tl^+ (1.44 Å), K^+ (1.33 Å), Ag^+ (1.26 Å). Vor allem spielt die Verwandtschaft zu Kalium, das es teilweise funktionell ersetzen kann, eine wichtige biologische Rolle. Jedoch ist Thallium kein normaler Bestandteil des Körpers.

- Toxikokinetik

Lösliche Thalliumverbindungen werden aus dem Gastrointestinaltrakt schnell resorbiert. Die Aufnahme erfolgt wie für Cobalt und Mangan auch über das Eisentransportprotein. Weil die Na^+-K^+-ATPase nicht zwischen Kalium und dem kaum größeren Thalliumion diskriminieren kann, ergibt sich eine dem Kalium entsprechende Verteilung im Organismus mit hohen intrazellulären Konzentrationen. Die Plazenta stellt für das Element kein Hindernis dar, so dass es auch fetotoxisch ist. In der Niere findet man die höchsten Thalliumkonzentrationen, gefolgt von der Haut, wo es unter anderem in den Haarfollikeln angereichert (Widy-Phänomen) und in die Haare deponiert wird. Hier kann es zur Diagnose mit Hilfe der Atomabsorption oder der Neutronenaktivierung nachgewiesen werden. Die Ausscheidung erfolgt langsam mit einer initialen Halbwertzeit von etwa 14 Tagen überwiegend mit dem Urin. Wie Natrium, Kalium, Glucose, Cäsium und Cobalt erfährt Thallium bei der biliären Elimination keine Konzentrierung. Das Galle/Plasma-Verhältnis für Thallium ist etwa eins (Substanzen der Klasse A). Wie Versuche am Darm der Ratte gezeigt haben, werden Thallium-Ionen aus dem Blut in das Darmlumen sekretiert. Es kommt zur Ausbildung eines enterohepatischen Kreislaufs, der die Elimination verzögert.

Thalliumverbindungen, besonders lösliche, werden gut über die Lunge und auch über die Haut resorbiert, weswegen sie zu berufsbedingten Erkrankungen führen können. Ein MAK von 0.1 mg/m³ wurde festgesetzt.

- Toxikodynamik

Die orale Aufnahme von etwa 1 g Thallium(I)-sulfat (ca. 15 mg/kg) führt nach einer Latenzzeit von bis zu 3 Tagen zu einer akuten Vergiftung mit Störungen des Gastrointestinaltraktes, des Nervensystems und der Haut nebst Anhangsgebilden (Haare und Nägel).

Nach Übelkeit und Erbrechen, gelegentlich begleitet von Durchfällen, folgt eine typische Verstopfung mit kolikartigen Leibschmerzen. Die Wirkung am Nervensystem äußert sich in Empfindungsstörungen an Fingern und Zehen, Überempfindlichkeit gegenüber Berührungen der Haut. Später kommen aufsteigende motorische Lähmungen hinzu. Psychische Störungen, Depression, Psychose, Schlaflosigkeit und Krämpfe sind Ausdruck eines zentralen Angriffs. Degenerative Schädigungen von Nerven oder Nekrosen von Neuronen sind beschrieben worden. Das sympathische Nervensystem befindet sich in einem Zustand erhöhter Reizbarkeit mit einem Anstieg von Katecholaminen, was eine Blutdrucksteigerung und Tachykardie zur Folge hat. Haupt- und Körperhaare fallen nach 2-3 Wochen teilweise oder völlig aus. Diese Störung ist reversibel. Sinneshaare sind vom Ausfallen, vielleicht wegen fehlender sympathischer Innervierung, nicht betroffen. An den Nägeln sind in der Spätphase Mees-Streifen zu beobachten, die durch Wachstumsstörungen hervorgerufen sind.

Ohne Therapie führt die genannte Dosis zum Tod. Die lange Latenzphase von etwa zwei Tagen bis zum Auftreten toxischer Wirkungen verhindert meist sofortige Gegenmaßnahmen, so dass nach Überleben mit teilweise monatelangen Erholungsphasen zu rechnen ist.

Thallium ist ein Beispiel für ein typisches Kumulationsgift, da seine Ausscheidung im Vergleich zu einer chronischen Exposition in den meisten Fällen gering ist. Die verzögert und abgeschwächt auftretenden Symptome werden oft nicht einer Vergiftung mit Thallium zugeordnet. Als Zeichen einer chronischen Vergiftung wird bei Industriearbeitern häufig eine entzündliche und degenerative Nervenkrankheit beobachtet. Teilweise treten degenerative Schädigungen des Sehnerven auf, die bis zur Erblindung führen. Eine starke Akkumulation von Thallium durch Sehnerv und Linse kann hierfür eine Ursache sein.

Ultrastrukturell zeigt sich, dass Mitochondrien in Niere, Leber und anderen Organen degenerativ verändert sind. Hierbei kommt es zu gesteigerter Bildung der Cristae und zu einer Vakuolisierung. Eine Anreicherung von Thallium in diesen Organellen ist beschrieben. Die Niere reagiert unter Entzündung mit einer tubulären Degeneration. Für das Herz zeigt das Thallium eine relative Organspezifität, weswegen es sich zur Szintigraphie dieses Organs eignet.

- Entgiftung

Die Beschleunigung der Ausscheidung von Thallium aus dem Organismus lässt sich vor allem mit einer Eindämmung des enterohepatischen Kreislaufs erreichen. Hierzu dient Kalium-Eisen(III)-hexacyanoferrat(II), das lösliche oder kolloidale Berliner Blau. Die Verbindung nimmt das Thallium anstelle von Kalium in den Komplex auf. Das Strukturgerüst des Berliner Blaus ist aufgrund ähnlicher Ionenradien in der Lage, neben Thallium auch Rubidium (1.48 Å) und Cäsium (1.69 Å) zu inkorporieren. Daneben eignet sich zur Unterbrechung der Reabsorption die Überführung in schwerlösliches Thalliumiodid oder Sulfid. Die Anwendung von Dimercaprol oder Dithiocarb ist nicht sinnvoll, da sie komplexiertes Thallium vermehrt in das Gehirn diffundieren lässt und so dessen Toxizität erhöht. Generell ist die Behebung der Obstipation durch Gabe von Laxantien angebracht. Sofern noch keine Nierenschädigung eingetreten ist, besteht die Möglichkeit der forcierten Diurese. Eine Dialyse ist zur beschleunigten Ausscheidung und zum gleichzeitigen Schutz der Niere sinnvoll.

1.2.5 Vanadium (Vanadin)

1830 wurde das Element von N. G. Sefström in einem Eisenerz aus Südschweden entdeckt und nach dem Beinamen Vanadis der Göttin Freya benannt. In der Erdkruste kommt es mit einer Häufigkeit von $9.0 * 10^{-3}$ Gew.% vor, meist in der Oxidationsstufe +5 in Form von Salzen der Orthovanadinsäure (H_3VO_4) oder als deren Anhydrid (V_2O_5).

Höhere Konzentrationen von Vanadium in fossilen Brennstoffen, vor allem in bestimmten Erdölen, bei deren Raffination es als Nebenprodukt anfällt, und sein Vorkommen in Eisenerzen, Tonen, Basalten und Böden bedingen seine hohe Konzentration in Ruß, Asche und Schlacken, bzw. seinen Eintrag in die Luft. Die industrielle Herstellung geht vom Vanadiumpentoxid V_2O_5 aus, das teilweise aus Thomasschlacke gewonnen wird, in der es zu etwa 1 bis 2% enthalten ist.

- Anwendungen

Genutzt wird Vanadium in Form seines dunkelblauen Oxids (V_2O_4) als Sauerstoff übertragender Katalysator beim Kontaktverfahren der Schwefelsäureherstellung. Eine gleichzeitige Reduktion von V_2O_5 und Eisenoxid durch Kohlenstoff liefert Ferrovanadin mit einem Gehalt von 50% Vanadin. Es dient zur Herstellung von Vanadium-Stählen mit geringeren Vanadiumanteilen. Wegen der Farbenfreudigkeit der verschiedenen Vanadiumoxide (orangerot V_2O_5, blau V_2O_4, schwarz V_2O_3) verwendet man sie als Pigmente zur Farbenherstellung.

Im Organismus ist Vanadium eines der seltensten Spurenelemente. Der Vanadiumbestand des Menschen beträgt etwa 20 mg, die tägliche Zufuhr über die Nahrung liegt bei 60 µg. Nahrungsmittel enthalten Vanadium in folgenden Konzentrationen (µg/g): Salat 0.05, Getreide 0.09, Kakao-Pulver 0.6, Wildpilze getrocknet bis 2, Tabak bis 8 µg/g. Überdurchschnittlich viel Vanadium findet man in Seetieren bis 2 µg/g. Säugetiere zeigen mit Ausnahme von Leber, Niere und Knochen geringe Konzentrationen. An Hühnern und Ratten wurde eine Wachstumsförderung durch Vanadium beobachtet. Der essentielle Spurenelementcharakter für den Menschen ist jedoch nicht erwiesen. Die Resorption aus dem Gastrointestinaltrakt ist gering. Die Konzentration im Blut beruflich unbelasteter Kontrollpersonen liegt unter 2.5 µg/L.

- Toxikokinetik

Besonders das Einatmen von Vanadiumpentoxid-haltigen Stäuben verursacht starke Reizungen der Augen und Atemwege, Blutungsneigung der Lunge und Entwicklung einer chronischen Bronchitis und Rhinitis. Vanadiumpentoxid wird pulmonal nahezu vollständig resorbiert. Eine grün-schwarze Verfärbung der Zunge scheint eine charakteristische Begleiterscheinung einer chronischen Exposition zu sein. Die beschriebenen Krankheitsbilder werden beim Arbeiten mit Thomasschlacke beobachtet und unterliegen der Verordnung für Berufskrankheiten. Als

MAK für Vanadiumpentoxid sind deshalb im Rauch 0.1, im Staub 0.5 und im Feinstaub 0.05 mg/m³ festgelegt.

Resorptiv aufgenommenes Vanadium wird innerhalb von wenigen Tagen bis zu 60% über die Nieren ausgeschieden. Ein kleiner Teil von 10% folgt über die Faeces. Eine Anreicherung lässt sich im Knochen beobachten; Leber, Lunge und Niere speichern weniger.

- Toxikodynamik

Vanadium kann in wässriger Lösung in den Oxidationsstufen +2 bis +5 auftreten. In Organismen kommt Vanadium(II) aufgrund seiner starken Reduktionswirkung nicht vor. Vanadium(III) wurde bisher nur in Vanadocyten bei Manteltieren gefunden. Unter physiologischen Bedingungen sind die Oxidationsstufen +4 und +5 gleichermaßen anzutreffen, die sich in der geometrischen Anordnung ihrer Komplexe unterscheiden (Abb. 15).

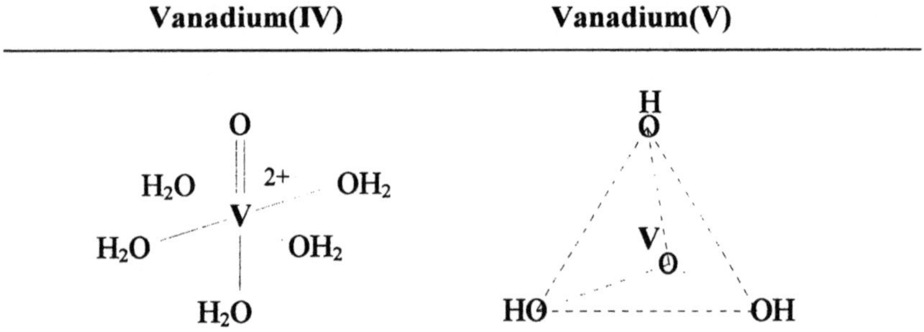

Vanadium(IV)   **Vanadium(V)**

Abb. 15: Räumliche Struktur der Komplexe des Vanadiums in der Oxidationszahl +4 (Oxovanadium(IV), Vanadyl, VO^{2+}) und +5 (Orthovanadinsäure). In Konzentrationen unter 10 µM liegen fast nur monomere Formen vor. Die Komplexe beider Oxidationsstufen bilden abhängig vom pH-Wert Ionen unterschiedlicher Ladung. Von sauer bis alkalisch ergeben sich folgende Reihen:

Vanadium(IV): VO^{2+} 5aq, $VO(OH)^+$ 4aq, $VO(OH)_2$, $VO(OH)_3^-$ 2aq
Vanadium(V): VO_2^+ $H_2VO_4^-$, HVO_4^{2-}, VO_4^{3-}

Bei physiologischem pH-Wert von 7.4 stehen sich demnach Vanadium(IV) als Kation und Vanadium(V) als Anion gegenüber. Im stark Sauren liefert die Metavanadinsäure nach Protonierung und Wasserabspaltung ein Dioxovanadium(V)-Kation ($HVO_3 + H^+ - H_2O \rightarrow VO_2^+$), das nicht mit dem Vanadyl-Kation (VO^{2+}) zu verwechseln ist. Das Vanadyl-Hydroxid $VO(OH)_2$ weist eine ziemlich geringe Löslichkeit auf.

Vanadium(IV) tritt als Aquo-Komplex des Vanadyl-Kations (VO^{2+}) in der Koordinationszahl 5 oder 6 auf. In biologischen Systemen bildet es starke Komplexe mit verschiedenen Liganden und Proteinen, an denen es gegebenenfalls physiologische Kationen ersetzen kann. Vanadyl und Magnesium haben ähnliche Ionenradien (0.60 bzw 0.65 Å). Somit können beide eine Reihe gleicher Wirkorte aufweisen. Generell ist das Vanadyl-Kation in biologischen Systemen ziemlich unbeweglich. So bindet es auch fest an Huminsäuren.

Anders verhält sich das Vanadat, das als Phosphatanalogon leicht beweglich ist. In der Form des Orthovanadats ($H_3VO_4 = HVO_3 + H_2O$) stellt es einen vierzähnig koordinierten Komplex dar, welcher bei Konzentrationen unter 10 µM in der Regel monomer vorliegt. Erst ab dieser Grenze kann man die Bildung eines Dimeren (Pyrovanadat, $H_4V_2O_7 = 2\ HVO_3 + H_2O$) und eines ringförmigen Trimeren ($H_3V_3O_9$) beobachten.

Der leichte Wechsel vom 5- zum 4-wertigen Vanadium ist gleichzeitig von einem Übergang zwischen Anion und Kation begleitet. Hieraus ergibt sich, dass Vanadat als Anion über den Anionentransporter in die Zelle aufgenommen werden kann (vgl. Abb. 7). Innerhalb der Zelle unterliegt Vanadat einer schnellen Reduktion zu Vanadyl, dem es unmöglich ist, die Zelle über denselben Weg zu verlassen. Es bleibt gefangen, so dass intrazellulär Vanadyl und extrazellulär Vanadat anzutreffen ist. Ähnlich verhalten sich die Paare Chromat/Cr^{3+} und Quecksilber/Hg^{2+}.

Eine Reihe von Wirkungen des Vanadats kommen durch dessen Redox-Reaktionen mit zellulären Bestandteilen zustande. Mit freien Thiolen der Zelle, wie sie in Cystein und Glutathion vorliegen, Ascorbinsäure, NADH und Katecholaminen tritt eine rasche Reduktion zum Vanadyl-Kation (+4) (VO^{2+}) ein. Bei der Reduktion durch Thiole ist ein kurzlebiger Thioester als Intermediat beteiligt.

Die Analogie zu Phosphat ist Ursache für eine andere Wirkungsqualität von Vanadat. Die Hemmung der Na^+-K^+-ATPase wurde durch Zufall entdeckt, da das in den Versuchen eingesetzte ATP tierischen Ursprungs in Chargen unterschiedlicher Vanadiumgehalte vorlag. Vanadat bindet an eine hoch- und eine wenig-affine Bindungsstelle an der alpha-Untereinheit des Enzyms und verdrängt hier ATP, das an diesen Stellen inverse Bindungsaffinitäten aufweist. Hierdurch verzögert es die zum Ionentransport notwendige Konformationsänderung ($E_2 - E_1$). Auch Na^+-Ionen interferieren mit der Bindung des Vanadats.

Ähnliche Wirkungen werden für eine Reihe anderer ATP-asen beschrieben. Für die Adenylatcyclase ist dagegen eine Stimulation durch Vanadat gefunden worden. Es ist bekannt, dass die positiv inotrope Wirkung der Herzglykoside durch die Hemmung der Na^+-K^+-ATPase des Herzmuskels zustande kommt. Allerdings führt die Inhibition des Enzyms nur unter bestimmten Umständen (isolierter Herzmuskel) zu einer solchen Wirkung, da Vanadat eine Reihe verschiedenster Interaktionen am Herzen auslöst, die zu gegenteiligen Wirkungen führen.

- Therapie

Zur Behandlung von Vergiftungen wird $CaNa_2$-EDTA eingesetzt, ein Komplexbildner, der Vanadium als Vanadyl-Kation cheliert. Günstig erwiesen sich zusätzlich auch hohe Dosen von Ascorbinsäure, welche die Reduktion von Vanadat zu Vanadyl begünstigt (vgl. Abb. 7). Da die körpereigene Synthese von Ascorbinsäure gestört ist, kann deren erhöhter Verbrauch nicht mehr gedeckt werden.

1.3 Metalloid Arsen

Arsen ist ein typisches Halbmetall, das in einer metallischen grauen und in drei nichtmetallischen Modifikationen, die gelb, schwarz oder kristallin sind, auftreten kann. Aufgrund dieses Charakters sind sowohl seine metallischen Eigenschaften wie die Leitfähigkeit und Legierbarkeit, als auch seine Fähigkeit zum Eingehen organischer Verbindungen ausgeprägt und von Interesse. Seine hohe Toxizität war bereits im Mittelalter bekannt, weswegen sich der Namen ἀρσενικός 'männlich, stark' einbürgerte, der in anderen Sprachen verkürzt wurde: - arsenic (fr.); - arsen (dt.).

In der Natur kommt Arsen vergesellschaftet mit Metallen und Schwefel vor, so z. B. in Arsenkies (FeAsS), Rotnickelkies (NiAs), im roten Realgar (As_4S_4) oder im gelben Auripigment (As_2S_3). Die Pigmente sind, sofern sie keine Beimischungen von Arsenik (As_2O_3) enthalten, kaum toxisch. Das Abrösten von Schwefelerzen zur Gewinnung von Schwefeldioxid und Metalloxiden in Kupfer- und Bleihütten lässt größere Mengen an Arsenik anfallen und auch im Hüttenrauch als Flugstaub auftreten. Die Verbrennung von Erdölen kann ebenfalls Arsenik in die Atmosphäre freisetzen. Bohrschlämme enthalten vielfach Arsen und Nickel aus Gestein.

- Anwendungen

Zur Legierung mit Kupfer und Blei finden nur 3% der Arsenproduktion Verwendung. Bleischrot z. B. enthält 1% Arsen. Arsenik nutzt man bei der Glasherstellung als Klärungs- und Entfärbungsmittel. Einer Reihe von Metall-Arsenaten, wie dem Blei-, Calcium und Kupferarsenat (Schweinfurter Grün) kam früher bei der Schädlingsbekämpfung im Weinbau und in der Forst- und Landwirtschaft größere Bedeutung zu. Seit 1942 ist deren Einsatz verboten, da Vergiftungen und Krebserkrankungen sowohl durch das Ausbringen als auch wegen der Rückstände auf Früchten ausgelöst worden waren. In Baumwollplantagen benutzte man früher arsenige Säure H_3AsO_3 ($HAsO_2$) als Mittel zur künstlichen Entlaubung, weil sie die Pflanzen zum Welken bringt.

Arsenoxide können als Rodentizide eingesetzt werden, weil sie völlig geschmacks- und geruchlos sind. Diese Eigenschaften verführten die Menschen seit der Renaissance dazu, Arsenoxide als Mordgifte zu verwenden. Erst der 1836 von Marsh entwickelte forensische Nachweis schreckte allmählich vor dem Missbrauch als Giftmehl ab (vgl. Abb. 17). Kleine Mengen Arsenik waren in der Fowlerschen Lösung, dem *Liquor Kalii arsenicosi* enthalten, die als Roborans medizinische Verwendung fand. In verschiedenen Alpengegenden war Arsenikessen verbreitet.

Früher wurden in der Behandlung von Hautkrankheiten und von Syphilis häufig Arsenverbindungen eingesetzt. Deren selektive Toxizität gegenüber verschiedenen Krankheitserregern förderte die Entwicklung von arsenhaltigen organischen Verbindungen, welche als Vorläufer der ersten Chemotherapeutika zu gelten haben.

Die chemische Zwitterstellung des Arsens ermöglichte es Arsanilsäure herzustellen, in der die Toxizität der Arsensäure abgeschwächt ist. Die Verbindung ist gegen die Erreger der Schlafkrankheit wirksam, weshalb das spätere Atoxyl bereits von Robert Koch auf seiner Afrikaexpedition 1906-1908 verwendet wurde. Paul Ehrlich stellte Hunderte von organischen Arsenverbindungen her, an denen er eine trypanozoide und spirillizide Wirkung nur in vivo beobachten konnte. Hervorragend wirksam war das von Ehrlich und Hata entwickelte, unter dem Namen Salvarsan in die Syphilistherapie eingeführte Arsphenamin (Ehrlich 606), das in vivo zu Oxphenarsin aktiviert wird. Alle Salvarsan-Derivate bilden kettenförmige oder zyklische Assoziate (vgl. die Darstellung auf der 200 DM Banknote). Heute weitgehend durch Antibiotika ersetzt haben jedoch einige Arsenpräparate wie z. B. Melarsoprol bei Trypanosomeninfektionen (Chagas), Phenarsinsulfoxylat bei Amoebiasis und Phenylarsenoxid als Coccidiostatikum weiterhin therapeutische Bedeutung für Mensch und Tier (Abb. 16). Die Wirkung auf Trypanosomen beruht auf der Blockade einer essentiellen Reduktion des in den Erregern enthaltenen Trypanothions, welche durch eine Adduktbildung mit Arsenit unterbunden wird.

Organische Arsenverbindungen wurden für eine chemische Kriegsführung im 1. Weltkrieg synthetisiert. Die Chlorarsenkampfstoffe Diphenylchlorarsin, Diphenyl-cyanarsin (Clark I und Clark II) und Methyldichlorarsin, die bereits in kleinsten Konzentrationen die oberen Atemwege extrem reizen, kamen zur Anwendung. Man ordnete sie den Blaukreuzkampfstoffen zu. Lewisit, (Chlorvinyl-Dichlorarsin, $ClCH=CHAsCl_2$, 'Tau des Todes') eine nach Geranien riechende Flüssigkeit mit hohem Dampfdruck, Dick (Ethyl-Dichlorarsin) und Adamsit (Diphenylaminchlorarsin) sind toxische Atemgifte, welche auch cutan leicht resorbiert werden und auf der Haut starke, nur langsam abheilende Blasen bilden.

Arsenwasserstoff (AsH_3, Arsan, engl. arsine) ist ein unangenehm nach Knoblauch riechendes Gas (Abb. 17). Vor allem verunreinigt er Wasserstoff, sofern bei dessen Entstehung deutlich arsenhaltige Säuren oder Metalle Verwendung finden. Dies ist bei vielen technischen Verfahren der Fall, z. B. bei der Bildung von Akkumulatorengasen. Unreines Acetylen kann AsH_3 enthalten, aus technischem Ferrosilicium kann es entstehen. Die Halbleiterherstellung nutzt AsH_3 zur Dotierung von Gallium und Indium.

• Toxikodynamik

Arsenwasserstoff wird über die Lungen gut resorbiert. Er ist etwa 20mal giftiger als Kohlenmonoxid. Tödlich ist eine halbstündige Respiration von 250 mg AsH_3/m^3 Luft. Eine akute Exposition führt nach einer Latenzzeit von einigen Stunden zu ersten Symptomem. In dieser Phase wird der

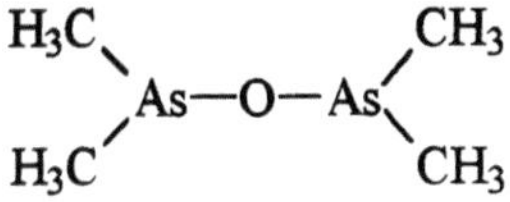

Kakodyloxid

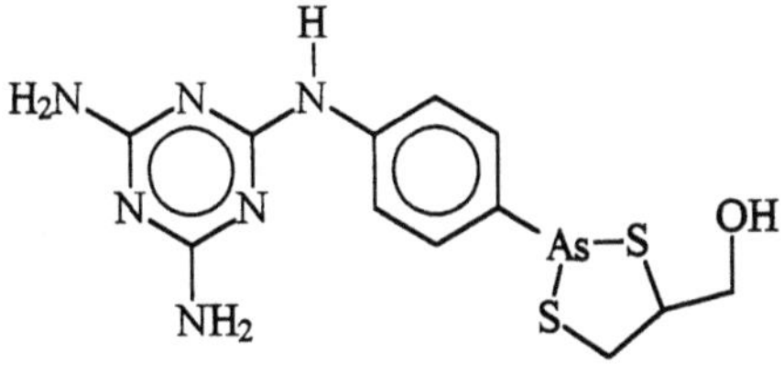

Melarsoprol = Melarsen + BAL

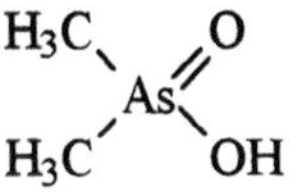

Dimethylarsinsäure

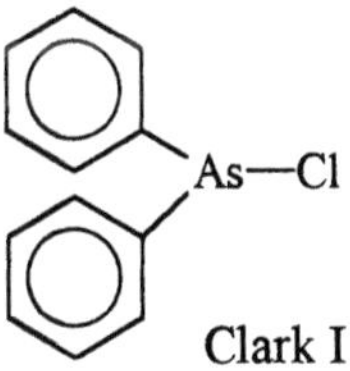

Clark I

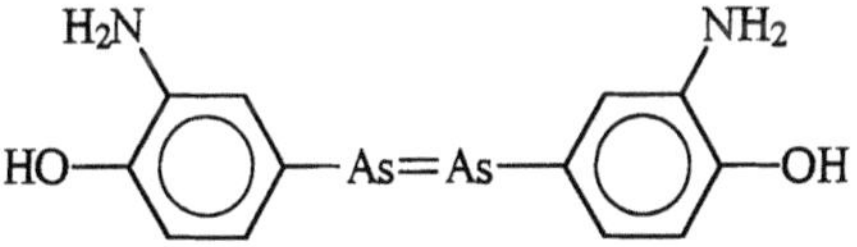

Arsphenamin Salvarsan ®

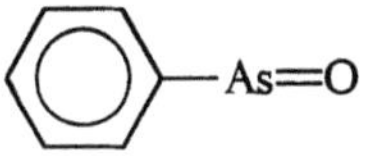

Phenylarsenoxid

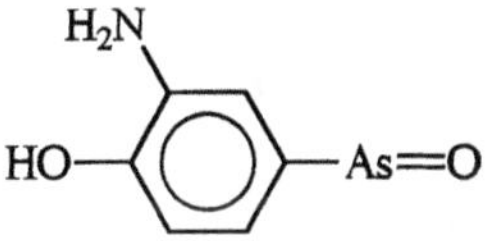

Oxophenarsin

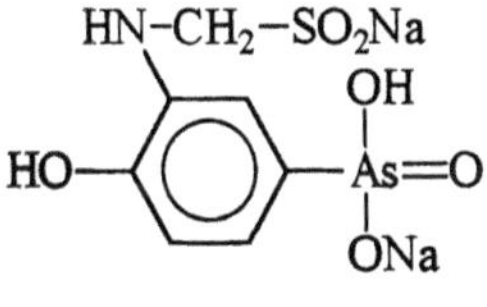

Phenarsonsulfoxylat

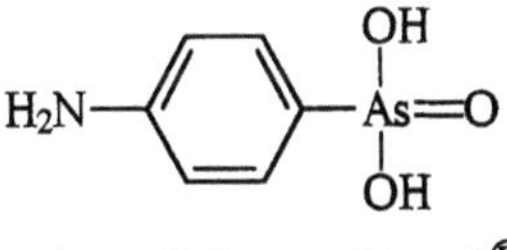

Arsanilsäure Atoxyl®

Abb. 16: Auswahl organischer Arsenverbindungen von zum Teil historischer Bedeutung. Arsen liegt in der Verbindungen in den Oxidationsstufen +3 oder +5 vor. Arsphenamin bildet ein Trimeres zyklisches Assoziat mit sechs Ringgliedern.

Arsenwasserstoff wahrscheinlich zu Diarsin (HAs=AsH) aktiviert. Als auffälligstes Zeichen der Vergiftung stellt sich eine Ausscheidung von zunächst rotem, später braunem Urin ein. Ursache hierfür ist die intravasale Hämolyse, welche Hämoglobin freisetzt, das später in Hämatin und Hämosiderin übergeht. Der in die Erythrozyten eindringende Arsenwasserstoff wird durch oxygeniertes Hämoglobin oxidiert und bewirkt eine irreversible Ausfällung von Hämoglobin (Denaturierung) begleitet von einer Zerstörung der Erythrozytenmembran. Als Folge der Belastung der Niere mit Protein kommt es zu Nierenversagen mit Anurie.

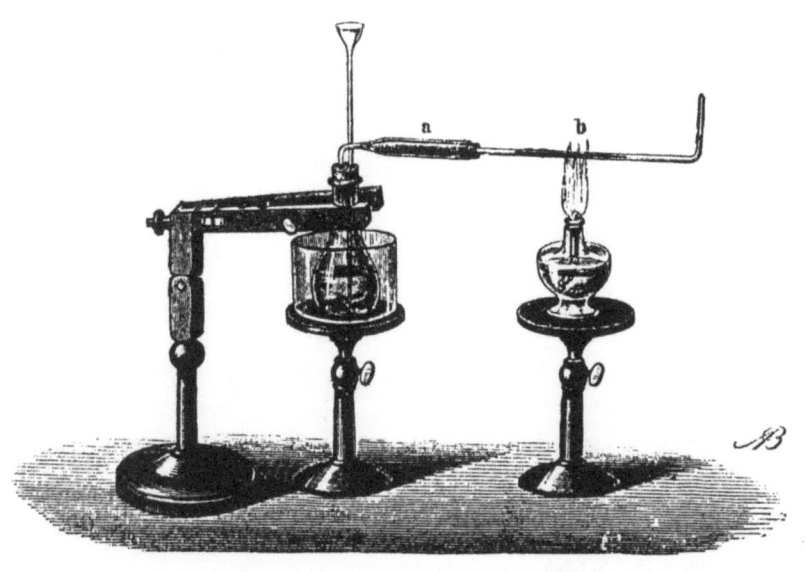

Abb. 17: Marsh'scher Apparat einfacher Construction. Aus 'Die Prüfung chemischer Gifte', A. Duflos, Verlags- und Königliche Universitäts-Buchhandlung, Ferdinand Hirt, Breslau 1867

Elementares Arsen ist ungiftig. Jedoch lässt es sich durch Sauerstoff leicht zu seiner dreiwertigen Form oxidieren, wobei es in Arsenik bzw. in arsenige Säure nebst Arseniten übergeht. Verbindungen dieser Oxidationsstufe sind toxischer als jene des fünfwertigen Arsens (Arsensäure

H_3AsO_4 nebst Arsenate). Letztere werden allerdings im Organismus partiell zu dreiwertigen reduziert. Eine kovalente Bindung von Arsen an organische Moleküle mindert in der Regel die Toxizität.

Sofern Arsenik (As_2O_3) gelöst verabreicht wird, erfolgt seine Resorption aus dem Magen-Darm-Trakt so rasch und vollständig (zu ca. 80%), dass in schockartigem Verlauf nach schwerem Kreislaufkollaps der Tod innerhalb von wenigen Stunden eintritt. Werden dagegen ungelöste Arsenverbindungen aufgenommen, beobachtet man die sog. gastrointestinale Vergiftungsform. Sie ist geprägt durch das Auftreten von choleraähnlichen Brechdurchfällen mit Exsiccose und Tod durch Herzlähmung. Ohne Analyse der Exkremente ist diese Vergiftungsform leicht mit einer infektiösen Darmerkrankung zu verwechseln. Die Wirkung von Arsenik als Kapillargift zeigt sich in der Erweiterung der Gefäße infolge einer Lähmung ihrer Muskulatur. Sie ist begleitet von einer Permeabilitätserhöhung, welche zu einem Plasmaaustritt führt. Hierdurch ist das Frühsymptom eines Lid- und Knöchelödems bedingt. In betrügerischer Weise diente Arsenik als 'Roborans' früher im Pferdehandel, da die Ödembildung der Haut das Fell straffte und einen gesunden Eindruck entstehen ließ.

Unter einer subakuten Vergiftung mit Arsenik treten Entzündungen der Schleimhäute an Augen, Nasen und Rachen auf, welche die Nahrungsaufnahme erschweren. Einer chronischen Vergiftung (Arsenismus) geht meist eine Toleranzentwicklung voraus, wobei das Mehrfache der tödlichen Dosis vertragen wird. In diesem Zustand lassen sich Erkrankungen der Haut und der Nerven erkennen. An der Haut zeigen sich eine Arsenmelanose und eine Hyperkeratose symmetrisch an Händen und Füssen und anderen Stellen, die zu Hautkrebs führen können. Zusammen mit der Schädigung der Gefäße entsteht ein Krankheitsbild, das 'blackfoot-disease' genannt wird. Häufig lassen sich Störungen im Nagelwachstum beobachten (Mees Streifen), zuweilen auch Haarausfall. Die Nerven reagieren mit einer Polyneuritis, die sich von distal nach zentral fortschreitend in Empfindungsstörungen, Schmerzen, symmetrischen Lähmungen und Muskelatrophien ausdrückt. Als Spätschäden sind Arsenkrebs an der Leber und Lunge und Leberzirrhose beschrieben. Ursache für die malignen Entartungen sind wahrscheinlich DNA-Strangbrüche. Arsenik kann die Differenzierung leukämischer Zellen einer nach Chemotherapie rezidivierenden Leukämie verhindern.

• Toxikokinetik

Arsen gelangt nach der Resorption aus dem Blut rasch in alle Gewebe. Eine Umverteilung führt zu vorübergehender Anreicherung in Leber und Niere. Arsenverbindungen interagieren im Organismus generell mit Proteinen, die Sulfhydrylgruppen tragen. Besonders mit benachbarten Thiolgruppen ist die Bindung effektiv, wie man an der Hemmung des Citratzyklus durch die Blockade liponamidhaltiger Transacylasen in den Dehydrogenase-Komplexen für Pyruvat und 2-Oxoglutarat erkennen kann. Es bildet sich mit Arsenit ein inaktives cyclisches Arsen-Derivat der Dihydroliponsäure. Andererseits ermöglicht die Bildung von Thiolkomplexen unter Beteiligung von Glutathion eine besonders starke Einlagerung von Arsen in sogenannte Depotkompartimente, wie Haut, Nägel und Haare, in denen nach Exposition an Keratin gebunden beachtliche Konzentrationen bis 100 mg As/kg gefunden werden. Diese Immobilisierung stellt gleichzeitig eine Detoxifizierung dar. Die Analogie des Arsenat-Anions zum Phosphat-Anion führt katalysiert durch die Glycerinaldehydphosphat-Dehydrogenase zur Synthese des labilen Acylarsenats 1-Arseno-3-phosphoglycerat, das die Substratkettenphosphorylierung der Glykolyse unterbricht.

Durch die Oxidation von dreiwertigem Arsen zu fünfwertigem und gleichzeitiger enzymatischer Methylierung kommt im Organismus eine partielle Entgiftung zustande (Abb. 18). Beide Oxidationsstufen lassen sich im Urin von Säugetieren als anorganisches Arsen (8 bzw. 17%) und zu 66% als **Di**methylarsinsäure {DMA: $(CH_3)_2As=OOH$} neben 8% **Mono**methylarsonsäure {MMA: $CH_3As=O(OH)_2$} nachweisen. Dimethylarsinsäure heißt auch Kakodylsäure. Sie lässt sich vom Kakodyl, dem Tetramethyldiarsin, und dessen Oxid (Kakodyloxid) ableiten, widerlich riechende Stoffe, die als erste organische Arsenverbindungen bereits 1760 dargestellt wurden und durch Bunsen 1842 diese Namen erhielten. In organischen Verbindungen enthaltenes Arsen wird unterschiedlich stark mineralisiert und ausgeschieden. In dieser Hinsicht ist Arsanilsäure ein sehr beständiges Molekül.

Anorganische und organische Arsenverbindungen unterliegen in niederen Organismen durch Oxidationen, Reduktionen und Methylierungen ebenfalls einem regen Stoffwechsel. Bakterien und Pilze methylieren zu

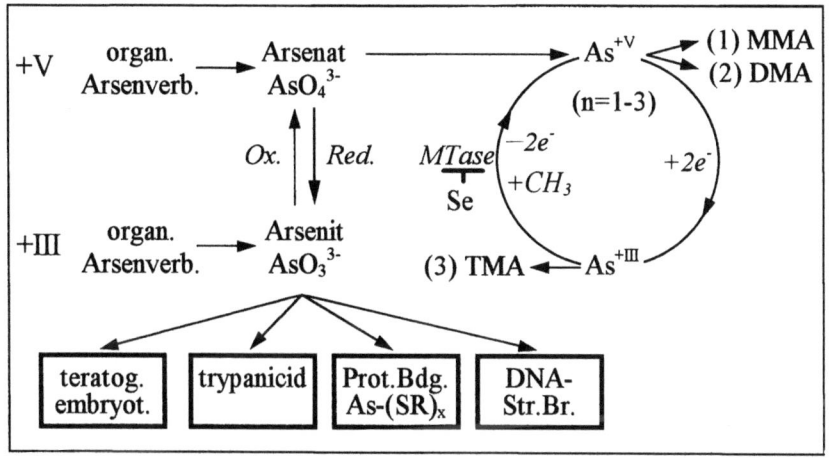

Abb. 18: Biotransformation von Arsen in biologischen Systemen. Das Schema zeigt den Zusammenhang der biotransformatorischen Wege von organischen und anorganischen Verbindungen des Arsens in den Oxidationsstufen +III und +V. Aus dem weniger toxischen Arsenat entsteht durch Reduktion Arsenit, das als Mediator der toxischen Arsenwirkungen gilt. Arsenit ist außerdem Substrat selektiver Methyltransferasen (MTase), denen S-Adenosylmethionin als Cosubstrat dient und die durch Selen (Se) hemmbar sind. In einem Kreisprozess, der bis zu dreimal durchlaufen wird, folgt auf die Reduktion ($+2e^-$) eine Methylierung ($+CH_3$) und Oxidation ($-2e^-$). Produkte können sein (1) MMA Monomethylarsonsäure, (2) DMA Dimethylarsinsäure und (3) TMA Trimethylarsin. Abkürzungen: Prot.Bdg. = Proteinbindung, Str.Br. = Strangbrüche.

Dimethyl- neben Trimethylarsin. Wachsen Schimmelpilze auf arsenhaltigen Materialien (Tapeten), so bildet sich flüchtiges Tetraethyldiarsinoxid (Ethylkakodyloxid) neben Trimethylarsin, eine Reaktion, die sich als biologischer Arsennachweis nutzen lässt.

Im Meer lebende Mikroorganismen, Plankton und Algen sind in der Lage methylierte Arsensäuren zum Aufbau arsenhomologer phosphorylierter Zucker und Arseno-Phospholipide zu verwenden und dadurch Arsen in minder toxischer Form anzureichern. Krabben und Fische enthalten Arsenocholin und Arsenbetain. Arsenocholinhaltige Phospholipide werden gegenwärtig in der lokalen Behandlung maligner Hautveränderungen erprobt.

- Therapie

Gegen die arsenhaltigen Kampfstoffe wurde das 2,3-Dimercaptopropanol (Dimercaprol, Sulfactin®) als Antidot entwickelt. Das urspüngliche Konzept, die Substanz zur Inaktivierung von Lewisit einzusetzen, erhielt sich in dem Akronym BAL (**British-Anti-Lewisite**). Die Verbindung stellt neben 2,3-Dimercaptopropansulfonsäure (DMPS, Dimaval®) einen effektiven Chelator für Arsen dar und ist wichtigster Bestandteil einer Entgiftungsbehandlung.

Eine sinnvolle Therapie der Vergiftung mit Arsenwasserstoff besteht in der sofortigen Applikation von BAL, eventuell mit begleitender Dialyse, damit durch eine möglichst rasche Elimination von Arsen die Progression der Hämolyse vermieden wird. Nach deren Eintritt ist eine Austauschtransfusion angebracht, um freies Hämoglobin und geschädigte Erythrozyten zu entfernen. Alkalischer Harn vermeidet das Ausfallen von Hämoglobin in der Niere und damit deren Schädigung.

2 Toxikologie organischer Substanzen

2.1 Lösungsmittel

Organische Lösungsmittel sind von der Chemie her eine sehr heterogene Gruppe von Substanzen. Meist steht ihre technische Anwendung im Vordergrund. Ihre Verwendung ist an ihr hohes Fettlösungsvermögen und an das schnelle Abdampfen gebunden. So werden sie zum Reinigen von Metallen, Textilien und Oberflächen eingesetzt. In der Farb- und Druckindustrie spielen Lösungsmittel und Lösungsmittelgemische eine besondere Rolle. Bei der Lackherstellung allein werden etwa vierzig verschiedene Lösungsmittel verwendet. Die Lösungsmittel werden weiter dazu benutzt, um Fette, Wachse, Harze, Gummi und Klebstoffe zu lösen und zu extrahieren. Zum Auflösen von Acetylcellulose, finden sie Anwendung in der Kunstseide-, Film-, Schuh- und Hutindustrie. Weiterhin werden Lösungsmittel in der Erdölraffinerie, der Polymerchemie, bei der Holzverarbeitung und in der Pharmaindustrie intensiv eingesetzt. Diese Aufzählungen sind keineswegs vollständig, sie sollen nur dem Leser die umfangreiche industrielle Nutzung zeigen. Schließlich kann auch ein Lösungsmittel in der chemischen Synthese die Rolle eines aktiven Reaktionspartners besitzen. Diese letztere Eigenschaft ist ebenfalls in lebenden Organismen anzutreffen, wobei dann nicht nur die Ausgangssubstanzen selbst, sondern zusätzlich noch die entstehenden Metaboliten das toxische Potential bestimmen können. Parallel zum exzessiven Umgang mit Lösungsmitteln treten entsprechende Vergiftungen in den Vordergrund. Trotz des Fortschrittes auf dem Gebiet des gewerblichen Arbeitsschutzes gibt es noch immer das aktuelle Problem der Vergiftungen beim Umgang mit Lösungsmitteln.

2.2 Toxische Wirkung der Lösungsmittel

Trotz der Heterogenität der Substanzen innerhalb der Lösungsmittelgruppe, lassen sich bestimmte toxikologische Wirkungen verallgemeinern. Dieses sind im wesentlichen drei Wirkungen, nämlich erstens das Entfetten der Haut, zweitens die Reizung der Schleimhäute und drittens die narkotische Wirkung. Darüber hinausgehende toxische Wirkungen einzelner organischer Lösungsmittel werden bei den Substanzen selbst besprochen.

2.2.1 Lokale toxische Wirkung auf die Haut

Die Hornschicht (*Stratum corneum*) der Haut als Grenzschicht zur Umwelt hat eine ganz besondere Bedeutung (Fuhrmann, Allgemeine Toxikologie für Chemiker, 2.1.1 Die Haut). Ihre physikalische Barrierefunktion wird hauptsächlich durch die vielschichtigen, proteinreichen, wasserarmen Hornzellen und die lipophile Zwischenzellularsubstanz gebildet. Außerdem gewähren die Melanozyten durch das Melanin einen Schutz vor Sonne und Sauerstoff. Auf chemischer Ebene sind die verschiedenen polaren und unpolaren Lipide sowie Fettsäuren zu nennen, die von Talgdrüsen und Enzymen zum Schutz der Haut produziert werden. Weiterhin besteht eine biologische, symbiotische Hautflora, die hauptsächlich aus *Staphylococcus epidermidis* und *Propionobacterium acne* besteht. Diese nur gering pathogenen Bakterien bilden mit säurebildenden Enzymen einen sogenannten Schutzmantel, der andere pathogene Erreger abwehrt. Schließlich kann der Hautkontakt mit allergenen Substanzen eine immunologische Reaktion auslösen.

Die hohe Lipidlöslichkeit der Lösungsmittel bewirkt eine Entfettung der Haut. Für die Interaktion zwischen Lösungsmittel und Haut gibt es dabei verschiedene Angriffsebenen. Zum einen werden die schützenden polaren und unpolaren Lipide entfernt, die hauptsächlich von den Talgdrüsen, aber auch in geringerem Ausmaß von den Keratinozyten der Hornschicht selbst gebildet werden. Zum anderen werden der Haut durch die Lösungsmittel wichtige Fettsäuren entzogen. Die abgespaltenen Fettsäuren schützen besonders mit ihrem sauren pH-Wert zwischen 4.2 bis 6.5 die Haut vor Bakterienbefall und besitzen darüberhinaus eine bakterizide Wirkung. Sind diese Schutzschichten der Haut entfernt, so dringen die Lösungsmittel entsprechend ihrer Lipidlöslichkeit durch die lipophile Hornschicht der Haut hindurch und gelangen schließlich unterhalb der Hornhaut zu dem Verteilersystem, den Blutgefäßen.

2.2.2 Reizung der Schleimhäute

Die Schleimhäute gehören im Gegensatz zu der Haut zu den inneren Schichten, die z. B. beim Verdauungstrakt mit den Lippen beginnen und am After enden. Ferner gibt es Schleimhäute am Auge, in der Nase und am Harnleiter. Sie bilden die Grenze gegen die Lichtung bzw. den Inhalt von röhrenähnlichen Gebilden. Wegen ihrer feuchten, schleimigen Beschaffenheit kommt die Bezeichnung Schleimhaut, *Tunica mucosa*, zustande. Sie besteht histologisch aus dem Epithel und einer Bindegewebsschicht, der *Lamina propria mucosa*. Das Epithel ist in Mund, Schlund und Speiseröhre mehrschichtig und wird im Darm einschichtig. Im Darm befindet sich unter der Lamina propria mucosa noch eine weitere Schicht, die Muskelschicht oder *Lamina muscularis mucosa*. Von toxikologischer Seite entscheidend ist für viele lipophile Lösungsmittel ihre durchblutungsfördernde Wirkung, oft mit einer entzündlichen Komponente verbunden, die schließlich eine beträchtliche Aufnahme der Substanz in das Blut ermöglicht.

2.2.3 Narkotische Wirkung

Die Resorption von Lösungsmitteln über die Haut und besonders über die Schleimhäute des Gastrointestinaltraktes und der Lunge führen zu erhöhten Blutkonzentrationen, die im Gehirn eine Narkose auslösen können. Im Jahre 1899 veröffentlichte Hans Horst Meyer gleichzeitig mit Ernest Overton eine klassische Arbeit über die Theorie der Narkose, die unter dem Namen 'Lipoidtheorie der Narkose' in die Lehrbücher eingegangen ist. Abbildung 19 mit Daten von H. H. Meyers Mitarbeiter F. Baum zeigt das Prinzip. Die narkotische Wirkung wurde anhand von Kaulquappen in einem Aquarium ermittelt. Ab einer bestimmten Konzentration des Narkosemittels, der minimal narkotischen Konzentration, liegen die Tiere bewegungslos am Boden des Aquariums. Die Wirkung tritt bei umso geringeren Konzentrationen auf, je größer der Olivenöl-Wasser-Verteilungskoeffizient der Substanz ist. Das heißt mit anderen Worten, die Lipidlöslichkeit bestimmt entscheidend die narkotische Wirkung.

Es hat seit Meyer und Overton nicht an experimentellen Versuchen gefehlt, den molekularen Mechanismus der Narkose zu entschlüsseln. Ancheinend liegt die Schwierigkeit an den physikalischen Ursachen, die im Membranbereich zu suchen sind. Durch das Einlagern des Narkotikums in die Membranen wird die geordnete Lipiddoppelschicht vom Gel- zum Sol-Zustand verändert, der entsprechend mehr Raum beansprucht, d. h. die Membran expandiert. Hierbei werden die für die Erregung notwendigen Ionen-Kanäle entweder direkt oder auch indirekt gehemmt.

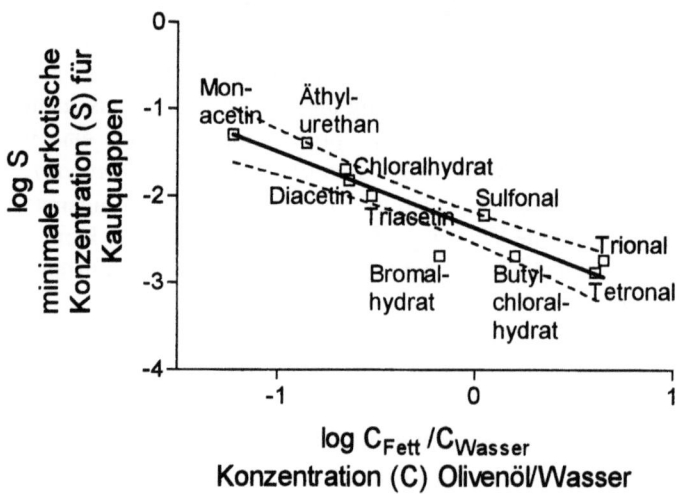

Abb. 19: Doppelt logarithmische Darstellung der minimal narkotischen Wirkung (S) der Substanzen auf Kaulquappen in Abhängigkeit von ihrem Olivenöl/Wasser-Verteilungskoeffizienten (nach F. Baum, Naunyn-Schmiedebergs Arch. Exp. Pharmakol. 42, 119-137, 1899). Trional = Sulfonethylmethan, Tetronal = Sulfondiethylmethan, Sulfonal = Sulfonmethan.

Am Menschen beschreibt Meyer die Erscheinungen der Narkose mit einem rauschartigen Zustand, in dem das Bewußtsein getrübt und von ungeordneten Vorstellungen erfüllt wird. Dies ist das erste Stadium der Narkose mit Bewußt- und Schmerzlosigkeit. Daraufhin stellen sich lebhafte Muskelbewegungen ein und führen zum zweiten Stadium, der Erregung oder Exzitation, das oft von lautem sinnlosen Reden oder Lachen begleitet ist. Das Gesicht ist dabei lebhaft gerötet und die Pupillen sind weitgestellt. Im nächstfolgenden Stadium, dem der Toleranz, wird die Sensibilität aufgehoben noch ehe die Reflexe erlöschen. Die Augäpfel nehmen dabei die Schlafstellung ein, d. h. sie sind wie im normalen Schlaf nach innen und oben gerollt und die Pupillen sind etwas verengt. Es kommt in diesem Stadium schließlich zur völligen Aufhebung der Großhirnfunktion und die Lähmung ergreift auch die reflexvermittelnden Zentren. Zugleich mit den Rückenmarksreflexen erlischt der Muskeltonus, so daß der Narkotisierte völlig schlaff, empfindungs- und erregungslos daliegt. Eine allmähliche Erweiterung der Pupillen weist bereits auf eine ungenügende Atmung hin, wobei eine plötzliche Pupillenerweiterung das Zeichen von Lebensgefahr bedeutet. Während alle vorhergehenden Stadien der Narkose vollständig reversibel sind, ist das letzte Stadium, das des Atemstillstandes (Asphyxie), irreversibel und führt zum Tode.

In der Klinik werden die ersten drei Narkosestadien zur Ausschaltung von Schmerz und Bewußtsein bei operativen Eingriffen in den Organismus genutzt. Diese große Errungenschaft, die auf amerikanische Ärzte zurückgeht, breitete sich in der Zeit von 1844 bis 1846 vom Norden der USA über die ganze Welt aus. Es war zuerst die Nutzung der Inhalationsstoffe Lachgas (Distickstoffoxid) und Äther (Diethylether), die eine schmerzlose Zahnextraktion und eine chirurgische Operation unter Bewußt- und Schmerzlosigkeit ermöglichte.

Die Narkosestadien zusammengefaßt:

Stadium der Analgesie (Bewußt- und Schmerzlosigkeit)

Am empfindlichsten reagiert die Hirnrinde. Sie wird zuerst gelähmt es folgen Schmerzlosigkeit, Bewußtseinseinschränkung, Bewußtlosigkeit.

Stadium der Exzitation (motorische Muskelerregung)

Durch eine Hemmung der höher im Hirn gelegenen motorischen Zentren werden die niederen motorischen Reflexe gesteigert.

Stadium der Toleranz

Neben dem Großhirn sind Mittelhirn und Rückenmark ausgeschaltet. Der Patient ist tolerant gegenüber dem chirurgischen Eingriff.

Stadium der Asphyxie (Atemlähmung)

Zusätzlich werden auch die vegetativen Zentren im verlängerten Rückenmark gelähmt. Dabei bricht der Kreislauf zusammen und die Atmung hört auf. Ohne künstliche Beatmung und geignete Notmaßnahmen tritt innerhalb weniger Minuten der Tod ein.

Bezüglich ihrer narkotischen Wirkung besitzen die Lösungsmittel eine gewisse Systematik. So nimmt in folgender Reihe ihre Wirkstärke zu: Alkan < Alkanol < Alkylether < halogenierte Alkane.

2.3 Toxikologische Bewertung von Lösungsmitteln

Erkenntnisse über toxische Eigenschaften von Lösungsmitteln gehen weitgehend auf Beobachtungen aus der Arbeitsmedizin zurück. Eine erste Übersicht kann anhand von maximalen Arbeitsplatzkonzentrationen (MAK-Werte) für eine Auswahl bestimmter Lösungsmittel gegeben werden (Tab. 5). Die MAK-Werte definieren die zulässigen Konzentrationen in der Luft an Arbeitsplätzen, denen gesunde Erwachsene täglich acht Stunden bei einer wöchentlichen Arbeitszeit von 40 Stunden ausgesetzt sein dürfen. Sie werden allgemein ohne Anwendungen von Sicherheitsfaktoren festgelegt. Sie sind Mittelwerte, der während einer Arbeitsschicht auftretenden Konzentrationsschwankungen.

Lösungsmittel	MAK	Organotropie	Karzinogenität
Heptan	2000	periphere Nerven	-
Ethylalkohol	1900	Leber	-
Aceton	1200	-	-
1,1,1-Trichlorethan	1080	Leber	-
1,1-Dichlorethan	400	Leber, Niere	-
Dichlormethan	360	Blut, Leber	Verdacht
Trichlorethen	270	Leber, Niere	Verdacht
Methylalkohol	260	Acidose, Sehnerv	-
Toluol	190	Niere	-
1,4-Dioxan	180	Leber, Niere	Verdacht
n-Hexan	180	periphere Nerven	-
Chlormethan	105	Niere	Verdacht
2-Ethoxyethanol	75	Niere, Hoden, Blut	-
Trichlormethan	50	Leber, Niere	Verdacht
Trichlorbenzol	40	Leber, Niere	-
Pentachlorethan	40	Leber	-
Ethylenglykol	26	Niere	-
2-Hexanon	21	periphere Nerven	-
2-Methoxyethanol	15	Niere, Hoden, Blut	-
1,1-Dichlorethan	8	Niere	Verdacht
1,1,2,2-Tetrachlorethan	7	Leber	Verdacht
2-Chlorethanol	3	Leber, Niere	-
Benzol	-	Knochenmark	erwiesen

Tab. 5: Beispiele maximaler Arbeitsplatzkonzentrationen (MAK in mg/m^3) einiger Lösungsmittel in absteigender Reihe. Die festgesetzten MAK-Werte verteilen sich im wesentlichen über drei Zehnerpotenzen. Für das Lösungsmittel Benzol, das für den Menschen nachweislich karzinogen ist, kann keine unbedenkliche Konzentration festgesetzt werden. Organotropie gibt das Zielorgan der toxischen Wirkungen an.

Weitere unterschiedliche toxikologische Aspekte ergeben sich, wenn man die Lösungsmittel nach chemischen Klassen einteilt. Eine übliche Einteilung ist in Tabelle 6 widergegeben. Als eine spezielle Gruppe sind hier die halogenierten Kohlenwasserstoffe herausgestellt, die eine besondere arbeitstoxikologische Bedeutung haben.

Chemische Gruppe	Beispiel	MAK	Dampfdruck
einwertige Alkohole	Methylalkohol	260	96
	Ethylalkohol	1900	44
	2-Propanol	980	32
mehrwertige Alkohole	Ethylenglykol	26	
	1,2-Propylenglykol	-	
	Diethylenglykol	44	
Ester	Ethylacetat	1400	73
	Butylacetat	950	16
	2-Methoxyethylacetat	25	7
	2-Ethoxyethylacetat	110	2
Ketone	Aceton	1200	175
	Methylethylketon	590	79
	Methyl-n-butylketon	21	27
Alkane	n-Hexan	180	120
	Heptan	2000	36
	Octan	2350	11
halogenierte Kohlenwasserstoffe			
	Chlormethan	105	
	Dichlormethan	360	340
	Trichlormethan	50	158
	Tetrachlormethan	65	90
	1,1,1-Trichlorethan	1080	100
	1,1,2-Trichlorethan	55	19
	1,1,2-Trichlorethylen	270	58
	Tetrachlorethylen	345	14
aromatische Kohlenwasserstoffe			
	Benzol	karzinogen	76
	Toluol	190	22
	Xylole	440	6

Tab. 6: **Stoffklassen** organischer Lösungsmittel mit ausgewählten Beispielen, maximalen Arbeitsplatzkonzentrationen (MAK in mg/m^3) und Dampfdrücken in Torr bei 20°C.

2.4 Ausgewählte Lösungsmittel nach chemischen Gruppen

2.4.1 Einwertige Alkohole

- Methylalkohol

Die einwertigen Alkohole besitzen eine narkotische Wirkung, die mit der Kohlenstoffzahl und der damit verbundenen Lipidlöslichkeit zunimmt. Die akute toxische Wirkung dieser homologen Reihe unterscheidet sich jedoch grundlegend. Während beim Methylalkohol und Isopropylalkohol die im Organismus gebildeten Metaboliten wie Ameisensäure und Aceton das toxische Potential bestimmen, wirkt Ethylalkohol selbst mitunter tödlich. Methylalkohol hat keine besonders hohe akute Toxizität. Vergiftungen werden meist unbeabsichtigt durch Verwechslung mit Ethylalkohol verursacht. Erst seine Metabolisierung zu Formaldehyd und Ameisensäure (Abb. 20) bewirken die Toxizität.

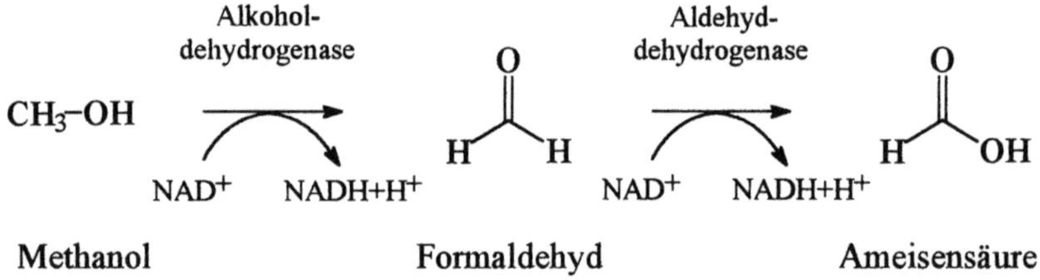

$$CH_3-OH \xrightarrow[NAD^+ \quad NADH+H^+]{\text{Alkoholdehydrogenase}} H\overset{O}{\underset{H}{\diagdown\!\!\!\diagup}} \xrightarrow[NAD^+ \quad NADH+H^+]{\text{Aldehyddehydrogenase}} H\overset{O}{\underset{OH}{\diagdown\!\!\!\diagup}}$$

Methanol　　　　　　　　　Formaldehyd　　　　　　　　　Ameisensäure

Abb. 20: Der Metabolismus von Methylalkohol zu Formaldehyd und Ameisensäure im menschlichen Organismus. NAD^+ und NADH, oxidiertes und reduziertes Nicotinamid-adenin-dinucleotid.

Methylalkohol wird hauptsächlich durch die Alkoholdehydrogenase der Leber in Formaldehyd umgewandelt. Im Vergleich zum Ethylalkohol erfolgt diese Umsetzung relativ langsam. Die anschließende Oxidation des Formaldehyds zu Ameisensäure verläuft dagegen schnell und der Abbau der Ameisensäure im Organismus wiederum sehr langsam. Als Folge davon wird Methylalkohol zu etwa 30-60% über die Lungen abgeatmet und die Ameisensäure akkumuliert im Blut. Im typischen Verlauf einer akuten Intoxikation kommt es einen Tag nach der Aufnahme von Methylalkohol zu narkotischen Erscheinungen und 2 bis 3 Tage später durch die kummulierende Ameisesäure zu einer metabolischen Acidose mit zunächst reversiblen Sehstörungen, die nach weiteren Tagen irreversibel zu Blindheit führen können. Statistisch betrachtet behalten etwa 50% der Vergifteten Sehschäden und nahezu 25% erblinden. Todesursache bei einer einmaliger Aufnahme von etwa 100-250 ml Methylalkohol ist die Atemlähmung.

Aufgrund des Metabolismus steht nach den üblichen Sofortmaßnahmen die Therapie mit Etlhylalkohol im Vordergrund. Durch Zufuhr von 0.5-1‰ Ethylalkohol wird die Oxidation des Methylalkohols durch die Alkoholdehydrogenase nahezu vollständig gehemmt, so daß keine toxische Ameisensäure entstehen kann.

- Ethylalkohol

Die größte Anzahl akuter und chronischer Ethylalkoholintoxikationen geht auf den Genuß alkoholischer Getränke zurück. Nach Schätzwerten sind 2 bis 5% der europäischen Bevölkerung als alkoholkrank anzusehen, in Deutschland etwa 2.5 Millionen. Bei ungefähr 10% der Arbeits- und mehr als 25% der Verkehrsunfälle ist Mißbrauch von Alkohol beteiligt.

Ethylalkohol hat einen Öl/Wasser-Verteilungskoeffizienten von 0,04. Das bedeutet eine hauptsächliche Verteilung im Wasserraum, der für Männer etwa bei 68% und für Frauen je nach Fettdepots bei 55% liegt. Die Verteilung im Wasserraum erfolgt sehr rasch, je nach aufgenommener Menge ist in 1 bis 2 Stunden das Maximum der Konzentration im Blut erreicht. Überschlagsmäßig kann die Blutalkoholkonzentration in Promille (‰) nach der Widmarkschen Formel errechnet werden:

$$‰ = \frac{\text{ml Ethanolaufnahme} \times 0.8 \text{ (spez. Gewicht)}}{\text{kg Körpergewicht} \times \text{Wasserraum (0.68 bzw. 0.55)}}$$

Ethylalkohol wird von der Alkoholdehydrogenase bis über 90% zu Acetaldehyd und weiter durch die Acetaldehyddehydrogenase zu Essigsäure metabolisiert. Neben diesem Hauptweg werden 3-8% über das mikrosomale Monooxygenase-System zu Essigsäure oxidiert und nur etwa 0.5% direkt in der Phase-II-Reaktion an Glukuronsäure gekoppelt. Die Alkoholdehydrogenase ist also das für den Abbau entscheidende Enzym, das bei normalem Metabolismus den Blutalkoholspiegel unter 0.1‰

absenkt. Durch die Aufnahme alkoholischer Getränke arbeitet dieses Enzym aber praktisch im Sättigungsbereich. Das bedeutet, daß der Blutalkoholspiegel sich mit einer Kinetik nullter Ordnung verringert (sogenannte Pseudokinetik). Beim Erwachsenen erfolgt deswegen pro Stunde eine konstante Erniedrigung des Alkoholspiegels um etwa 0.15‰. Durch diese besondere Elimantionskinetik kann zum einen relativ leicht berechnet werden, nach welcher Zeit wieder Normalwerte erreicht werden, andererseits kann aber auch der ursprüngliche Alkoholspiegel nach Alkoholzufuhr berechnet werden.

Akute Alkoholvergiftung:

Blutalkohol	Auswirkungen
0.3‰	erste Gehstörungen, Redseligkeit
0.4‰	Einschränkung des Gesichtsfeldes
0.5‰	Blindzielbewegung gestört
0.6‰	leichte Sprachstörungen, Reaktionszeit verlängert
0.8‰	Grenze der Fahr- und Verkehrstüchtigkeit
1.0‰	mäßiger Rauschzustand
1.4‰	Bewußtsein stark gestört, Zurechnungsfähigkeitsgrenze
2.0‰	Bewußtseinseintrübung, fehlendes Erinnerungsvermögen
4.0 - 5.0‰	tödliche Grenzkonzentration

Zur chronischen Alkoholvergiftung führt eine tägliche Ethylalkoholaufnahme von mehr als 20 ml bei Frauen und mehr als 60 ml bei Männern. Es ergibt sich eine zentrale und periphere Nervenschädigung sowie eine toxische Leberwirkung mit Fettleber und Leberzirrhose. Unter einer Zirrhose versteht man eine Gewebsumwandlung, die zur Verhärtung und zum Kleinerwerden eines Organs führt.

Die Zeichen der Alkoholwirkung hat bereits Shakespeare im Macbeth, zweiter Akt, dritte Szene treffend beschrieben: "Macduff: What three things does drink especially provoke? Porter: Marry sir, nose-painting, sleep and urine. Lechery sir, it provokes, and unprovokes; it provokes the desire, but it takes away the performance".

2.4.2 Mehrwertige Alkohole

• Ethylenglykol (Glykol)

Ethylenglykol wird hauptsächlich als Lösungs- und Frostschutzmittel sowie in der Kosmetikindustrie verwendet. Wegen seines süßen Geschmacks kommen Vergiftungen infolge von Verwechslungen mit Getränken mit ähnlichen Wirkungen wie nach Ethylalkohol vor. Die tödliche Dosis von etwa 100 bis 200 ml kann aus Suizidversuchen geschätzt werden.

Im Organismus wird die weitgehend ungiftige Substanz durch den Metabolismus gegiftet. Wie Ethylalkohol so wird auch Ethylenglykol oxidiert und schließlich über mehrere Stufen zu Oxalsäure umgewandelt. Diese bindet Calzium mit hoher Affinität, das schwerlösliche Salz fällt in der Niere aus und bewirkt eine Verstopfung der Nierenkanäle mit vollständiger Harnsperre (Oxalatniere). Neben Oxalsäure scheint die entstehende Glyoxylsäure zusätzlich sehr toxisch zu sein. Weitere toxische Metabolite sind Malat und Formiat. Wie bei der Methanolvergiftung kann durch Ethylalkohol die Oxidation von Ethylenglykol wirksam verhindert werden. Ein Anschluß an eine künstliche Niere sollte bei Vergiftungen möglichst früh zum Einsatz kommen.

• Diethylenglykol

Im Jahre 1937 brachte die amerikanische Firma S. E. Massengill ein Arzneimittel 'Sulfanilamide' auf den Markt. Dabei war das Lösungsmittel Diethylenglykol auf dem Etikett nicht deklariert. 105 von 355 Personen, die dieses Arzneimittel eingenommen hatten, starben an Nierenversagen. Die tödliche Dosis wurde bereits bei der täglichen Einnahme des Arzneimittels erreicht, denn es enthielt 10% Sulfonamid gelöst in 72%igem Diethylenglykol. Daraus läßt sich ableiten, daß 1 bis 2 g Diethylenglykol pro kg Körpergewicht eine für den Menschen tödliche Dosierung ist. Im Unterschied zum Menschen liegt die orale LD_{50} bei der Ratte wesentlich höher und zwar zwischen 13 und 32 g/kg.

Nicht nur als Lösungsmittel bei Arzneimitteln, sondern auch als unerlaubter Weinzuzsatz hat Diethylenglykol in den achtziger Jahren für Schlagzeilen gesorgt. Der Zusatz erfolgte vorsätzlich, um einen höheren

Extraktgehalt des Weines vorzutäuschen und um so die begehrte Einstufung 'Qualitätswein mit Prädikat' zu erhalten. Als höchster Wert wurden 48 g Diethylenglykol im Liter Wein nachgewiesen. Dabei ist zu bemerken, daß der Gehalt des Weines an Ethylalkohol die toxische Wirkung der entstehenden toxischen Stoffwechselprodukte des Diethylenglykols durch kompetitive Hemmung der Alkoholdehydrogenase ganz wesentlich herabsetzt. Dies ist wie bei der Ethylenglykolvergiftung auch eine Möglichkeit der Therapie. Der prophylaktische Effekt des Ethylalkohols im Wein ist aber kein mildernder Umstand für die Straftat des Weinpanschens.

2.4.3 Ester

Im Gegensatz zu den organischen Phosphorsäureestern, die im Kapitel Insektizide abgehandelt werden, sind die Carbonsäureester im allgemeinen von geringer Toxizität. Die niedermolekularen Ester sind leicht flüchtig und lipophiler als die nach der Esterspaltung entstehenden Säuren und Alkohole. Ihre Resorption über die Lunge oder Haut führt zu Vergiftungen des zentralen Nervensystems. Innerhalb der Alkylester ist Methylformiat eine der toxischsten Verbindungen. Leider löst die Substanz wegen ihres angenehmen Geruchs keine ensprechende Warnwirkung aus.

2.4.4 Ketone

• Aceton

Obwohl Aceton in der Industrie oft als Lösungsmittel eingesetzt wird, kommt es nur sehr selten zu akuten Vergiftungen. Es reizt die Schleimhäute und führt zu brennendem Gefühl in Mund und Rachen. Chronische Expositionen äußern sich in Entzündungen der Atemwege, des Magens und Dünndarmes, sowie in Müdigkeit und Schwächegefühl.

• Methylethylketon (Methyl-i-butylketon, Methyl-n-butylketon)

Methylethylketon wirkt wie Aceton erst in hohen Konzentrationen narkotisch. Dagegen wirkt Methyl-i-butylketon stärker reizend auf die Schleimhäute, besonders die der Augen und des Mund-Nasen-Rachen-Bereiches. Bei Methyl-n-butylketon tritt wie bei dem folgenden n-Hexan eine neurotoxische Wirkung in den Vordergrund.

2.4.5 Alkane

Die gesättigten aliphatischen Kohlenwasserstoffe besitzen vielfältige industrielle Aspekte, sie fallen besonders bei der technischen Verarbeitung des Erdöls an. Entsprechend ihres Schmelzpunktes können vier Hauptfraktionen abgetrennt werden: Rohbenzin, Leuchtpetroleum, Treib- und Heizöle und die schweren Schmieröle. Den Rückstand bilden pech- und asphaltartige Stoffe. Durch erneute Fraktionierung lassen sich verschiedenkettige Alkane in Bereichen von 5 bis 20 C-Atomen abtrennen. Ein Nebenprodukt mit 19 bis 39 C-Atome sind die sogennanten Paraffine. Von toxikologischer Seite können zunächst die gesättigten aliphatischen Kohlenwasserstoffe als wenig giftig eingestuft werden. Akute Vergiftungen beruhen meist auf versehentlichem Trinken von benzinartigen Reinigungsmitteln oder durch Einatmen von Dämpfen bei der gewerblichen Anwendung.

Im Vordergrund stehen dabei die narkotischen Erscheinungen, wie Rauschstadium, Excitationserscheinungen bis zu tonisch-klonischen Krämpfen. Besonders gefährlich ist nach Benzintrinken der Brechreiz, der mit dem ausgelösten Erbrechen Benzintröpfchen in die Lungen bringt. Diese verursachen eine 'Benzinlungenentzündung' mit schweren Gefäßschädigungen und Lungenödem. Die Therapie beschränkt sich hierbei auf symptomatische Maßnahmen. Die tödliche Dosis für Leichtbenzin liegt bei 5 bis 10 ml/kg.

Zu chronischen Vergiftungen führt die Inhalation, auch in der Sonderform des 'Schnüffelns' von Benzin als Rauschmittel. Nicht nur Benzin, sondern auch verschiedene Gemische von Lösungsmitteln für Klebestoffe, Lacke und Gummi werden beim 'glue sniffing' zum Erreichen eines euphorischen Rausches mißbraucht. Neben Schädigungen der Lunge kommt es oft zu wenig charakteristischen psychischen Zuständen wie Gedächtnisschwund, nervöse Erschöpfung, Delirien, Depressionen und Verfall der Persönlichkeit.

- n-Hexan

Bei längerer Exposition mit n-Hexan steht die Neurotoxizität im Vordergrund, die sich besonders in einer degenerativen Erkrankung der Nerven der Extremitäten äußert. Der Mechanismus beruht auf einer

Aktivierung durch Biotransformation, die toxische Metaboliten erzeugt. Der niedrige MAK-Wert in der Reihe der Alkane (Tab. 2) weist bereits auf diese Besonderheit hin. Das n-Hexan ist sehr leicht flüchtig und man bemerkt mit dem Geruchssinn leider nicht die Konzentrationen in der Größenordnung des MAK-Werts. Aus diesem Grund sollte die Industrie diese Verbindung nach Möglichkeit nicht in der Produktion verwenden, sondern durch weniger toxisches Heptan oder Cyclohexan ersetzen. Im menschlichen Organismus hydroxyliert Cytochrom P-450 die Alkane zu sekundären oder primären Alkoholen (Abb. 21). Der primäre Alkohol

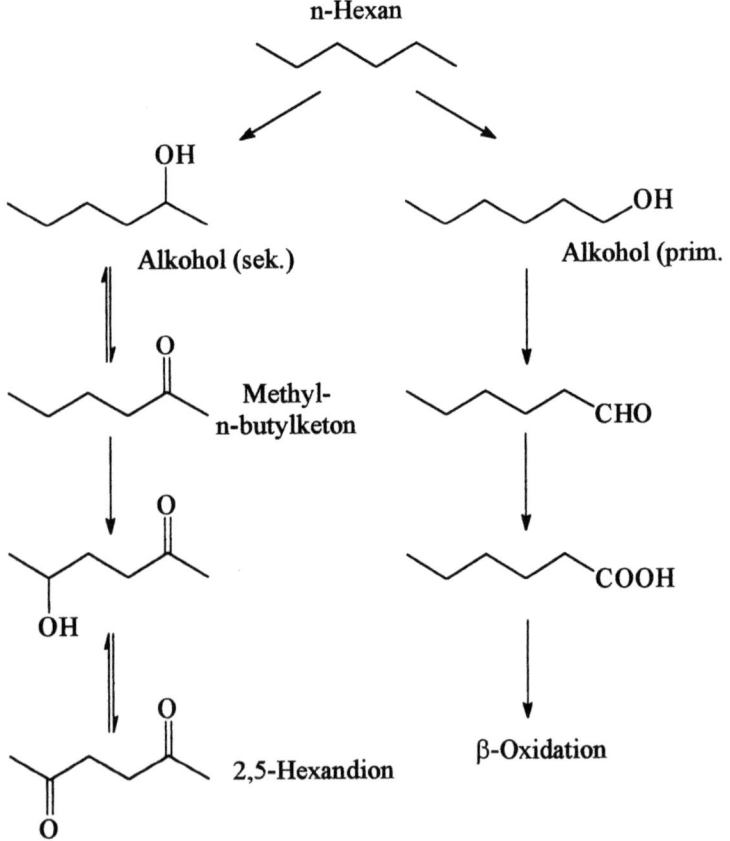

Abb. 21: Stoffwechselweg von n-Hexan. 2,5-Hexandion kann im Urin nachgewiesen werden.

1-Hexanol wird nach Umwandlung in Hexansäure durch ß-Oxidation verstoffwechselt. Das für die Neurotoxizität verantwortliche Stoffwechselprodukt ist 2,5-Hexandion. Diese Verbindung entsteht auch aus Methyl-n-butylketon (2-Hexanon) und erklärt den gemeinsamen Wirkungsmechanismus.

2,5-Hexandion reagiert mit freien NH_2-Gruppen von Lysinresten in Neurofilamenten und leitet so eine Degeneration der peripheren Nerven ein. Eine Exposition gegenüber etwa 8000 mg/m^3 führt nach zwei Monaten zu Neuropathien mit Kribbeln und Schwäche in den Beinen. Vorausgehend können Kopfschmerzen und Schwächegefühl auftreten. An den sensorischen und motorischen Nerven läßt sich eine verminderte Reizleitungsgeschwindigkeit messen, basierend auf pathologischen Veränderungen. Diese Vergiftungszeichen wurden nicht nur bei Arbeitern, sondern auch bei der Benzinsucht (Schnüffeln) festgestellt.

2.4.6 Halogenierte aliphatische Kohlenwasserstoffe

Sowohl die halogenierten aliphatischen als auch aromatischen Kohlenwasserstoffe besitzen in der Arbeitstoxikologie eine besondere Bedeutung. Erkrankungen durch diese Stoffe sind nach der Berufskrankheiten-Verordnung meldepflichtig. Die Einführung von Halogenatomen in gesättigte und ungesättigte Kohlenwasserstoffe erhöhen im allgemeinen deren chemische Stabilität, weswegen sie mitunter nur schwer biologisch abbaubar sind. Außerdem sind sie ausgesprochen lipophil, und viele ihrer Verbindungen sehr flüchtig. Das alles erhöht im allgemeinen ihre Toxizität. Es gibt aber auch Verbindungen wie die fluorierten Kohlenwasserstoffe (FCKW), die wegen ihrer Reaktionsträgheit für den menschlichen Organismus kaum toxisch sind. Sie wurden darum im medizinischen Bereich als inerte Treibgase für inhalativ applizierbare Medikamente angewendet. Diese Substanzen fanden zusätzlich breite industrielle Anwendung als Kühl- und Lösungsmittel. Ihre Flüchtigkeit und exszessive Freisetzung führte zu einer Anreicherung in der Stratosphäre. Das Sonnenlicht spaltet hier durch seine intensive UV-Strahlung Chlor wie auch andere Halogene aus den Verbindungen ab, das dann mit Ozon reagiert, was zu einer starken Verminderung des vor UV-Strahlung schützenden Ozongürtels der Erdatmosphäre führt.

Das toxische Spektrum der Verbindungen reicht also wie im Falle der FCKW von wenig reaktiv bis hin zu biologisch reaktiven Spezies. Eine chemische Reaktion bedarf besonderer Erwähnung, es ist die alkylierende Wirkung der halogenierten Kohlenwasserstoffe. Alkylierende Reagenzien wirken oft akut toxisch, sie besitzen allergisierende Eigenschaften und können teratogen und karzinogen sein. Eine Auswahl arbeitstoxikologisch wichtiger Verbindungen soll deren spezielle toxische Wirkungen zeigen. Hierzu zählen die als Lösungsmittel früher besonders häufig eingesetzten Stoffe Chloroform und Tetrachlorkohlenstoff, daneben die heute wegen ihres geringen toxischen Potentials in der Regel großtechnisch verwendeten vier Lösungsmittel Dichlormethan, Dichlorethan, Trichlorethylen und Tetrachlorethylen.

• Chlormethan

In der Industrie wird Chlormethan (Abb. 22) intensiv zur Herstellung von Schaumstoffen verwendet. Exponierte Arbeiter zeigten Störungen des Nervensystems sowie Schädigungen an Leber, Lungen und Nieren.

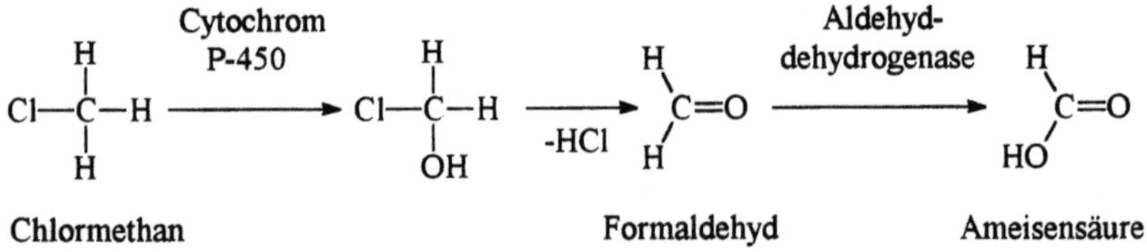

Abb. 22: Oxidativer Metabolismus von Chlormethan zu Formaldehyd und Ameisensäure.

Die entstehende Ameisensäure kann besonders für die hirnorganischen Schädigungen verantwortlich gemacht werden, daneben wird ein toxischer Effekt durch Formaldehyd diskutiert. Wie Chlormethan ist auch Brommethan ein Gas, das akut toxisch ebenfalls das Nervensytem schädigt. Therapeutisch wird bei der Vergiftung mit beiden Gasen die Gabe von Alkohol und eine Korrektur der durch Ameisensäure erzeugten Acidose empfohlen. Beim Iodmethan wird darüberhinaus eine karzinogene Wirkung vermutet.

- Dichlormethan

Diese Substanz hat einen niedrigen Siedepunkt von 40°C. Sie wurde früher sogar medizinisch zur Kurznarkose verwendet. Bei der industriellen Exposition ist vor allem das im Stoffwechsel entstehende Kohlenmonoxid (CO) als toxische Komponente in Betracht zu ziehen (Abb. 23).

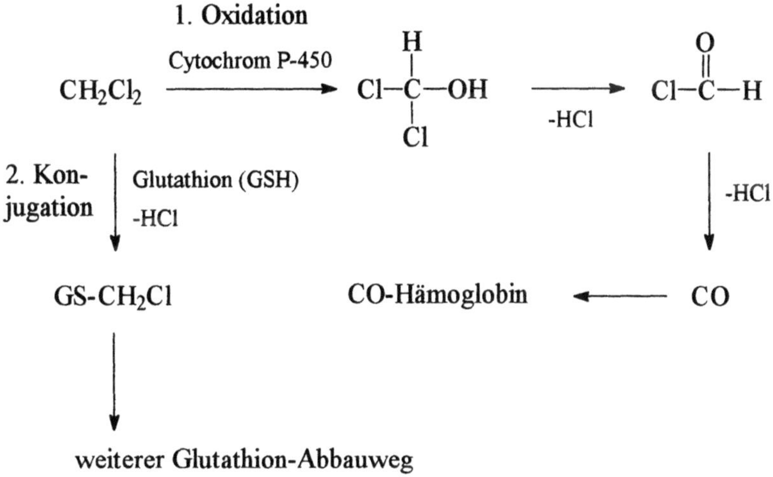

1. Oxidation

$$CH_2Cl_2 \xrightarrow{\text{Cytochrom P-450}} Cl-\underset{Cl}{\underset{|}{\overset{H}{\underset{|}{C}}}}-OH \xrightarrow{-HCl} Cl-\overset{O}{\overset{\|}{C}}-H$$

2. Konjugation | Glutathion (GSH) -HCl

$$\downarrow \qquad\qquad\qquad\qquad\qquad\qquad\qquad \downarrow -HCl$$

GS-CH$_2$Cl 　　　CO-Hämoglobin ⟵ CO

↓

weiterer Glutathion-Abbauweg

Abb. 23: Metabolimus von Dichlormethan. 1. oxidativer Abbauweg zum toxischen Kohlenmonoxid (CO) und 2. Glutathion-abhängiger Abbauweg über die Glutathion-S-Transferase zum möglicherweise genotoxischen Chlormethylglutathion.

Bei einer Exposition mit 200 ppm Dichlormethan wird nach etwa fünf Stunden der biologische Arbeitsstoff-Toleranzwert (BAT-Wert) von 5% CO-Hämoglobin überschritten. Beim Ames-Test führt sehr wahrscheinlich die Umsetzung über die Glutathion-S-Transferase zu mutagenen Produkten wie Chlormethylglutathion und Formaldehyd.

- Trichlormethan (Chloroform)

Im Jahre 1831 wurde Chloroform unabhängig in den USA, Frankreich und Deutschland (hier durch Liebig) synthetisiert. Bereits 1937 verwendete der schottische Frauenarzt J. Y. Simpson Chloroform zur Narkose. Nachteilig für eine Narkose waren seine geringe therapeutische Breite, seine negative Auswirkung auf das Herz und die Atmung, sowie seine Nieren- und

Lebertoxizität. An der Leber bewirkt Chloroform eine Zellschädigung mit fettiger Degeneration bis hin zum Zelluntergang. Wie auch bei anderen ähnlich wirksamen halogenierten Kohlenwasserstoffen läuft die Zellschädigung parallel mit der Häufigkeit der Verteilung von Cytochrom P-450 Enzymen in den Leberzellen. Chloroform wird nämlich erst durch diese Enzyme zu einem starken Zellgift, dem Carbonylchlorid (Phosgen) umgewandelt (vgl. Abb. 24). Neben der leberschädigenden Wirkung traten in Tierversuchen insbesondere bei männlichen Mäusen toxische Effekte auf die Niere ein. Außerdem war Chloroform bei Ratten und Mäusen eindeutig teratogen und an Mäusen konnten Lebertumoren sowie an männlichen Ratten Nierentumoren festgestellt werden. Chloroform ist daher auch für den Menschen in die Gruppe der karzinogenverdächtigen Substanzen einzureihen.

• Tetrachlormethan (Tetrachlorkohlenstoff)

Wie beim Chloroform so führt die Inhalation von Tetrachlormethan ebenfalls zu Leber- und Nierenschäden. Zusätzlich wird durch den Cytochrom P-450 Stoffwechsel ein freies Radikal gebildet (Abb. 24), welches die ungesättigten Fettsäuren besonders in den Membranen des endoplasmatischen Retikulums zum Zerfall bringen kann und somit ihre Barrierefunktion beeinträchtigt.

Schädigungen der parenchymatösen Organe wie Leber und Niere kommen nicht nur bei akuten Vergiftungen vor, sondern auch als Folge von langfristigen Expositionen gegenüber geringen Konzentrationen halogenierter Kohlenwasserstoffe. So steigt die Lebertoxizität in der Reihe von Dichlormethan über 1,1,1-Trichlorethan < Trichlorethen < Tetrachlorethen < Trichlormethan < Dichlorethan < 1,1,2-Trichlorethan zu Tetrachlormethan an. Ähnlich wie Tetrachlormethan, jedoch stärker wirksam, ist Bromtrichlormethan, da die Abspaltung des Broms leichter erfolgt als die des Chlors.

Die besondere Gefährdung durch Tetrachlormethan ist in seiner hohen Affinität zum Cytochrom P-450 zu suchen. Seine Metabolisierung zum Trichlormethylradikal führt, zusätzlich zur oben beschriebenen Lipidperoxidation mit der Produktion von mutagenem Malondialdehyd, zu einer direkten irreversiblen Hemmung des Enzyms Cytochrom P-450. Daraus wird verständlich, daß die Giftung auf Grund der initialen irreversiblen

Hemmung des Enzyms drastisch abnimmt, wenn man Tetrachlormethan in Portionen verabreicht. Langzeituntersuchungen mit Tetrachlormethan führten an Mäusen zu Lebertumoren.

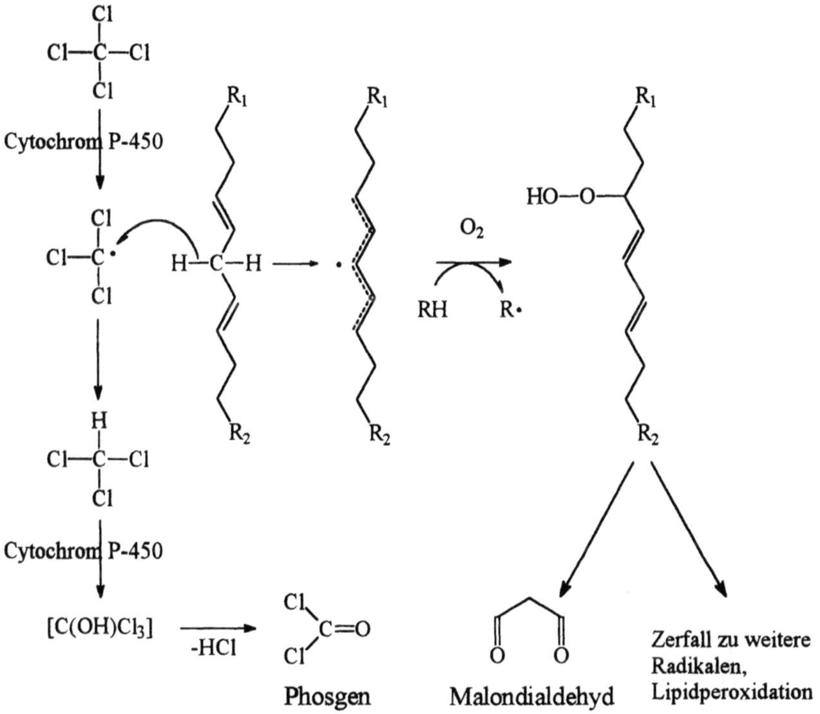

Abb. 24: Schematische Darstellung der Bildung von freien Radikalen durch Cytochrom P-450 in den Leberzellen aus Tetrachlormethan. Das Radikal entreißt der Fettsäurekette ein H-Atom, dadurch bildet sich in dieser ein freies Radikal. In der Fettsäurekette entsteht weiter durch Resonanz eine Dienkonjugation, die sich fortpflanzt. Das radikalische Kohlenstoffatom reagiert mit Sauerstoff zu einem Hydroperoxyd, welches den Zerfall der Fettsäure zu Malondialdehyd und anderen Produkten einleitet. Der Weg des aus Tetrachlormethan gebildeten Radikals führt zum Chloroform, das durch eine weitere Cytochrom P-450 Reaktion in das toxische Phosgen zerfällt.

• Trichlorethylen

Beim Trichlorethen steht die Aufnahme über die Lunge im Vordergrund. Wie andere flüchtige chlorierte Kohlenwasserstoffe löst es eine narkotische

Wirkung aus und sensibilisiert das Herz gegenüber Adrenalin und Noradrenalin, so daß es zu Herzrhythmusstörungen kommt. Der größte Anteil von Trichlorethen wird durch das Cytochrom P-450 System in verschiedene toxische Substanzen metabolisiert (Abb. 25). Über Trichloracetaldehyd entsteht Trichlorethanol, das eine ausgeprägte depressorische Wirkung auf das Zentralnervensystem besitzt. Ein Teil des Trichlor-

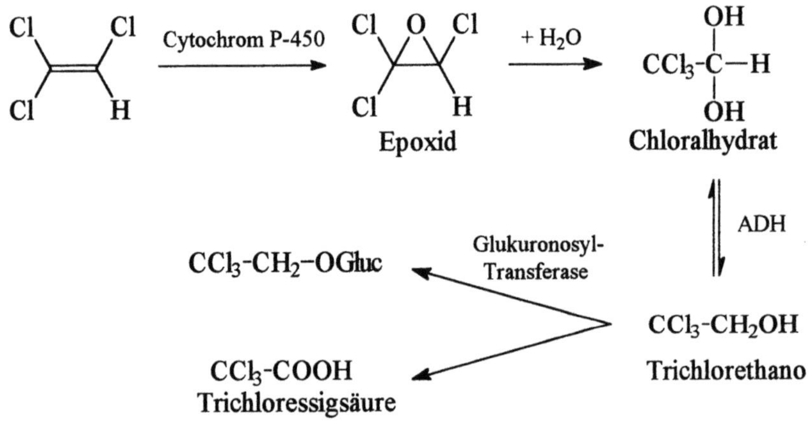

$$\underset{Cl}{\overset{Cl}{>}}C=C\underset{H}{\overset{Cl}{<}} \xrightarrow{\text{Cytochrom P-450}} \underset{Cl}{\overset{Cl}{>}}\underset{\text{Epoxid}}{\overset{O}{\triangle}}\underset{H}{\overset{Cl}{<}} \xrightarrow{+H_2O} \underset{\text{Chloralhydrat}}{CCl_3-\overset{OH}{\underset{OH}{C}}-H}$$

$$CCl_3-CH_2-OGluc \xleftarrow{\text{Glukuronosyl-Transferase}}$$

$$\Updownarrow ADH$$

$$CCl_3-CH_2OH$$
Trichlorethano

$$CCl_3-COOH$$
Trichloressigsäure

Abb. 25: Im oxidativen Stoffwechsel von Trichlorethylen entstehen verschiedene toxische Metabolite über das sehr reaktive Epoxid. Dieses kann zusätzlich in Dichloressigsäure, Oxalsäure, Glyoxylsäure und in N-(Hydroxyacetyl)-aminoethanol umgewandelt werden. Schließlich besteht noch ein zweiter Transferaseweg mit Glutathion zu toxischen Metaboliten über die ß-Lyase der Niere, die im langzeitigen Tierexperiment zu Nierentumoren führen. Chloralhydrat ist das Hydrat des Trichloracetaldehyds oder Chlorals. ADH = Alkohol-Dehydrogenase, Gluc = Glukuronsäure.

ethanols wird an Glucuronsäure gekoppelt und im Urin ausgeschieden, ein anderer Teil wird über die Alkoholdehydrogenase in den Aldehyd rückverwandelt und trägt zur Entstehung von Trichloressigsäure bei, die gut mit der Lebertoxizität des Trichlorethens korreliert. Wegen ihrer hohen Acidität bindet Trichloressigsäure besonders gut an Proteine, so daß sie nur verzögert im Urin ausgeschieden wird. Wie vorhergehend beim Tetrachlormethan beschrieben, spielt auch hier das Cytochrom P-450 System bei der Giftung eine entscheidende Rolle, es tritt jedoch eine weitere sehr reaktive Zwischenverbindung auf, nämlich ein Epoxid.

Untersuchungen über die Mutagenität von Trichlorethen in Langzeitstudien an Mäusen und Ratten haben schwach positive Resultate ergeben, die durch zusätzliche Faktoren, wie Epoxidstabilisatoren, allerdings gesteigert werden können. In Gegenwart von Alkalien entsteht aus Trichlorethen unter Abspaltung von HCl das hochreaktive Gas Dichloracetylen. Dieses ist im Tierversuch eindeutig karzinogen. Außerdem hat es eine ausgeprägte neurotoxische Wirkung und verursacht beim Menschen irreversible Schädigungen im Hirnnervenbereich, bevorzugt am Trigeminusnerv. Weiterhin lösen bereits geringe Konzentrationen von Dichloracetylen starke Schleimhautreizungen aus.

• Tetrachlorethen

Der Stoffwechselweg des Tetrachlorethens (Perchlorethylen) ist dem des Trichlorethens sehr ähnlich. Der Hauptweg ist der oxidative Abbau über das Cytochrom P-450 System zum Epoxid und zur Trichloressigsäure. Der zweite Weg führt über die Glutathion-S-Transferase und ß-Lyase in der Niere zu toxischen Metaboliten. Die narkotische Wirkung des Tetrachlorethens ist stärker als beim Chloroform und es sensibilisiert das Herz gegenüber Adrenalin und Noradrenalin. Bei beruflicher Exposition mit hohen Konzentrationen sind Leberschädigungen beschrieben. Außerdem führt es zu Schleimhautreizungen des respiratorischen Systems. Auf die Haut gebracht ruft flüssiges Tetrachlorethen Brennen und Rötung hervor. Bei akuten Vergiftungen bestehen Übelkeit, Trunkenheit bis hin zur Bewußtlosigkeit. Danach treten häufig Schädigungen der Leber und zuweilen der Niere auf. Nach langdauernder und hochgradiger Exposition mit Tetrachlorethen kann es zu hirnorganischen Leistungsverminderungen und zu Persönlichkeitsveränderungen kommen. In Versuchen an Mäusen sind vereinzelt Nierentumoren aufgetreten. Möglicherweise führt hierbei der zweite Abbauweg über die Glutathion-S-Transferase und ß-Lyase in der Niere zu karzinogen wirksamen Metaboliten.

2.4.7 Aromatische Kohlenwasserstoffe

Die aromatischen Kohlenwasserstoffe Benzol und dessen Derivate Toluol und Xylol fallen besonders in großtechnischem Maßstab bei der Erdölraffination an. Sie sind einerseits wichtige technische Lösungsmittel andererseits sehr gefährliche Gifte wie das Benzol. Daher ist seit 1972 entsprechend einer Übereinkunft der Internationalen Arbeitsorganisation (ILO) eine Verwendung von Benzol untersagt, wenn geeignete Ersatzstoffe zur Verfügung stehen. Letzteres gilt jedoch nicht für den Kraftstoff von Ottomotoren, der 2 bis 5% Benzol enthält. So gehen 80 bis 90% der Benzolemissionen auf den Kraftfahrzeugverkehr zurück. Die Atemluft in verkehrsreichen Gebieten kann bis zu 30 µg Benzol/m^3 betragen, im Vergleich zu etwa 1 µg/m^3 in Reinluftbezirken. Nach Schätzungen nimmt der Mensch pro Tag etwa 250 µg Benzol über Atemluft, Lebensmittel und Trinkwasser auf. Raucher sind zusätzlich belastet, es werden nämlich aus einer Zigarette bis zu 500 µg Benzol freigesetzt. Außer im Erdöl ist Benzol auch natürlicher Bestandteil im Erdgas und im Steinkohlenteer. Lösungsmittelgemische mit einem Anteil von mehr als 0.2% Benzol müssen als solche gekennzeichnet sein und die Verwendung von mehr als 1% Benzol in Gemischen ist verboten. Als Lösungsmittel kann Benzol meist ohne Nachteile durch Toluol und Xylol ersetzt werden.

- Benzol

Benzol hat eine starke narkotische Wirkung und ist dabei mit Chloroform vergleichbar. Es wird sowohl über die Lungen, als auch aus dem Darm und über die Haut gut resorbiert. Akute Vergiftungen verursachen rauschartige Erscheinungen mit euphorisierender Komponente, Kopfschmerzen, Schwindel und später Übelkeit mit Erbrechen. Höhere Konzentrationen erzeugen Krämpfe, Bewußtlosigkeit, Herzrhythmusstörungen. Der Tod tritt schließlich durch Atemlähmung oder Kreislaufversagen auf. Die letale Dosis liegt bei etwa 10 bis 30 g Benzol. Nach akuter Vergiftung bleiben meist keine Folgeschäden zurück.

Eine chronische Schädigung tritt nach wiederholter, langdauernder Einwirkung auf. Benzol ist ein ausgesprochenes Blutgift. Es hemmt die Bildung von roten und weißen Blutzellen sowie die der Blutplättchen. Oft geht der Hemmung eine vorübergehende Überproduktion der verschiedenen zellulären Blutbestandteile voraus. Trotz Unterbrechung der Benzolexposition können die Blutbildstörungen jahrelang anhalten oder sich erst Jahre nach der Benzolexposition äußern. Eine therapeutische Beeinflußbarkeit ist bisher nicht bekannt. Neben diesen Blutbildstörungen können karzinogene Entartungen der weißen Blutzellen (Benzol-Leukämie) enstehen. Bisher wurde über etwa 500 solcher Fälle berichtet.

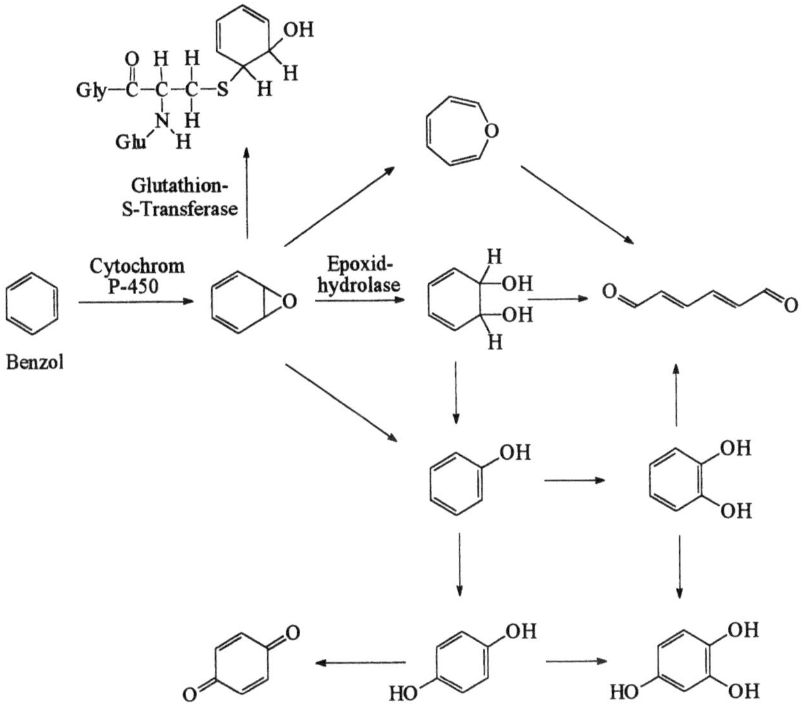

Abb. 26: Metabolische Stoffwechselwege des Benzols nach mikrosomaler Oxidation durch das Cytochrom P-450 System zum Epoxid. Es werden vom Epoxid ausgehend enzymatische Umsetzungen durch die Glutathion-S-Transferase zu Phenylmercaptursäure und durch die Epoxidhydrase zu Benzolglykol diskutiert und nichtenzymatische Umsetzungen des Epoxids zu Phenol und Oxepin vorgeschlagen. Für die Blutzellen werden als toxische Metaboliten besonders das Epoxid selbst sowie Katechol, Hydrochinon und der *trans-trans*-Muconaldehyd bzw. dessen weitere Oxidationsprodukte verantwortlich gemacht.

Dabei ist ungeklärt, ob nur eine einzelne Exposition genügt oder mehrmalige bzw. längerfristige Expositionen zur Auslösung erforderlich sind. Es sind keine unbedenklichen Grenzkonzentrationen bekannt. In Anbetracht dessen wurde eine Technische Richtkonzentration (TRK) von 1 ml/m^3 vorgegeben. Bei mit Benzol exponierten Menschen lassen sich an den Blutbildungszellen Chromosomenaberrationen nachweisen, die ursächlich mit der Benzol-Leukämie in Zusammenhang gebracht werden. Verantwortlich dafür sind nach bisherigen Vorstellungen reaktive Metaboliten aus dem oxidativen Benzolstoffwechsel (Abb. 26).

In der Leber und zu einem kleineren Teil auch in den Blutbildungsstätten, dem roten Knochenmark, werden die hydroxylierten Metaboliten durch die Phase-II-Reaktion in Glukuronide und Sulfatkonjugate umgewandelt. Der Metabolit Phenylmercaptursäure wird zur Überwachung einer Exposition am Arbeitsplatz genutzt (BAT). Seit 1977 ist Benzol aufgrund seiner bewiesenen Karzinogenität in die Kategorie 1 eingeordnet (vgl. Tab 7).

- Toluol

Trotz der chemischen Verwandschaft mit Benzol weisen Toluol wie auch die Xylole eine erheblich geringere Toxizität auf und eine karzinogene Wirkung beim Menschen wurde nicht festgestellt. Der Metabolismus erfolgt hauptsächlich in der Leber durch das Cytochrom P-450 System mit nachfolgender Konjugation an Glycin sowie Schwefel- und Glucuronsäure. Grundsätzlich werden die Verbindungen anders metabolisiert: etwa 80% des aufgenommenen Toluols werden nach Oxidation der Methylgruppe mit Glycin konjugiert, 1% am Ring zu Kresol hydroxyliert und 19% in unveränderter Form über die Lungen abgeatmet. Wichtig ist, daß Toluol mit der Biotransformation anderer Fremdstoffe in der Leber interferiert. So blockiert es z. B. die metabolische Umwandlung von Benzol, Styrol, Xylol und Trichlorethan.

Die akute Toxizität äußert sich in Reizung der Schleimhäute sowie in narkotischen und neurotoxischen Wirkungen. Nach chronischer Exposition werden unspezifische und depressorische Störungen des Zentralnervensystems wie Schwindel, Kopfschmerzen und eine verlängerte Reaktionszeit beschrieben.

- Xylole

Ortho-, meta- und para-Xylol finden Anwendung als Lösungsmittel in der Farbenindustrie und in Druckereibetrieben. Die hauptsächliche Aufnahme erfolgt über die Lunge. Der wichtigste Stoffwechselweg ist auch hier die Oxidation der Methylgruppe und die anschließende Konjugation mit Glycin zu Methylhippursäure. Nach mehrstündiger Exposition kommt es zu Schläfrigkeit, Benommenheit und Kopfschmerzen. Weder im Ames-Test noch an Zellkulturen ergaben sich Hinweise auf eine Genotoxizität.

• Ethenylbenzol (Styrol)

In der Kunststoffherstellung wird die hohe Reaktivität der Seitenkette bei der Polymerisation genutzt. Es wird über die Lungen gut aufgenommen und reichert sich im Fettgewebe an. Der metabolische Abbau und die Ausscheidung verlaufen entsprechend langsam. Von zentraler Bedeutung ist seine Oxidation zum Epoxid (Styroloxid) durch das Cytochrom P-450. In Säugetierzellsystemen wurden durch Styrol-7,8-oxid ausgelöste genotoxische Effekte beobachtet. Dagegen konnten bei Arbeitern in der Styrolindustrie keine Anzeichen für eine Karzinogenität festgestellt werden.

2.5 Gefahrstoffe, Substitution und Vermeidung

Unter dem Begriff Gefahrstoffe sind nach §19(2) ChemG zusammengefasst: Gefährliche Stoffe und Zubereitungen (§3a ChemG), explosionsfähige Stoffe, ungefährliche Stoffe, aus denen gefährliche Stoffe entstehen können, und Materialien, die Krankheitserreger übertragen können. Die gefährlichen Stoffe weisen einen oder mehrere der folgenden 15 Eigenschaften auf: explosionsgefährlich E, brandfördernd O, hochentzündlich F^+, leichtentzündlich F, entzündlich, sehr giftig T^+, giftig T, gesundheitsschädlich Xn (noxious), ätzend C, reizend Xi (irritant), sensibilisierend, krebserzeugend, fortpflanzungsgefährdend, erbgutverändernd, umweltgefährlich N. X steht für das Symbol des Andreaskreuzes (Pestkreuz).

Auf eine Verringerung des Einsatzes und der eventuellen Entstehung von Gefahrstoffen in Arbeitsabläufen wird in §16 GefStoffV nachdrücklich hingewiesen. Es besteht eine Pflicht zu ermitteln, ob Materialien mit einem geringeren gesundheitlichen Risiko verfügbar sind, mit denen das angestrebte Ziel ebenfalls zu erreichen ist.

Ein allgemeines Konzept zur Reduktion des Risikos besteht darin, Gase, flüchtige oder leicht staubende Materialien möglichst durch Feststoffe oder Lösungen zu ersetzen. Die Nutzung einiger Gefahrstoffe kann durch geschickte Wahl von Verbindungen mit entweder geringerem toxischen Potential oder geringerer physikalischer Gefährlichkeit vermieden werden, wie Tabelle 7 zeigt.

Gefahrstoff *vermeidbare Gefahr*	Substitut *bleibende Gefahr*
Acrylamid *karzinogener Staub, Cat. 2*, T	Acrylamid 40%ig in Wasser *karzinogener Stoff*
Benzol *karzinogen, Cat. 1*, F T	Toluol *schädlich*
3-Chlorperbenzoesäure *explosiv*, E	Mg-Monoperoxyphthalat -
Diethylether *peroxidbildend*, F$^+$	tert.-Butylether -
Dimethylsulfat; Methyliodid *karzinogen, Cat. 2*, T; *Cat. 3*, T$^+$	Dimethylcarbonat *schädlich*
Fluor *korrosives Gas*, T$^+$ C	Xenondifluorid *Feststoff*
Hexamethylphosphorsäuretriamid *karzinogen, Cat. 2*, T	Dimethylethylenharnstoff -
n-Hexan *toxischer Metabolit*, F Xn	Cyclohexan, Heptan -
Methanol *toxisch*, F T	Ethanol -
Perchlorsäure *explosiv, brandfördernd*, O C	Trifluormethansulfonsäure -
Phosgen, Carbonylchlorid *sehr toxisches Gas*, T$^+$	Bis(trichlormethyl)-carbonat (Triphosgen), *giftiger Feststoff*
Schwefelwasserstoff *sehr toxisches Gas*, F$^+$ T$^+$	Schwefel-Paraffin *ungiftiger Feststoff*
Tetrabutylammoniumperchlorat *explosiv*, E	Tetrabutylammonium- hexafluorphosphat, *nicht explosiv*
Xylole *hautresorptiv*, Xn	Neo-Clear® *schädlich*

Tab. 7: Gegenüberstellung von Gefahrstoffen und ihren möglichen Substituten. Die vom Gefahrstoff ausgehende vermeidbare Gefahr und die bleibende Gefahr des Ersatzstoffes sind jeweils kursiv angegeben. In *Cat. 1* gehören Stoffe, die beim Menschen bekanntermaßen krebserzeugend wirken, in *Cat. 2* Stoffe, die als krebserzeugend angesehen werden sollten, und in *Cat. 3* solche, über deren mögliche krebserzeugende Wirkungen noch nicht genügend Informationen für eine befriedigende Beurteilung vorliegen. Die im Text erwähnten Buchstaben zur Kennzeichnung der Gefährlichkeitsmerkmale sind angegeben.

2.6 Allgemeine Toxikologie der Biozide

Biozid ist eine Sammelbezeichnung für chemische Substanzen, die zur Bekämpfung schädlicher Pflanzen und Tiere eingesetzt werden. Früher war der Begriff Pestizid gebräuchlich. Eine Einteilung erfolgt nach den Zielorganismen und zusätzlich nach Art ihrer Aufnahme in Atem-, Fraß- oder Kontaktgifte. Die Aufzählung drückt in der Reihenfolge die Bedeutung der Einsatzgebiete aus. Häufig dient dasselbe Biozid zur Bekämpfung von Schädlingen verschiedener Arten (vgl. Tab. 8).

Insektizide	gegen Insekten
Herbizide	gegen Pflanzen (Wildkräuter, Unkräuter)
Fungizide	gegen Pilze
Rodentizide	gegen Nagetiere
Akarizide	gegen Milben (Spinnenmilben)
Nematizide	gegen Würmer (Fadenwürmer)
Molluskizide	gegen Weichtiere (Schnecken)

Das Ziel bei der Entwicklung von Bioziden bestand darin, Wirkstoffe mit möglichst hoher Selektivität zu synthetisieren. Dabei wurden die Unterschiede im Stoffwechsel der Schädlinge ausgenutzt. Eine selektive Toxizität läßt sich um so leichter verwirklichen, je markanter der Unterschied in Physiologie und Biochemie zwischen den Zielorganismen und den übrigen Lebewesen ist. Hierdurch konnte besonders bei der Herstellung von Insektiziden, Herbiziden und Fungiziden das Risiko einer ungewollten Vergiftung von Menschen und Haustieren vermindert werden. In gezielter Synthese wurde eine große Anzahl organischer Biozide hergestellt, die aber trotz aller Fortschritte immer noch für den Menschen nicht vollkommen unbedenklich sind.

Eine Ursache liegt in den vorhandenen biologischen Gemeinsamkeiten, insbesondere bei Nagetieren und Menschen. Hinzu kommt das große Ausmaß ihrer weltweiten Anwendung, das zu einer globalen Umweltkontamination geführt hat. Die Anwendung, der zum Teil immer noch sehr beständigen und lipophilen Biozide, führt dazu, daß sie auch weiterhin noch in die Nahrungskette für Mensch und Tier einfließen. Außerdem gibt es bei den Schädlingen selbst eine zunehmende Resistenz gegen die Biozide, die besonders durch ihren wiederholten Einsatz verursacht wird, so daß im Extrem diese Substanzen vollkommen unwirksam werden.

Klassen	n	I	A	N	H	F	R	Kapitel
Organophosphate	48	46	20			1		2.6.1
Chlorierte KW	21	19	8			1	2	2.6.1
Carbamate	18	9	1	1	8			2.6.1
Pyrethrum, Pyrethroide	20							2.6.1
Ethenoxid, Acrylnitril, HCN	3	3						3.3.2/2.7.3
Dinitrophenole	10		3		7	2		2.6.2
Chlorat	1				1			2.6.2
Harnstoffderivate	15				15			2.6.2
Chlorcarbonsäuren, TCA	2				2			
Phenoxycarbonsäuren	7				7			2.6.2
cycl. Carbonsäuren	11				11			
Anilinderivate	9		1		6	2		2.7.3
Bipyridylium-Derivate	3				3			2.7.3
Pyridazone	2				2			
Uracile	3				3			
Triazine, Amitrol	12				11	1		
Oxathiine	2					2		
Chinoxaline	2		1			1		
Dithiocarbamate	12	1		1		12		2.6.3
Zinnverbindungen	3					3		2.6.3
Quecksilberverbindungen	6					6		2.6.3/1.2.3
Nitrobenzole	5					5		2.7.3
Phthalsäurederivate	3					3		
Morpholine	2					2		
Schwefel, Polysulfide	2		1			2		2.6.3
Kupfer	1					1		2.6.3/1.1.7
Benzimidazole	2					2		2.6.3
8-Hydroxychinoline	2					2		
Thiadiazine, Me-N=C=S	3			2		3		2.6.3
Cumarinderivate	5						5	2.6.4
Indan-1,3-dione	2						2	2.6.4
Crimidin	1						1	
α-Naphthylthiourea, ANTU	1						1	2.7.1
Thallium	1						1	1.2.4
PH$_3$, Phosphide	1						1	
Scillirosid	1						1	

Tab. 8: Bevorzugte Anwendungsgebiete der nach Klassen geordneten, gebräuchlichen Biozide. Erfasst sind ca. 240 Verbindungen, die in über 1200 Fertigprodukten angeboten werden. Abkürzungen: n Gesamtzahl der jeweiligen Biozide. Daneben die Anzahl der als Insektizide **I**, Akarizide **A**, Nematizide **N**, Herbizide **H**, Fungizide **F** und Rodentizide **R** genutzten Vertreter. Mehrfachnennungen sind möglich. Die letzte Spalte gibt das Kapitel an, in dem Informationen zu den derzeit bekannten Mechanismen der Wirkung und Toxizität zu finden sind.

2.6.1 Insektizide

Insektizide sind die wichtigste Gruppe der Biozide. Sie sind gegen Haus- und Küchenschädlinge, wie Wanzen, Flöhe, Läuse, Küchenschaben, Mehlwürmer und Motten, aber auch gegen Pflanzenschädlinge, wie Kartoffelkäfer, Obstmaden und Blattläuse, sowie gegen Forstschädlinge wie den Borkenkäfer gerichtet. Weiterhin gelten sie im weitesten Sinne des Wortes als Desinfektionsmittel, da sie gleichzeitig mit der Insektenvernichtung die von Insekten übertragenen Infektionskrankheiten verhindern. So stehen z. B. noch immer die Erkrankungen und Todesfälle der durch die Anophelesmücke übertragenen Malaria an der Spitze aller Krankheitsursachen. Außerdem gilt es die Ernährung einer ständig wachsenden Weltbevölkerung zu sichern. Aus all diesen Gründen wird der Einsatz von Insektiziden als unentbehrlich angesehen.

Da die Insektizide in der Landwirtschaft in riesigen Mengen eingesetzt werden und sie für den Menschen mehr oder weniger stark giftig sind, kommt ihnen in der Toxikologie eine große Bedeutung zu. Zum Einsatz als Insektizide gelangen insbesondere vier Gruppen:

Organophosphate (Phosphorsäureester)
Carbamate (Carbaminsäureester)
Pyrethrine und Pyrethroide
Chlorierte cyclische Kohlenwasserstoffe

Ein besonderes technisches und toxikologisches Problem ergab sich bei der letzten Gruppe. Aufgrund der zunächst fehlenden Reinheit der Produkte war das toxische Potential durch Nebenprodukte wesentlich erhöht.

Chlorierte cyclische Kohlenwasserstoffe wie DDT, Hexachlorcyclohexan, Aldrin u. a. sind wegen der Akkumulation im Fett- und Nervengewebe weitgehend verboten. Viele der heute handelsüblichen Insektizide sind Hemmstoffe der Cholinesterase ('Organophosphate'), die immer noch zu akuten Vergiftungen führen und deshalb durch die weniger toxischen Pyrethroide ersetzt werden.

• **Organophosphate**

Organophosphate sind Ester, Amide oder Thiolderivate der Phosphor-, Phosphon-, Thiophosphor- oder Thiophosphonsäure. Sie unterscheiden sich in zwei Punkten ganz wesentlich von der Gruppe der cyclischen chlorierten Kohlenwasserstoffe, erstens sind sie biologisch abbaubar und zweitens werden sie weder außerhalb noch innerhalb des Organismus gespeichert. Diesem Vorteil steht jedoch eine hohe akute Toxizität gegenüber.

Über Geschichte, Strukurvoraussetzungen und Wirkungsmechanismus siehe Fuhrmann (Allgemeine Toxikologie für Chemiker, Teubner Verlag, Seiten 166-177). Kurz zusammengefaßt reagieren Organophosphate mit der serinhaltigen Acetylcholinesterase wie ein normales Acetylcholinmolekül und es entsteht ein Organosphosphat-Acetylcholinesterase-Komplex. Dabei wird das Serin im aktiven Zentrum des Enzyms phosphoryliert (Abb. 27). Der Komplex ist zunächst instabil und reaktiviert sich spontan oder ist medikamentös durch Verabreichung von Oximen reaktivierbar. Durch Abspaltung eines weiteren Substituenten vom Organophosphat entsteht ein äußerst stabiler Komplex mit der Acetylcholinesterase.

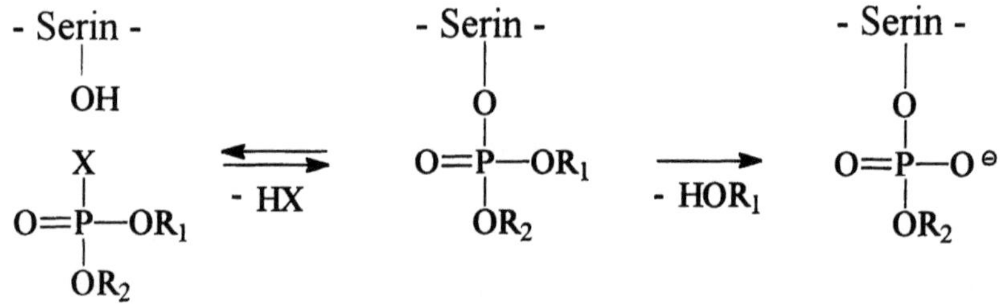

Abb. 27: Schematische Darstellung des funktionellen Zentrums der Acetylcholinesterase, dessen Serin phosphoryliert wird. Nachfolgend altert der Organophosphat-Enzym-Komplex durch Abspaltung eines Alkylrestes (R_1), der als 'leaving group' bezeichnet wird. Ist eine Alterung eingetreten, lässt sich der Komplex durch Oxime nicht mehr nukleophil angreifen.

Das Enzym ist jetzt biologisch irreversibel gehemmt und kann weder spontan noch durch Oxime reaktiviert werden. Diesen Vorgang nennt man 'Alterung' des Enzymkomplexes. In Abhängigkeit vom Organophosphat kann die Alterung des Komplexes über Stunden bis Tage fortschreiten.

Die Hemmung der Acetycholinesterase bewirkt eine Anhäufung von Acetylcholin im ZNS, in den cholinergen Synapsen des autonomen Nervensystems und in den motorischen Synapsen an den Muskelzellen.

Die *akute Toxizität* resultiert aus Wirkungen an muskarinischen Rezeptoren des Parasympathikus, an nikotinischen Rezeptoren in den sympathischen und parasympathischen Ganglien und nikotinischen Rezeptoren an den Muskelzellen.

Muskarinische Wirkungen:
Zuerst überwiegen die muskarinischen Wirkungen, sie sind selten lebensbedrohend. Vom Magen-Darmtrakt verbreitet sich Übelkeit, es treten Durchfälle auf, die mit Darmkrämpfen verbunden sind. Nach stäkerer Exposition kann unkontrollierter Abgang von Stuhl und Urin erfolgen. Bei blasser Haut erfolgt Schweißausbruch, das Auge tränt und die enge Pupille sieht nur ein verschwommenes Bild. Herzfrequenz und Blutdruck nehmen ab, das Verteilersystem der Lungen, das Bronchialsystem, ist enggestellt, und zeigt eine erhöhte Sekretion mit Neigung zum Bronchospasmus.

Nikotinsche Wirkungen:
Mit dem weiteren Verlauf treten die nikotinischen Wirkungen an den sympathischen und parasympathischen Ganglien sowie an den Synapsen der Muskelzellen (Muskelendplatte) in den Vordergrund. Es werden Zuckungen der Augen- und Zungenmuskulatur und Sprachstörungen beobachtet. Schließlich erfolgen generalisierte Muskelzuckungen mit Muskelschwäche und Lähmung der peripheren Atemmuskulatur.

ZNS-Wirkungen:
Erste ZNS-Wirkungen sind Unwohlsein, Ruhelosigkeit, Angst und Schwindel. Danach folgen schwere Kopfschmerzen und Schlaflosigkeit. Bei sehr starker Exposition treten Konzentrationsstörungen, Zittern (Tremor), generalisierte Krämpfe und Verwirrtheit auf. Zuletzt kommt es zu Reflex- und Bewußtlosigkeit.

Am Erwachsenen kann eine Menge von 100-200 mg Parathion zum Tode führen (Abb. 28), für Kinder liegt die tödliche Dosis deutlich niedriger. Die Todesursache ist meist die Lähmung der peripheren Atemmuskulatur oder die Behinderung des Gasaustausches durch Sekretstau in der Lunge.

Die Therapie besteht in resorptionsverhindernden Maßnahmen und einer symptomatischen Behandlung der zentral ausgelösten Krämpfe und des drohenden Lungenödems. Atropin wird bis zur Normalisierung der muskarinischen und nikotinischen Wirkungen injiziert. Ferner können Acetylcholinesterase-Reaktivatoren wie Obidoxim oder Pralidoxim unter Atropinschutz appliziert werden. Die Reaktivierung hängt nicht nur vom jeweiligen Organophosphat ab, sondern auch von der Zeit, die bis zur Gabe des Reaktivators vergangen ist. Die Chance ist umso geringer, je länger die Latenz zwischen Vergiftung und Behandlung ist.

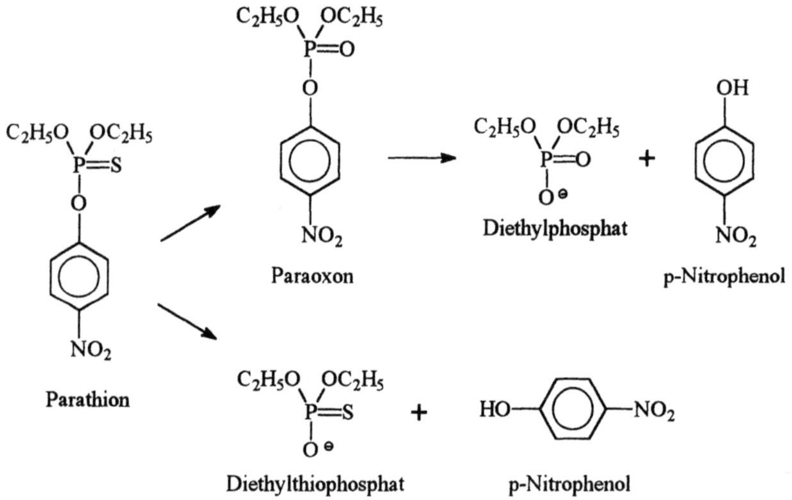

Abb. 28: Parathion wird im Organismus zu dem stärker toxischen Paraoxon metabolisiert. Die dargestellten Metaboliten werden mit dem Harn ausgeschieden.

Nach wiederholter Exposition mit kleineren Mengen werden bei der *chronischen Toxizität* sowohl additive Effekte als auch eine gewisse Gewöhnung beobachtet. Bei einigen Organophosphaten, wie Dichlorvos oder Trikresylphosphat, kann sich nach einer Latenzzeit von etwa ein bis vier Wochen eine '*verzögerte Neurotoxizität*' ausbilden, wobei die charakteristischen akuten Anzeichen der Organophosphat-Toxizität oft nur schwach ausgeprägt oder gar nicht vorhanden sind. Der Angriffsort ist hierbei die sogenannte 'Neurotoxische-Esterase' (neuropathy target esterase), eine Carboxyesterase im Nervengewebe. Dieses Enzym wird anscheinend ähnlich wie die Acetylcholinesterase durch Phosphorylierung gehemmt. Außerdem kann der entstehende Organophosphat-Carboxyesterase-Komplex ebenfalls in Abhängigkeit vom Organophosphat einer Alterung unterliegen. Die Symptome beginnen mit Gefühllosigkeit und Kribbeln in den Extremitäten, es treten dann aufsteigende schlaffe und später spastische Lähmungen der Gliedmaßen auf. Gegen die verzögerte Neuropathie gibt es bisher keine wirksame Therapie.

Spektakuläre Vergiftungen traten durch den Genuß eines mit Trikresylphosphat versetzten Ingwerschnapses in den USA während der Prohibition in den Jahren von 1929 bis 1930 auf. Etwa 20 000 Menschen zeigten die beschriebenen Vergiftungssymptome einer verzögerten Neurotoxizität (ginger paralysis).

- **Carbaminsäureester (Carbamate)**

Neben den Organophosphaten hemmen Ester der Carbaminsäure ebenfalls die Acetylcholinesterase. Im Gegensatz zur Hemmung durch Organophosphate ist diejenige durch die sogennanten Carbamate vollständig reversibel. Die funktionelle Hydroxylgruppe des Serins im Zentrum des Enzyms wird vorübergehend carbamoyliert und der Serinester wird innerhalb von Minuten hydrolysiert. Damit ist das Enzym nach kurzer Zeit wieder vollständig funktionsfähig. Eine Ausnahme von dieser Wirkung machen die Benzimidazolderivate der Carbamate, die als Fungizide dienen (siehe 2.6.3).

Carbamate werden als Insektizide, Fungizide, Herbizide und Nematizide verwendet (Abb. 29). Die Vergiftungssymptome beim Menschen sind praktisch identisch mit denjenigen der Organophosphate, klingen aber viel schneller ab. Starke Vergiftungserscheinungen des ZNS und Todesfälle durch Carbamate sind selten.

Zur Therapie wird Atropin in hohen Dosen gegeben und eine symptomatische Behandlung wie bei der Organophosphatvergiftung durchgeführt. Die Gabe von Oximen ist wegen der schnellen Reversibiltät der Vergiftung nicht erforderlich. Sie ist sogar kontraindiziert, da Oxime die Carbamatwirkung verstärken und infolge ihrer Eigentoxizität Schädigungen verursachen. Hierzu zählen die Hemmung von Esterasen im Blut, Auslösung von Kammerflimmern am Herzen und Laryngospasmus. Oximtherapien von Carbamatvergiftungen haben zu Todesfällen geführt.

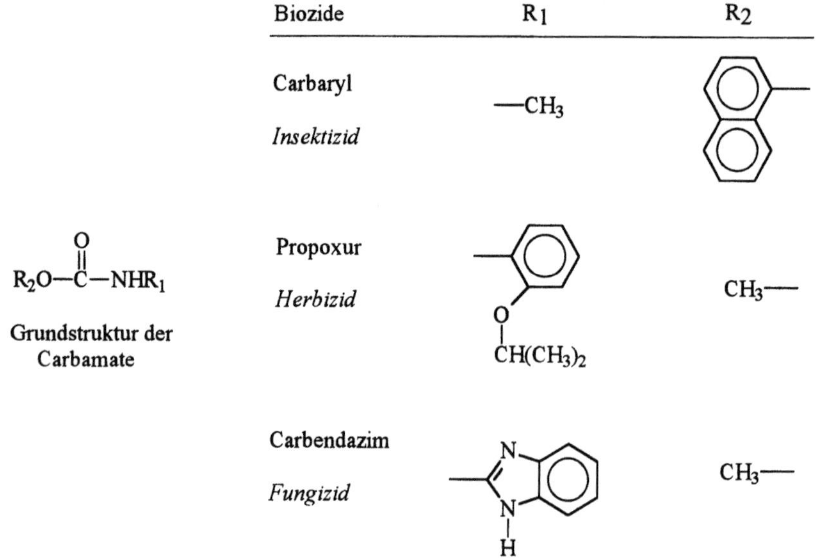

Biozide	R_1	R_2
Carbaryl *Insektizid*	—CH_3	(naphthyl)
Propoxur *Herbizid*	(2-isopropoxyphenyl)	CH_3—
Carbendazim *Fungizid*	(benzimidazol-2-yl)	CH_3—

$R_2O-\overset{O}{\underset{\|}{C}}-NHR_1$

Grundstruktur der Carbamate

Abb. 29: Strukturen von Carbamaten. Ihre Wirkungsrichtung wird durch die Substitution bestimmt. R_1 Methylgruppe: *Insektizid*; R_1 aromatischer Substituent: *Herbizid*; R_1 Benzimidazolderivat: *Fungizid*. R_2 aliphatischer oder aromatischer Substituent.

• **Pyrethrine und Pyrethroide**

Nach der Entdeckung der insektiziden Wirkung verschiedener Chrysanthemum-Arten (C. cinerariifolium und C. coccineum), die im östlichen Mittelmeer und Vorderasien heimisch sind, wurden die pulverisierten Blüten um 1820 in Europa als 'Dalmatinisches Insektenpulver' bekannt. In Kenia kultiviert man die Pflanzen seit 1930 in Großplantagen und gewinnt durch Extraktion ein Konzentrat, welches das photolabile, leicht hydrolysierbare und sauerstoffempfindliche Pyrethrum enthält.

Pyrethrum ist ein Gemisch von mindestens sechs Estern zwischen den Monoterpenen (+)-*trans*-Chrysanthemumsäure bzw. (+)-*trans*-Pyrethrinsäure und den drei zyklischen Ketoalkoholen (+)-Pyrethrolon, (+)-Cinerolon oder (+)-Jasmolon. Unter diesen Estern stellt das Pyrethrin I die wirksamste Komponente dar (Abb. 30). Für die Wirkung entscheidend ist die sterische Anordnung an den R/S und *cis/trans* Zentren, obwohl die

Substanzen nicht rezeptorvermittelt wirken. Pyrethrum enthält zusätzlich das stark allergisierende Sesquiterpenlacton Pyrethrosin.

Ab 1945 gibt es erste synthetische Verbindungen, sog. Pyrethroide, die sich seit 1970 durch eine hohe Stabilität auszeichnen, welche für eine landwirtschaftliche Nutzung wesentlich ist. Unter Beibehaltung der natürlichen Säurekomponente erhielt man Allethrin (1949) und Tetramethrin (1964). Das Phenothrin (1968) mit Phenoxybenzylalkohol als Baustein ist der Ausgangspunkt für Permethrin (1972), alle Typ I, und für die α-Cyano-substituierten Vertreter Cypermethrin (1972) und Cyfluthrin (1976), die dem Typ II angehören (Abb. 30).

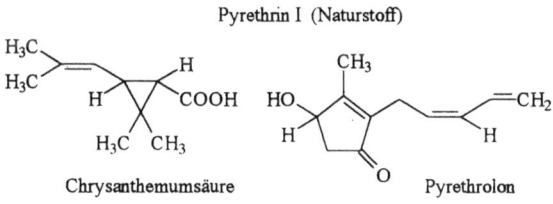

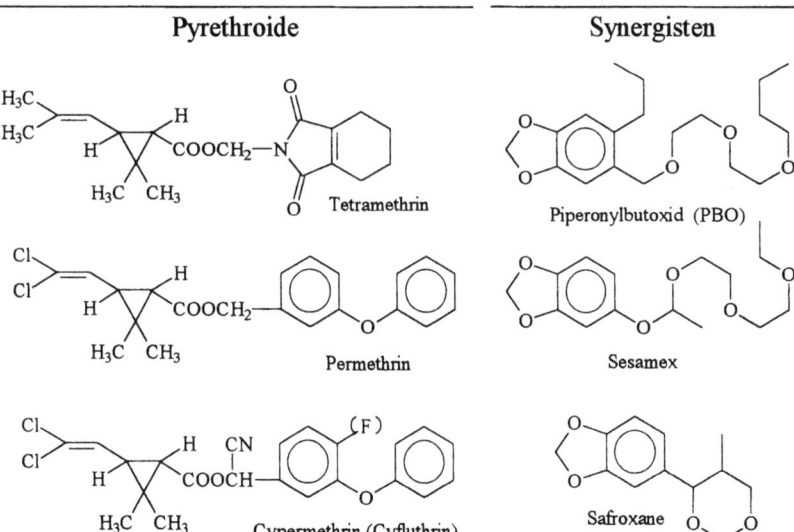

Abb. 30: Struktur der im Pyrethrin I vorliegenden Einzelkomponenten (oben), die als Ester vorliegen. Links die Strukturen von vier Pyrethroiden (Typ I und Typ II), rechts diejenigen von drei als Synergisten verwendbaren Verbindungen.

Generell wirken Pyrethrine und ihre Abkömmlinge durch eine Verlängerung des Natriumeinstromes durch den Natriumkanal des erregten Nerven. Die auf eine Erregung des Nerven physiologisch folgende Inaktivierung wird verzögert. Hierdurch entsteht eine Blockade.

Am Insekt führt dies zu unkoordinierten Bewegungen und Krämpfen, die in einer Lähmung und Erschöpfung gipfeln (knock-down-Wirkung). Die neurotoxische Wirkung steigt mit fallender Umgebungstemperatur. Am Warmblüter beobachtet man nach intravenöser Applikation bei allen Pyrethroiden, die keine α-Cyano-Substitution aufweisen (Typ I), das T-Syndrom, welches bei der Ratte durch Aggressivität, Erregbarkeit, Temperaturanstieg und Tremor charakterisiert ist. Die Verbindungen vom Typ II übererregen die Nervenbahnen und setzen zusätzlich andere Transmitter frei. Sie lösen Krämpfe, Änderungen im Bewegungsverhalten und einen deutlichen Speichelfluss aus. Die letzten beiden Erscheinungen, unter Choreoathetose und Salivation bekannt, sind so charakteristisch, dass sie zur Bezeichnung des Vergiftungsbildes als CS-Syndrom dienen.

Der Toxizität am Insekt steht eine Toxizität am Warmblüter gegenüber. Entscheidend für die Sicherheit bei der Anwendung ist das Vorliegen einer möglichst selektiven Toxizität gegenüber dem Insekt. Zur Quantifizierung kann der Quotient zwischen der LD_{50} an der Ratte nach oraler Gabe und der LD_{50} an der Küchenschabe (Kakerlake, cockroach) nach topischer Exposition herangezogen werden. Im Mittel liegt er bei etwa 3000, während er für Organophosphate nur etwa 30 beträgt. Durch die Verwendung von Isomeren der Pyrethroide mit der natürlichen Konfiguration, z. B. Bioresmethrin, Bioallethrin, lässt sich ein noch günstigeres Verhältnis erreichen. Die Minderung der Wirkung durch Gemische von Substanzen mit bis zu vier sterischen Zentren ist ein Beispiel für zusätzliche Schwierigkeiten im Einsatz technischer Produkte.

Ursache für die selektive Toxizität ist vor allem in der höheren Empfindlichkeit der Natriumkanäle der Nerven von Insekten und Fischen zu sehen. Die Biotransformation der Pyrethroide bei Insekten und Warmblütern erfolgt vorwiegend durch enzymatische Hydrolyse in zwei unwirksame Bruchstücke. Daneben metabolisieren Insekten die Pyrethroide durch mikrosomale Monooxygenasen. Eine Blockade dieser Enzyme führt zu einer beachtlichen Verstärkung der knock-down-Wirkung und der Sterblichkeit der Insekten (Tab. 9). Ein Mittel der Wahl ist das Piperonylbutoxid, eine allein verabreicht harmlose Substanz, die man wie Sesamex und Safroxane als Synergisten bezeichnet (Abb. 30). Zusätzlich fördern diese Hilfsstoffe auch die Penetration der Pyrethroide. Sie werden bis zu einem Verhältnis von 10:1 mit dem Pyrethroid gemischt. Die Kombination mit Organophosphaten ist möglich, aber weniger effektiv.

Pyrethrum mg	PBO mg	knock-down %	Sterblichkeit %
100	0	95	46
40	0	84	34
40	400	97	90
30	400	99	92
20	100	93	62
0	300	8	0

Tab. 9: Auswirkung von Pyrethrum, dem Synergisten Piperonylbutoxid (PBO) und von unterschiedlichen Kombination derselben auf die knock-down-Wirkung und die Sterblichkeit (Letalität) gemessen an der Stubenfliege (nach Perkow, 1971).

Kommt es bei der Anwendung der Pyrethroide zu einem Hautkontakt, zeigen sich lokale Wirkungen wie kaltes Hautbrennen, Jucken und Blasenbildung. Am gefährlichsten ist die Inhalation, welche eine Sekretion und schmerzhafte Schleimhautreizungen auslöst. Deshalb ist mit Verbindungen hohen Dampfdrucks (Vaporthrin) vorsichtig umzugehen. Die enterale Aufnahme größerer Mengen an Pyrethroiden bei Unfällen oder Suicidversuchen ruft Anästhesien im oralen Bereich nebst Erbrechen und Durchfall hervor. Die Resorption ist gering. Nur nach sehr hohen Dosen können auch Krämpfe auftreten. Für Pyrethrum liegt die tödliche orale Dosierung zwischen 1 und 2 g/kg.

Ein Auftreten der im Einsatz befindlichen persistierenden Pyrethroide in lipophilen Geweben wurde unter experimentellen Bedingungen an Tieren nachgewiesen. Ob hieraus Zusammenhänge zu chronischen Nervenschädigungen ableitbar sind, wird kontrovers diskutiert.

• **Chlorierte cyclische Kohlenwasserstoffe**

Chlorierte cyclische Kohlenwasserstoffe waren wegen der hohen Stabilität und des niedrigen Preises bis in die Mitte der sechziger Jahre die bevorzugten Insektizide, die sowohl zur Anwendung am Menschen nach Befall mit Läusen und Krätze sowie zur Schädlingsbekämpfung in der Land- und Forstwirtschaft eingesetzt wurden. Die geringe Metabolisierbarkeit und hohe Lipophilie bilden jedoch die Ursache für ihre Persistenz und ihre Anreicherung in der Nahrungskette. Die Bedrohung der Umwelt durch den Gebrauch dieser Biozide wurde durch das Buch 'Silent Spring' von R. Carson 1962 allgemein bekannt.

Drei Untergruppen können bei den chlorierten cyclischen Kohlenwasserstoffen unterschieden werden: Erstens die Dichlordiphenylmethane **D**ichlordiphenyl**t**richlorethan (DDT) und Methoxychlor, zweitens die Cyclodiene wie Aldrin und Dieldrin und drittens die chlorierten Benzole bzw. Cyclohexane wie **H**exachlor**c**yclo**h**exan (HCH) und sein γ-Isomer, das Lindan.

Dichlordiphenylmethane

Von 1942 bis 1972 gelangten etwa zwei Millionen Tonnen DDT in die Umwelt, vor allem wurde es in der Landwirtschaft und zur Malariabekämpfung eingesetzt. Seine geschätzte Halbwertszeit für den globalen Abbau liegt wahrscheinlich höher als zehn Jahre. Aufgrund seiner außerordentlichen Persistenz und seiner leichten Verbreitung mit Wind und Regen kam es sogar zu einer Verteilung in Ozeane, Arktis und Antarktis. Trotz des weitgehenden Verbotes seiner Anwendung, in Deutschland seit 1972, können immer noch signifikante Konzentrationen von DDT oder dessen Metabolite (Abb. 31) in Lebewesen und Umwelt festgestellt werden.

Unter der Bezeichnung DDT faßt man ein Gemisch von verschiedenen Substanzen zusammen, das bei der großtechnischen Herstellung durch Kondensation von Chloralhydrat mit zwei Molekülen Chlorbenzol anfällt. Zu etwa 65% besteht es aus 4,4'-Dichlorphenyl-trichlorethan (4,4'-DDT), 8-21% aus 2,4'-Dichlorphenyl-trichlorethan (2,4'-DDT) und 0.3-4% aus 4,4'-Dichlorphenyl-dichlorethan (4,4'-DDD) sowie geringere Anteile von weiteren Nebenprodukten und Verunreinigungen.

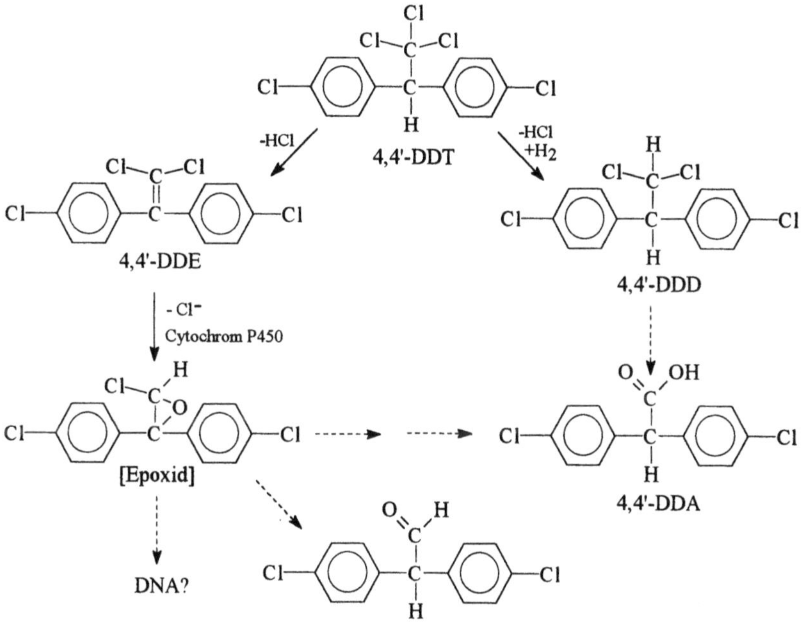

Abb. 31: Schematische Darstellung der wichtigsten metabolischen Abbauwege von 4,4'-Dichlorphenyl-trichlorethan (4,4'-DDT). Nach Resorption im Fettgewebe wird es nur langsam mobilisiert. *Links:* Durch enzymatische Chloridabspaltung entsteht ein 4,4'-Dichlorphenyl-dichlorethylen (4,4'-DDE), das durch weitere Chloridabspaltung in ein Monochlorethylen verwandelt und vom Cytochrom P-450 System in ein reaktives Epoxid umgesetzt wird. Dieses könnte im Prinzip mit DNA eine Bindung eingehen, zum entsprechenden Ethanol- (DDOH), bzw. wie dargestellt, zum Acetaldehyd-Derivat weiterreagieren oder zur 4,4'-Dichlorphenylessigsäure (4,4'-DDA) umgesetzt werden. *Rechts:* Reduktiver Weg zum 4,4'-Dichlorphenyl-dichlorethan (4,4'-DDD) und zur 4,4'-DDA. Einige wenige Mikroorganismen können DDT völlig abbauen.

4,4'-DDT und analoge Verbindungen werden, besonders in Anwesenheit von Fett, vom Magen-Darm-Trakt aufgenommen. Die Akkumulationstendenz im Fettgewebe sinkt in der folgenden Reihenfolge 4,4'-DDE, 4,4'-DDT, 2,4'-DDT und 4,4'-DDD. Dieses unterschiedliche Verhalten hat über Jahre zu einer auffälligen Musterverschiebung der Verbindungen im Organismus geführt. Während die 4,4'-DDT Konzentration im Fettgewebe durchschnittlich von 10 bis 15 mg/kg auf 0.5 bis 1 mg/kg von 1955 bis 1990 ständig abgenommen hat, stieg der prozentuale Anteil des 4,4'-DDE in der gleichen Zeit von 60 auf 80% an.

4,4'-DDT besitzt für Insekten eine sehr hohe, für Warmblüter eine sehr niedrige akute Toxizität. Die orale Letaldosis wird beim Menschen auf 10 bis 30 g geschätzt. Aufgrund dieser sehr geringen Toxizität sind berufliche Vergiftungen praktisch ausgeschlossen. Seine Halbwertszeit ist mit etwa einem Jahr sehr lang, sie kann durch Gabe von Paraffinöl wesentlich verkürzt werden. Hohe orale Dosen führen nach etwa einer Stunde zu Zungentaubheit. Es folgen Sensibilitätsstörungen wie Kribbeln und Taubheit an Rumpf und Extremitäten, Unruhe, Reizbarkeit und Schwindel. Später können Krämpfe und Lähmungen auftreten.

Der Wirkort von 4,4'-DDT ist die Nervenmembran. In geringen Konzentrationen bewirkt es eine Übererregbarkeit, in höheren eine Lähmung. Nach heutigen Vorstellungen interferriert 4,4'-DDT mit den Na^+-Kanälen, es verhindert ihr Schließen in der Nervenmembran.

DDT technischer Qualität enthält einen größeren Anteil des Isomers 2,4'-DDT. Dieser Komponente ist eine östrogene Wirkung eigen, welche am 4,4'-DDT nur sehr gering ausgeprägt ist. 2,4'-DDT konkurriert mit Östradiol um den Östrogenrezeptor in der Gebärmutter und an den Brustdrüsen. An Ratten, Mäusen, Kaninchen, Hunden und Vögeln konnte eine Abnahme der Reproduktivität beobachtet werden. Weiterhin war an Ratten auch die Spermiogenese und Fertilität beeinträchtigt. Beim Menschen gibt es jedoch keine Anzeichen für eine Störung der Fertilität oder der Reproduktion infolge einer DDT-Exposition. Vögel reagieren jedoch wegen einer Hemmung der Ca^{2+}-ATPase in den Schalendrüsen mit der Bildung zerbrechlicher Eier, was manche Seevögelpopulationen stark dezimiert hatte.

Cyclodiene

Zu den Cyclodienen gehören unter anderen Aldrin, Dieldrin, Chlordan, Heptachlor, Chlordecon und Mirex (Abb. 32). Ihr Haupteinsatzgebiet liegt in der Bekämpfung von Heuschrecken-, Ameisen- und Termitenplagen. Wie DDT wirken diese Substanzen als Neurotoxine, sie besitzen jedoch in der Regel eine höhere Toxizität. Cyclodiene werden im Gegensatz zu DDT gut durch die Haut resorbiert und können zu Krämpfen führen. Danach treten weniger ernste Vergiftungszeichen wie Kopfschmerzen oder Übelkeit auf.

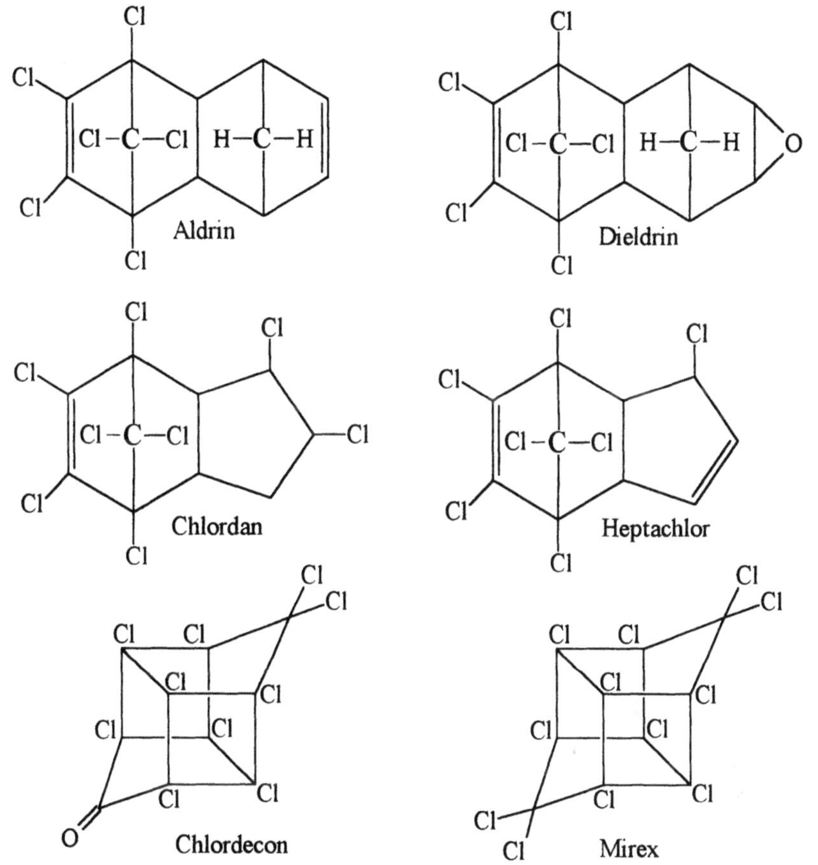

Abb. 32: Chlorierte Cyclodiene. Diese Substanzen induzieren besonders das Cytochrom P-450 System in der Leber, welches Aldrin und Heptachlor in Epoxide verwandelt. Wie die Cyclodiene werden auch ihre Epoxide sehr stark im Fettgewebe gespeichert. Als neurotoxischer Wirkungsmechanismus wird für den Cyclodientyp eine Hemmung des γ-Aminobuttersäure-stimulierten Chloridkanals (Cl⁻↓) und der Ca^{2+}-Mg^{2+}-ATPase (Ca^{2+}↑) im ZNS diskutiert.

An Ratten wurden nach Aldrin Karzinome und Sarkome beobachtet. Dieldrin ist bei Mäusen karzinogen und Chlordan und Heptachlor zeigten im Langzeitversuch an Mäusen Lebertumoren und bei Ratten Schilddrüsenkarzinome. Auch Chlordecon und Mirex besitzen im Tierversuch karzinogene Wirkungen. Mirex wird wahrscheinlich zu Chlordecon oxidiert. Für die letztere Substanz ist eine östrogene Wirkung nachgewiesen, die beim Mann eine Hodenatrophie und verringerte Spermiogenese verursacht.

Hexochlorcyclohexan (HCH)

Von Hexachlorcyclohexan (HCH) gibt es acht isomere, monocyclische, chlorierte Kohlenwasserstoffe. Die Synthese von HCH erfolgt durch Chlorierung von Benzol unter UV-Licht und liefert ein Gemisch verschiedener Stellungsisomere. Die Zusammensetzung des Rohprodukts ist etwa folgende: 65-70% α-Hexachlorcyclohexan, 10% β-Hexachlorcyclohexan, 15% γ-Hexachlorcyclohexan, 7% δ-Hexachlorcyclohexan und weitere Isomere in geringeren Konzentrationen. Von diesen Isomeren besitzt nur das γ-Hexachlorcyclohexan (Lindan®) eine insektizide Wirkung. Es wird für medizinische Zwecke auf über 99% gereinigt.

Die Fähigkeit zur Anreicherung in der Umwelt resultiert aus der unterschiedlichen Lipophilie der Hexachlorcyclohexan-Isomeren. Sie nimmt in folgender Reihenfolge ab: β– > α– > γ– > δ-Isomer. Die Exposition des Menschen erfolgt vorwiegend mit Lebensmitteln. Die Konzentrationen an HCH haben von 50 ng/kg im Jahre 1970 auf derzeit unter 1 ng/kg abgenommen.

Wie DDT wirkt γ-Hexachlorcyclohexan neurotoxisch. Es besitz eine geringe akute Toxizität für den Menschen mit Symptomen wie Kopfschmerzen, Übelkeit, Erbrechen, Schwindel, Tremor und gesteigerter Atemtätigkeit. Darauf folgen Krampfanfälle und Lähmung. Beim Menschen wird die krampfauslösende Wirkung von Lindan auf 10 bis 20 mg/kg geschätzt. γ-Hexachlorcyclohexan wird noch heute als Medikament bei Kopf- und Filzläusen sowie bei Krätzemilben verwendet.

γ-Hexachlorcyclohexan hat keine teratogene und mutagene Wirkung. Dagegen bewirken sehr hohe Dosen von α-Hexachlorcyclohexan bei Ratten und Mäusen Lebertumoren, wobei die DNA-Synthese und Mitoserate erhöht sind.

2.6.2 Herbizide

● **Dinitrophenole**

Als erstes synthetisches Herbizid gilt das 1892 von der Firma Bayer entwickelte Dinitrokresol, 2-Methyl-4,6-dinitrophenol. Es wurde zunächst als Insektizid unter dem Namen Antinonnin gegen die Nonnenraupe (Fichtenspinner) in den Handel gebracht. Später wurde die Substanz als Herbizid und Fungizid benutzt. Für den Menschen ist Dinitrokresol besonders giftig, weil es wegen seiner großen Lipophilie bei Kontakt leicht durch die Haut penetriert.

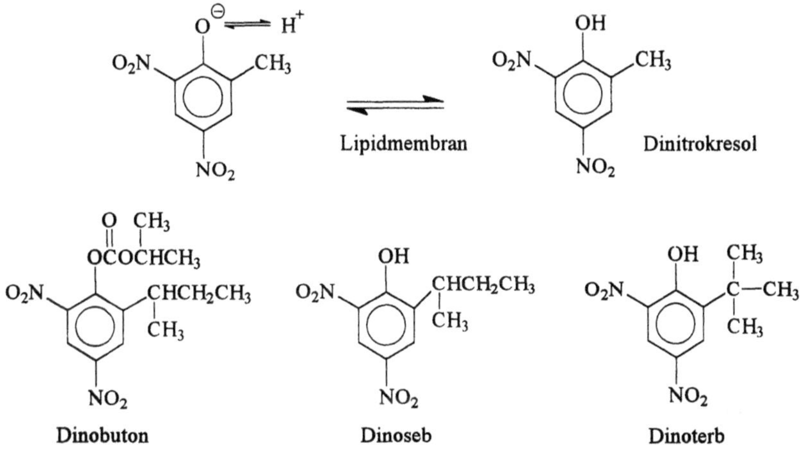

Abb. 33: Dinitrokresole binden in der anionischen Form ein Proton und diffundieren als ungeladene Moleküle durch Lipidmembranen. Trennt die Membran Bezirke unterschiedlicher Protonenkonzentrationen voneinander, führt ihre Anwesenheit zu einem Konzentrationsausgleich. An Mitochondrien reduzieren sie den Protonengradienten und wirken dadurch entkoppelnd.
Unterer Teil: Dinobuton: Isopropyl-[2-(i-butyl)-4,6-dinitrophenyl]-carbonat; Dinoseb: 2-(i-Butyl)-4,6-dinitrophenol; Dinoterb: 2-(*tert.*-Butyl)-4,6-dinitrophenol.

Im Organismus entkoppelt Dinitrokresol wie Dinitrophenol als Protonen-Ionophore die oxidative Phosphorylierung in der inneren Mitochondrienmembran (Abb. 33). Sie vermindern als Protonen-Ionophoren nicht nur den Wirkungsgrad der Energiegewinnung in den Mitochondrien (ATP-

Synthese), sondern sie erhöhen damit auch die Substrat-Oxidation und den Elektronentransport, die mit einer vermehrten Wärmebildung (Thermogenese) einhergehen. Wegen des hiermit verbundenen erhöhten Energieumsatzes wurde 2,4-Dinitrophenol von 1935 bis 1937 sogar als Schlankheitsmittel vertrieben. Die vermehrte Protonenbildung führt zusätzlich zu einer metabolischen Azidose. Außerdem treten Schäden an Leber, Niere und Herz auf und es kann eine Trübung der Augenlinse erfolgen (Katarakt).

Bei chronischen Vergiftungen mit Dinitrophenol und Dinitrokresolen wird ebenfalls eine Thermogenese ausgelöst. Es treten degenerative Veränderungen an Leber, Niere und Herz sowie Entzündungen an den Nerven (Neuritiden) auf. Außerdem wird eine Gelbfärbung von Haut und Haaren beobachtet. Gelegentlich verursacht Dinitrophenol vergleichbar mit Anilinderivaten eine Methämoglobinämie mit Blaufärbung der Lippen.

Die orale LD_{50} von Dinitrokresol bei der Ratte beträgt 20-30 mg/kg. Die Toxizitäten verschiedener anderer Dinitrophenolderivate wie Dinobuton, Dinoseb und Dinoterb (Abb. 33) sind bei Warmblütern sehr ähnlich.

• **Harnstoffderivate**

Herbizide Harnstoffderivate wie Diuron, 3-(3,4-Dichlorphenyl)-1,1-dimethylharnstoff, unterbinden in der Photosynthese die Produktion von Sauerstoff in der Pflanze, indem sie den Elektronentransport vom Photosystem II zum Cytochrom f blockieren. Stoffwechseluntersuchungen an Ratten und Hunden, die 9 Monate bis zu 2 Jahre lang 25 bis 2500 ppm Diuron im Futter erhielten, ergaben keine Speicherung im Gewebe. Als Hauptmetabolit wird N-(3,4-Dichlorphenyl)-harnstoff im Urin ausgeschieden. Die allgemeine Toxizität für Warmblüter ist sehr gering. Für Diuron wurde bei der Ratte eine orale LD_{50} von 3,4 g/kg gemessen.

• **Bipyridylium-Salze**

Unter den auch Dipyridinium-Salze genannten Verbindungen sind Paraquat und Diquat die Hauptvertreter. Sie sind sehr wirksame Kontaktherbizide. Paraquat, 1,1'-Dimethyl-4,4'-bipyridylium-dichlorid, ist eine starke organische Base, das Dimethylanaloge der von Leonor Michaelis als

Redoxindikatoren eingeführten Viologene. Reduziertes Paraquat ist dunkelblau gefärbt. Es wird in Gegenwart von Sauerstoff rasch zum ungefärbten Dikation oxidiert. Die Blaufärbung von Körperflüssigkeiten durch Zusatz von Dithionit ermöglicht seinen schnellen Nachweis nach Vergiftung.

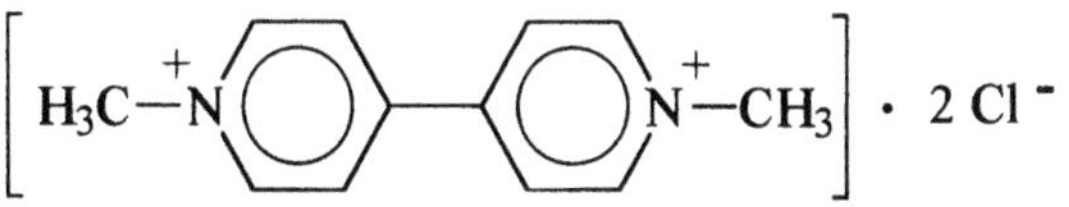

$$\left[H_3C-\overset{+}{N}\underset{}{\bigcirc}-\underset{}{\bigcirc}\overset{+}{N}-CH_3 \right] \cdot 2\,Cl^-$$

(1,1'-Dimethyl-4,4'-bipyridylium-dichlorid)   *Paraquat*

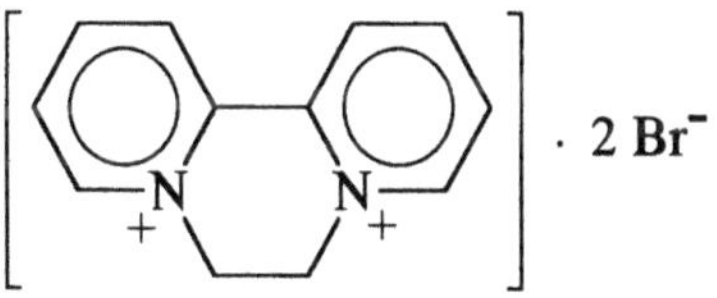

$$\left[\underset{\overset{+}{N}}{\bigcirc}\underset{\overset{+}{N}}{\bigcirc} \right] \cdot 2\,Br^-$$

(1,1'-Ethylen-2,2'-bipyridylium-dibromid)   *Diquat*

Abb. 34: Die Herbizide Paraquat (Dimethylviologen) und Diquat. Der Begriff Viologen wurde von L. Michaelis geprägt (Biochem. Z. 250: 564, 1932).

Durch Paraquat haben sich zahlreiche, oft tödliche Vergiftungen bei der landwirtschaftlichen Anwendung und nach Suizidversuchen ereignet. In vivo erfolgt eine Reduktion von Paraquat durch NADPH-abhängige Enzymsysteme, wodurch einerseits das Redoxgleichgewicht in der Zelle verschoben wird und andererseits durch schnelle Reaktion des Paraquatradikals mit Sauerstoff zum Superoxidanion eine Radikalkettenreaktion gestartet wird, die zur Zellschädigung führt. Besonders empfindlich ist die Lunge, da es zu einer Anreicherung von Paraquat in ihren Epithelzellen kommt. Die Beeinflussung der Lungenfunktion kann sich erst Tage nach der Vergiftung bemerkbar machen und ihr Fortschreiten ist dann nicht mehr aufzuhalten. In der Anfangsphase findet sich ein eiweißreiches Ödem in den Lungenbläschen. Diese werden dann durch Einsprossen von Fibroblasten langsam mit Bindegewebe gefüllt, bis durch eine bindegewebige Schrumpfung der Lunge der Gasaustausch nicht mehr möglich ist. Der Tod tritt oft erst nach mehreren Wochen ein. Die orale LD_{50} von Paraquat beträgt an der Ratte ca. 100 mg/kg, beim Menschen liegt sie deutlich niedriger (wahrscheinlich unter 10 mg/kg).

Eine vorherige Gewöhnung an eine hohe Sauerstoffkonzentration von 85% konnte im Tierexperiment die Lungenschädigung auf die Hälfte verringern. Dies spricht für die Bedeutung antioxidativer Schutzfaktoren, die bei der Adaptation an hohe Sauerstoffpartialdrucke vermehrt gebildet werden.

Bisher waren alle Versuche erfolglos, den Krankheitverlauf medikamentös, z. B. durch Antioxidantien, zu beeinflussen. Die Resorption von Paraquat, die nur langsam und unvollständig erfolgt, muß deshalb durch Gabe von Adsorbentien wie medizinischer Kohle, Bentonit oder Kaolin sowie durch Abführmittel und eine Darmentleerung auf jeden Fall verhindert werden.

Paraquat wird im Erdboden sofort gebunden und nur sehr langsam abgebaut. Es ist in Deutschland nicht mehr im Handel, wird aber in England noch benutzt.

- **Natriumchlorat**

Natriumchlorat z. B. in Unkraut-Ex® ist ein Totalherbizid, das sowohl zu Unfällen durch Entzündung von kontaminierten Kleidungsstücken nach Eintrocknen der Lösung als auch zu oralen Vergiftungen beim Menschen führen kann. Schon wenige Gramm Chlorat haben beim Erwachsenen zum Tode geführt, während auf der anderen Seite aber auch sehr hohe Dosen überlebt wurden. Es gibt also scheinbar eine individuelle Empfindlichkeit gegenüber Chlorat. Diese beruht vermutlich auf jeweils unterschiedlichen Methämoglobinspiegeln im Blut, die normalerweise unter 1% liegen. Chlorat wird gut resorbiert und zum großen Teil unverändert im Urin ausgeschieden. Bei Kontakt mit dreiwertigem Hämoglobineisen (Methämoglobin) dismutiert Chlorat. Das entstehende Hypochlorit gibt neben einer autokatalytischen Methämoglobinbildung auch Anlaß zur Schädigung des Globins, dem Proteinanteil des Hämoglobins. Zusätzlich werden Proteine der Erythrozytenmembran in Mitleidenschaft gezogen. So ist die funktionelle Beeinträchtigung der Glukose-6-Phosphat-Dehydrogenase (vgl. Abb. 42) in der Erythrozytenmembran verantwortlich dafür, daß Methylenblau bei der Chlorat-Vergiftung nicht eingesetzt werden kann. Weiterhin nimmt die physiologische Verformbarkeit der Erythozyten ab. Dies führt zu deren Hämolyse mit Freisetzung von oxidiertem und denaturiertem Hämoglobin. Freies (Met-)Hämoglobin wird durch die

Nierenglomeruli in den Primärham filtriert. Es fällt dabei in den Nierenkanälchen aus und bewirkt ein Nierenversagen. Schließlich werden Blutgerinnungsfaktoren im Blut aktiviert, wodurch eine disseminierte intravasale Gerinnung (disseminierte intravasale Coagulopathie, DIC) ausgelöst wird.

- **Phenoxycarbonsäuren**

Chlorierte Phenoxycarbonsäuren wie 2,4-Dichlorphenoxyessigsäure und 2,4,5-Trichlorphenoxyessigsäure besitzen bei der Unkrautbekämpfung eine große Bedeutung. Sie wirken selektiv auf Pflanzen, da sie die Struktur des Wachstumshormons Auxin (Indolyl-3-essigsäure) der Pflanzen imitieren (Abb. 35).

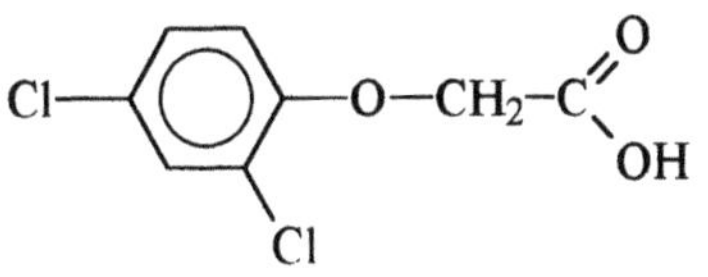

2,4-Dichlorphenoxyessigsäure 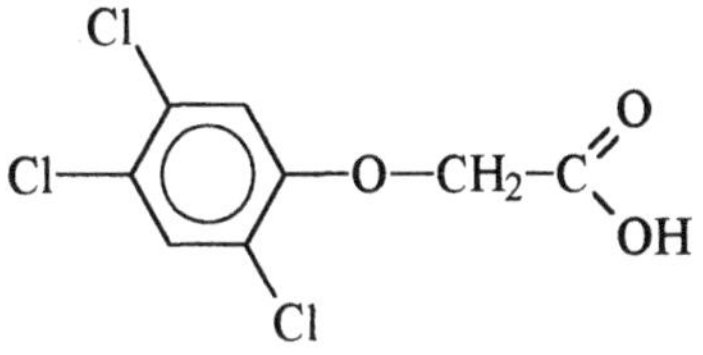   2,4,5-Trichlorphenoxyessigsäure

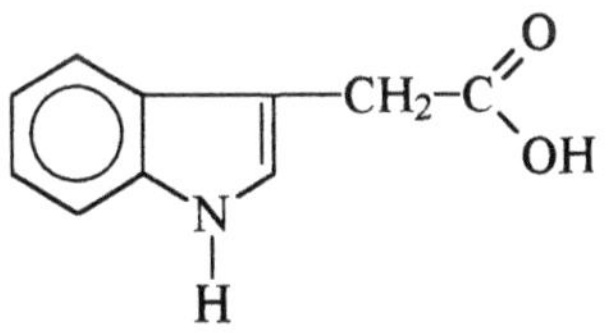

Auxin (Indolyl-3-essigsäure)

Abb. 35: Strukturformeln von 2,4-Dichlorphenoxyessigsäure und 2,4,5-Trichlorphenoxyessigsäure (2,4-D, bzw. 2,4,5-T) im Vergleich zu Auxin.

Unter den Pflanzen sind die zweikeimblättrigen besonders empfindlich gegenüber den chlorierten Phenoxycarbonsäuren. Mit einer oralen LD_{50} von 500-1000 mg/kg an der Ratte ist ihre Toxizität für Tiere relativ gering. Suizidale Einnahmen von Dosen im Grammbereich führten zu peripherer Neuritis und zu einer Starre von Stamm- und Extremitätenmuskulatur. Als

Mechanismus hierfür wird wie bei der Monoiod- und Monochloressigsäure eine Hemmung der Glykolyse diskutiert. Eine spezifische Therapie ist nicht bekannt.

Bei der Produktion von 2,4,5-Trichlorphenoxyessigsäure und anderer Derivate von Chlorphenolen erkrankten Arbeiter oft an einer besonderen Kontaktdermatitis, der 'Chlorakne'. Unter diesem Begriff versteht man eine akneartige Hauterkrankung mit follikulären Hyperkeratosen, Komedonen, Knoten, Abszessen und Zysten, besonders im Gesicht, an den Ohren und an den exponierten Hautstellen.

Eine genaue Analyse des produzierten Herbizids ergab den Nachweis einer Verunreinigung von bis zu 30 ppm an 2,3,7,8-**Tetrachlordibenzodioxin** (**TCDD**). Es stellte sich heraus, daß Synthesen, die über Trichlorphenole als Zwischenprodukte laufen, besonders bei hohen Temperaturen im Alkalischen, regelmäßig TCDD entstehen lassen. Toxikologische Untersuchungen ergaben, daß die Chlorakne beim Menschen und die teratogenen Wirkungen bei Nagern allein auf die TCDD-Verunreinigungen zurückzuführen sind.

Zu erwähnen ist in diesem Zusammenhang auch das Herbizid *agent orange*, welches aus einem 1:1-Gemisch von Butylestern der 2,4-Di- und 2,4,5-Trichlorphenoxyessigsäure bestand und bis zu 50 ppm an TCDD als Begleitsubstanz enthielt. Das Gemisch wurde zur Entlaubung großer Waldbestände im Vietnamkrieg eingesetzt.

TCDD gehört zu den am stärksten toxisch wirksamen organischen Substanzen. Die akute Toxizität ist stark speziesabhängig und wird mit sehr niedrigen LD_{50}-Werten zwischen 0,6-2 µg/kg beim Meerschweinchen und 1-5 mg/kg beim Hamster angegeben. Weltweit bekannt wurde TCDD im Jahre 1976 als 'Seveso-Dioxin' durch den Produktionsunfall der Firma ICMESA in Oberitalien. In der Bevölkerung von Seveso konnten trotz intensiver Untersuchungen keine eindeutigen Anzeichen zur allgemeinen Toxizität von TCDD gefunden werden, obwohl Körperbelastungen bis zu 1000 ppt im Fettgewebe vorkamen. Ausgenommen ist die schwere Chlorakne, die aber nicht zwangsläufig nach jeder Exposition auftritt. Da TCDD am Menschen noch nicht zu Todesfällen geführt hat, kann der Mensch zu den wenig empfindlichen Spezies gezählt werden. Weitere Symptome der Exposition mit TCDD sind unspezifisch. Es wurden Polyneuropathien (Nervenentzündungen), Störungen des Fettstoffwechsels, der Hämsynthese, der Leberfunktion und des Immunsystems beschrieben.

In Experimenten an Nagetieren erhöht TCDD die Tumorinzidenz in der Leber bei hoher Dosierung von 100 ng/kg pro Tag eindeutig. Derartige Tumoren treten aber auch bei anderen Substanzen auf, die zu einer ausgeprägten Induktion des Cytochrom P-450 Systems und einer deutlichen Lebervergrößerung führen. Als Bindungsort von TCDD wurde ein Ah-Rezeptor (aryl hydrocarbon) in der Leber der Ratte charakterisiert, der in aktivierter Form sehr stark induzierend auf das mikrosomale Cytochrom P-450 System wirkt.

Andere polychlorierte Dioxine oder Dibenzofurane haben im Vergleich zu TCDD nur eine geringere Toxizität, so daß für die Risikobewertung ein internationales Toxizitätsäquivalent (I-TE) benutzt wird. Ihm liegt als Substanz mit der höchsten toxischen Potenz aller Kongenere das 2,3,7,8-TCDD zugrunde. Für 2,3,7,8-TCDD ist das TE auf 1 festgesetzt.

Die Unsicherheit über die tatsächliche Toxizität von TCCD am Menschen spiegelt sich auch in den durch Verordnung festgelegten maximalen Tagesaufnahmemengen wider, die von 0.006 (EPA) über 1 (Deutschland) bis zu 100 pg/kg × d (FDA) schwanken.

2.6.3 Fungizide

Unter Fungiziden versteht man Verbindungen, die geeignet sind, Pilze und deren Sporen abzutöten. Die Pilze können sich dabei in oder auf organischen Materialien wie Holz, Papier oder Textilien, Böden und Lebewesen wie Pflanzen, Pflanzenteilen (Saatgut, Pflanzgut) oder Nutztieren befinden und dort Krankheiten auslösen. Eine kurative und protektive Anwendung kann unterschieden werden. Fungizide sollen nach Möglichkeit weder gefährlich für Bienen noch toxisch für Warmblüter sein. Die in der Behandlung von Pilzerkrankungen am Menschen (Mykosen) verwendeten Substanzen nennt man Antimykotika.

Ende des 19. Jhdt. setzte man basische Kupferverbindungen vor allem gegen den falschen Mehltau der Reben ein. Das Kupfer penetriert in die Pilzspore und blockiert enzymatische Vorgänge durch Verdrängung physiologischer Ionen. Seine Wirkung ist nur protektiv. Die fungizide Wirkung des Schwefels wurde seit langer Zeit im Wein- und Obstbau (Apfelmehltau) genutzt. Wahrscheinlich beruht seine Wirkung darauf, als elementarer Schwefel in die Spore einzudringen und dort anstelle des Sauerstoffs die Rolle des Wasserstoffakzeptors zu spielen. Der entstehende Schwefelwasserstoff wirkt als zusätzliches Zellgift. Da Schäden auch an den Wirtspflanzen auftreten, ist die Selektivität beider Fungizide nicht ausgeprägt (geringer chemotherapeutischer Index).

• **Organische Quecksilberverbindungen**

Als erste organische Fungizide wurden ab 1913 Verbindungen des Quecksilbers (Hg II) zur Saatgutbeizung (Getreide, Reis, Rüben, Kartoffel) eingesetzt. Aufgrund der hohen Toxizität für Menschen und Tiere wurde die Verwendung auf diesem Gebiet, trotz vieler Vorteile, nahezu eingestellt (vgl. 1.2.3).

• **Organische Zinnverbindungen**

Auch organische Zinnverbindungen werden als vielseitige Biozide seit 1940 in Industrie und Landwirtschaft benutzt. Verglichen mit der Verwendung in technischen Bereichen haben sie im Pflanzenschutz ihrer Toxizität und Rückstände wegen eine geringere Bedeutung. Im allgemeinen handelt es sich um ein- bis vierfach mit Alkyl- oder Arylgruppen substituiertes Zinn. Allen Verbindungen gleich welcher Substitution ist gemein, dass sie das lymphatische Gewebe und das Immunsystem beeinflussen und zu einer Reduktion des Thymusgewichts führen (Thymusatrophie).

Die Betrachtung von Dialkylzinndichloriden macht deutlich, dass deren toxische Eigenschaften von der Länge der Alkylketten (Lipophilie) abhängig sind. So nehmen mit steigender Kettenlänge die kutane und enterale Resorption und die akute Toxizität ab. Schäden der Gallengänge, der Leber und der Bauchspeicheldrüse werden vor allem durch Verbindungen mit Ketten zwischen 2 und 6 Kohlenstoffen ausgelöst, da diese am besten durch die Galle ausgeschieden werden und einem enterohepatischen Kreislauf unterliegen. Die Biotransformation der Dialkylzinnverbindungen erfolgt vornehmlich durch hepatisches Cytochrom P-450.

Über instabiles α- und β-Hydroxyalkylzinn entstehen die entsprechenden monoalkylierten Verbindungen, die meist renal eliminiert werden. Das Ausmaß der Biotransformation nimmt mit steigender Kettenlänge ab. Organozinnverbindungen stellen Inhibitoren des Cytochrom P-450-Systems und Induktoren der Hämoxygenase dar.

Tetraethylzinn wird im Organismus durch hepatisches Cytochrom P-450 rasch und einfach desalkyliert. Die weitere Desalkylierung zu Diethylzinn läuft wegen der Bildung von Radikalen dagegen sehr langsam ab. Entstandenes Tri- wie Diethylzinn ist toxischer als die Ausgangsverbindung (Verhältnis der Toxizitäten 20:2:1). Sie reichern sich in den Mitochondrien des ZNS an und behindern die oxidative Phosphorylierung, die Glukoseoxidation und die Phospholipidsynthese. Dies führt zu neurotoxischen Schäden und Ödemen in ZNS und Rückenmark. An solchen Schäden starben 1954 in Frankreich über 100 Menschen wegen der Verwendung des diethylzinnhaltigen Arzneimittels Stalinon®, welches zu 10% mit Triethylzinn verunreinigt war. Die Desalkylierung zu Monoethylzinn, das vorwiegend renal eliminiert wird, erfolgt wieder rasch.

Von den stark bioziden Verbindungen wird Triphenylzinn (Fentinacetat) in der Landwirtschaft und Tributylzinnoxid (n-C_4H_9)$_3$Sn-O-Sn(n-C_4H_9)$_3$) zum Schutz von Werkstoffen genutzt (Holz, Papierfabrikation, Textilien, Anstriche). Besonders sind sie in Schiffsanstrichen enthalten, da sie den Bewuchs von Schiffsrümpfen mit Muscheln und Schnecken verhindern (Molluskizid, antifouling). Fentin, das von Cytochrom P-450 nicht metabolisiert werden kann, ist hepatotoxisch. Dimethyl-, Dibutyl- und Dioctylzinnhalogenide dienen zur Hitze- und Lichtstabilisierung des Polyvinylchlorids und als Katalysatoren bei der Polyurethanherstellung. Jährlich werden weltweit etwa 60 000 Tonnen an organischen Zinnverbindungen hergestellt.

• **Dithiocarbamate, Thiurame**

Die Derivate der Dithiocarbamidsäure (Dithiocarbamate, Thiurame) stellen eine sehr wichtige Gruppe innerhalb der Fungizide dar. Ihre Wirkung ist dem substituierten Dithiocarbamat-Anion zuzuschreiben.

Die dialkylsubstituierten Anionen (Abb. 36) können durch Komplexbildung metallhaltige Enzyme blockieren (Phenoloxidase, Ascorbinsäureoxidase). Diese Wirkung tritt bereits ein, wenn sich ein 1:1-Kupfer-Dithiocarbamat-Komplex bildet. Ein bei höherer Konzentration entstehender 2:1-Komplex ist nicht fungizid. In höheren Konzentrationen wird das Anion selbst oder ein Komplex mit anderen Schwermetallen toxisch. Eine zusätzliche Wirkung basiert auf einer direkten Blockade von SH-Gruppen (Glukose-6-Phosphat-Dehydrogenase, Cystein, Glutathion).

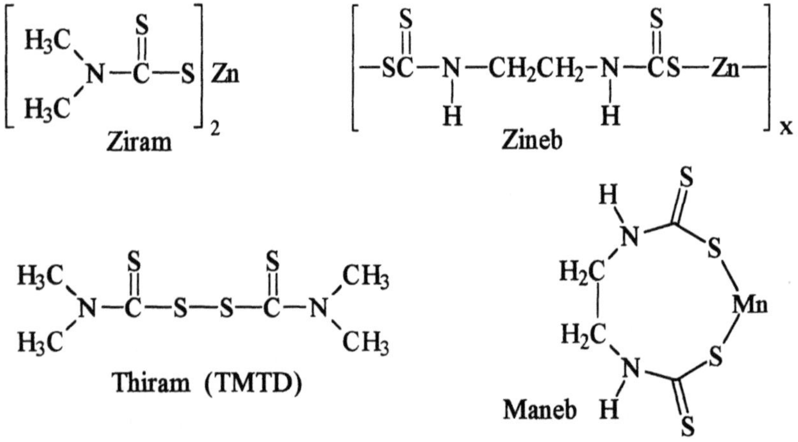

Abb. 36: Derivate abgeleitet von der Dithiocarbamidsäure. Ziram und Thiram (Pomarsol) auf der linken Seite sind dialkyliert. Dem Thiram (Tetramethylthiuramdisulfid, TMTD) analog ist das Disulfiram (Antabus, Tetraethylthiuramdisulfid). Fungizid wirksam sind die Dialkyldithiocarbamat-Anionen. Die Biotransformation liefert Dialkylamine und CS_2. Zineb und Maneb gehören zu den polymeren bzw. zyklischen Ethylenbisdithiocarbamaten. Wirksam sind entstehende Alkyl-Isothiocyanate (R-N=C=S). Die Biotransformation lässt u. a. Ethylenthioharnstoff, Ethylendiamin, CS_2 und H_2S entstehen.

Den monoalkylierten Derivaten, zu denen die Ethylenbisdithiocarbamate und deren Polymere zählen, steht aufgrund des am Stickstoff vorhandenen Wasserstoffs nach Umlagerung der Zerfall zu Schwefelwasserstoff und Isothiocyanaten (Alkylsenföle) offen. Letztere reagieren leicht mit Alkoholen, Aminen und Thiolen und werden für die fungizide Eigenschaft verantwortlich gemacht.

Ist nur eine geringe Phytotoxizität vorhanden, lassen sich die Verbindungen zur Behandlung von Pflanzen, Saatgut oder nur zur Bodenentseuchung einsetzen. Die Stabilität der meisten Derivate liegt in Wasser und Boden im Bereich von Stunden bis wenigen Tagen, so dass sich kaum Probleme mit Rückständen ergeben.

Die Dithiocarbamate werden meist als Salze von verschiedenen Schwermetallen, darunter Zn, Fe und Mn, angewendet (Abb. 36). Hierdurch erreicht man eine Modifikation und - gegenüber dem Natriumsalz - eine Steigerung der fungiziden Wirkung. Vor allem nützt man die entstehenden lipophilen Chelate aus, um die toxischen Schwermetalle durch Zellwände und Membranen zu schleusen.

Die für den Menschen relativ wenig toxischen Derivate der Dithiocarbamidsäure dienen in der Gummiherstellung als Vulkanisationsbeschleuniger. Neben der Auslösung von Kontaktallergien und lokalen Irritationen an Haut und Schleimhäuten, läßt sich nach Aufnahme dialkylierter Derivate eine Alkoholunverträglichkeit beobachten. Die Alkoholintoleranz wird unter anderem bedingt durch die bereits erwähnte Enzymhemmung, hier derjenigen der Alkohol- und Aldehyd-Dehydrogenase. Wegen der alkoholabhorrierenden Wirkung diente früher Disulfiram (Antabus®) zur Unterstützung des Alkoholentzuges.

- **Thiadiazine**

Übergänge von fungizider, nematizider, insektizider und herbizider Wirkungen findet man bei Dazomet. Es hydrolysiert im feuchten Boden zu den aktiven Bestandteilen Formaldehyd, CS_2 und Methylisothiocyanat (Methylsenföl). Das analoge Sulbentin (Fungiplex®) dient als Antimykotikum bei Pilzerkrankungen der Haut (Abb. 37).

- **Diphenyle, Benzimidazole**

Citrusfrüchte sind anfällig gegenüber dem Grauschimmel (*Botrytis cinerea*). Zu ihrem Schutz dient eine Tauchbehandlung der Früchte mit *ortho*-Phenylphenol (OPP, Dowicide 1). Mit Diphenyl (Biphenyl) wird dagegen das Verpackungsmaterial imprägniert, aus dem es langsam verdampft. Gegen Schimmelpilze (*Penicillium*) werden Citrusfrüchte und

Bananen mit Thiabendazol geschützt, welches zur Gruppe der Benzimidazole zählt. Hierzu gehört auch das seit 1967 als systemisches Fungizid bekannte Benomyl, das in die Pflanze aufgenommen, in das aktive Methylbenzimidazolcarbamat (MBC) umgewandelt wird und dann in die Pyrimidinsynthese eingreift. Das analoge Fuberidazol dient der Saatbeizung und hat die organischen Quecksilberverbindungen weitgehend überflüssig gemacht. Andere Benzimidazole eignen sich zur Behandlung von Wurmerkrankungen bei Mensch und Tier (Mebendazol, Parbendazol, Cambendazol) (Abb. 37).

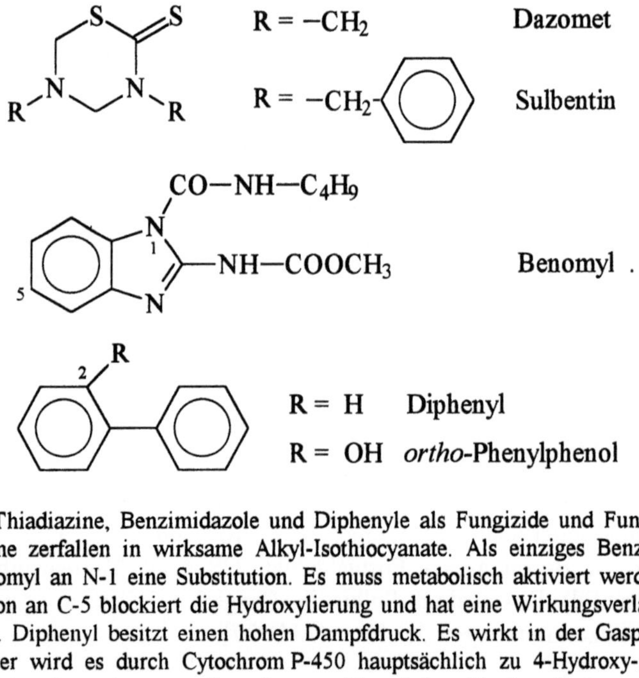

R = –CH_2 Dazomet

R = –CH_2–⟨ ⟩   Sulbentin

Benomyl.

R = H   Diphenyl

R = OH *ortho*-Phenylphenol

Abb. 37: Thiadiazine, Benzimidazole und Diphenyle als Fungizide und Fungistatika. Thiadiazine zerfallen in wirksame Alkyl-Isothiocyanate. Als einziges Benzimidazol trägt Benomyl an N-1 eine Substitution. Es muss metabolisch aktiviert werden. Eine Substitution an C-5 blockiert die Hydroxylierung und hat eine Wirkungsverlängerung zur Folge. Diphenyl besitzt einen hohen Dampfdruck. Es wirkt in der Gasphase. Im Warmblüter wird es durch Cytochrom P-450 hauptsächlich zu 4-Hydroxy-, 3,4-Dihydroxybiphenyl, weniger zu *ortho*- oder *meta*-Phenylphenol hydroxyliert.

2.6.4 Rodentizide

Rodentizide werden zur Bekämpfung von Nagetieren wie Ratten und Mäuse eingesetzt. Die Verwendung von Substanzen wie Thalliumsulfat und anderer Schwermetalle, die außerordentlich toxisch für den Menschen sind, ist weitgehend zugunsten der Vitamin K-Antagonisten aus der Gruppe der 4-Hydroxycumarinderivate und derjenigen der Indan-1,3-dione verlassen worden.

Vitamin K-Antagonisten verhindern die von Vitamin K abhängige Synthese der γ-Carboxyglutaminsäure in der Leber. Diese spezielle Aminosäure ist für die Funktion der Blutgerinnungsfaktoren II, VII, IX und X sowie Protein C und Protein S unbedingt erforderlich (siehe Allgemeine Toxikologie für Chemiker, Teubner Verlag, Seiten 137-139). In der Medizin werden Vitamin K-Antagonisten, die Cumarinderivate, als indirekt gerinnungshemmende Substanzen (Antikoagulantien) eingesetzt. Entsprechend der unterschiedlichen biologischen Halbwertzeit der betroffenen Gerinnungsfaktoren tritt der therapeutische Effekt der Cumarinderivate in der Regel erst nach 24 bis 36 Stunden auf.

Therapeutischer und toxischer Effekt unterscheiden sich nur quantititativ hinsichtlich des Grades der Verminderung der Blutgerinnung. Die therapeutische Dosis des Cumarinderivates Warfarin beträgt 5-10 mg täglich, die einmalige Einnahme von 1 g führte aufgrund von Blutungen in allen inneren Organen und in der Haut nach 14 Tagen zum Tode. Ratten und Mäuse sind gegenüber Cumarinen empfindlicher als der Mensch.

Wegen der langsam einsetzenden Wirkung und der guten Therapiemöglichkeit beim Menschen besitzen Cumarine als Rodentizide einen hohen Sicherheitsstandard. Bei unbeabsichtigter oder beabsichtigter Vergiftung können schnell und wirksam therapeutische Maßnahmen eingeleitet werden. Das einmalige Verschlucken von ausgelegten Tierködern mit Vitamin K-Antagonisten bleibt beim Menschen oft symptomlos.

Die Therapie besteht in der Resorptionsverhinderung durch Verabreichung von medizinischer Kohle und von Vitamin K_1 (Abb. 38). Bei oraler Gabe ist ein Abstand von zwei bis vier Stunden zur Aktivkohle einzuhalten, da sonst auch die Resorption des Vitamins verhindert wird.

Lebensbedrohende Blutungen, müssen mit der Substitution der fehlenden Gerinnungfaktoren behandelt werden, da sich erst 1 bis 3 Tage nach Vitamin K-Gaben die Gerinnungsfähigkeit des Blutes normalisiert.

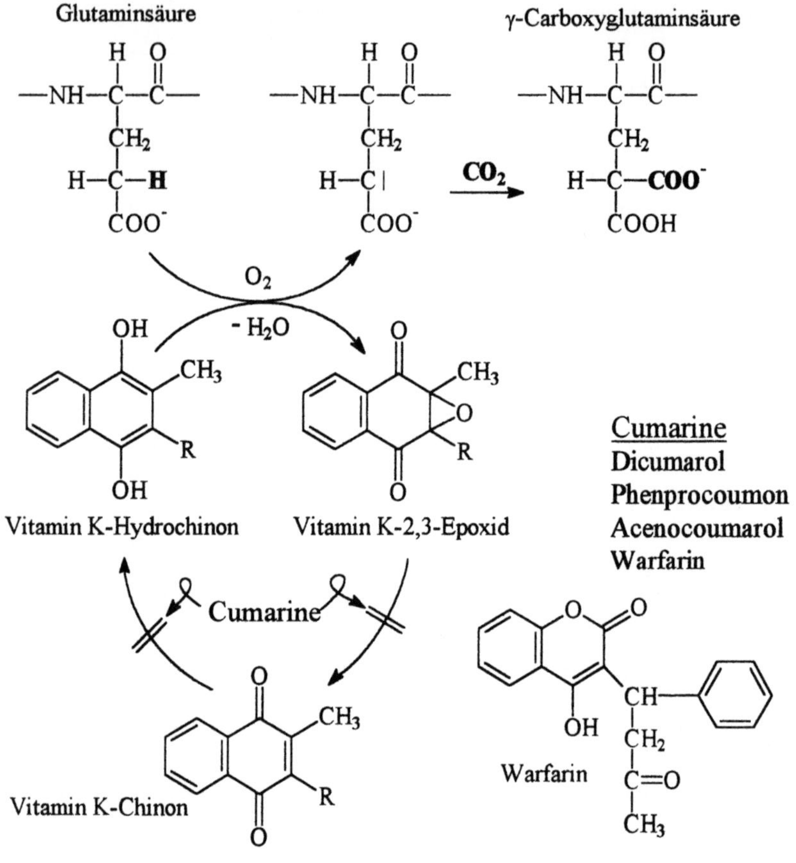

Glutaminsäure   **γ-Carboxyglutaminsäure**

Vitamin K-Hydrochinon   Vitamin K-2,3-Epoxid

Cumarine
Dicumarol
Phenprocoumon
Acenocoumarol
Warfarin

Vitamin K-Chinon

Warfarin

Vitamin K_3 (Menadion)	—H
Vitamin K_2 (Menachinon)	—(CH$_2$—CH=C(CH$_3$)—CH$_2$)$_8$—H
Vitamin K_1 (Phyllochinon)	—CH$_2$—CH=C(CH$_3$)—CH$_2$—(CH$_2$—CH$_2$—CH(CH$_3$)-CH$_2$)$_3$—H

Abb. 38: Schema des Vitamin K Zyklus. Vitamin K (**K**oagulation) zieht in einer O_2-verbrauchenden Reaktion der Glutaminsäure ein γ-Proton ab, es entsteht ein γ–Carbanion und Vitamin K-2,3-Epoxid. Das Glutamin-Carbanion reagiert mit CO_2 zur γ–Carboxyglutaminsäure. Die das Vitamin K regenerierenden Reaktionen werden durch Cumarinderivate (hier Warfarin) kompetitiv gehemmt. Unterer Teil: Seitenketten von Menadion, Menachinon und Phyllochinon = Phytomenadion.

2.6.5 Toxizität technischer Produkte

Selten laufen organisch-chemische Reaktionen vollständig ab, noch liefern sie das gewünschte Endprodukt in reiner Form. Da die Abtrennung von Nebenprodukten aufwendig und kostenintensiv ist, unterbleibt sie häufig, und man versucht technische Produkte direkt einzusetzen.

Weisen die Nebenprodukte dagegen eine biologische oder toxische Wirkkomponente auf, können sogar von kleinen Anteilen schädliche Wirkungen ausgehen. In diesem Zusammenhang war bereits auf die östrogene Wirkung des 2,4'-DDT hingewiesen worden, das im 4,4'-DDT als Nebenprodukt (bis 20%) enthalten ist, und auf die Isomere des HCH. In viel geringerer Konzentration treten TCDD und verwandte Verbindungen bei der Synthese von Derivaten chlorsubstituierter Phenole auf. Überschreitungen der optimalen Reaktionstemperaturen begünstigt die Bildung von Dioxinen oder Furanen. Bei der Herstellung von Hexachlorophen, einem Hautdesinfizienz, war dies frühzeitig erkannt worden. In der Reinheitsqualität von >98% enthielt es zwischen 15 und 100 µg TCDD/kg. Von TCDD freie Substanz lässt sich jedoch durch die Anwendung eines anderen Syntheseweges gewinnen.

Zur Behandlung des kreisrunden Haarausfalls (*Alopecia areata*) wird neuerdings eine lokale Behandlung der Kopfhaut mit Diphenylcyclopropenon (DCP) erfolgreich angewendet. Die Therapie basiert auf einer Kontaktsensibilisierung, die durch Auftragen logarithmisch steigender Konzentrationen bis zu einer individuellen Schwelle erreicht wird. Zur Synthese des DCP gibt es drei Verfahren, von denen eines eine im Ames-Test mutagene Zwischenverbindung entstehen lässt. Aus Gründen der Sicherheit sollte das am Menschen angewandte DCP nicht nach diesem Verfahren hergestellt worden sein.

Die flüssigen perfluorierten Kohlenwasserstoffe Perfluoroctan und Perfluordekalin hoher Dichte dienen bei der operativen Behandlung einer Netzhautablösung am Auge als mechanisches Hilfsmittel, um die Netzhaut faltenfrei an den Augapfel anzudrücken, damit sie dort fixiert werden kann. Die absolut reinen Perfluorcarbone sind biologisch völlig inert. Dagegen enthalten technische Produkte, wie sie aus der Elektrofluorierung hervorgehen, eine Menge von teilfluorierten und ungesättigten

Verbindungen, die sich durch eine hohe Gewebetoxizität auszeichnen. Die Rohprodukte sind daher vor einer medizinischen Anwendung zur Entfernung toxischer Beiprodukte einem mehrstufigen Reinigungsverfahren zu unterziehen.

Abb. 39: Verbindungen, die mit toxikologisch bedenklichen Begleitstoffen verunreinigt sein können. Diphenylcyclopropenon (DCP), Perfluordekalin oder andere Perfluorcarbone wie Perfluoroctan (o. Abb.), Hexachlorophen (HCP).

Seit langem ist bekannt, dass der Umgang mit Anilin neben der akuten Erzeugung einer Methämoglobinämie langfristig Blasenkrebs, den sog. Anilinkrebs, hervorruft. Diese karzinogene Wirkung scheint, wie sich durch Untersuchung des Materials ergeben hat, nicht vom Anilin selbst, sondern von verschiedenen karzinogenen Verunreinigungen wie ß-Naphthylamin oder Benzidin ausgelöst worden zu sein.

Auch in der Gewinnung von Naturstoffen ergeben sich ähnliche Probleme, da Konzentrate manchmal biologisch hochaktive toxische Bestandteile in geringer Menge enthalten, die vor einer Verwendung erst entfernt werden müssen. Beispielhaft sollen erwähnt werden sensibilisierende bzw. phototoxische Bestandteile (Pyrethrosin, Furanocumarine) oder toxische Glykoproteine (Ricin im Rizinusöl).

Die Synthese von Verbindungen mit chiralen Zentren erweitert das Spektrum der möglichen Begleitprodukte in die andere Richtung. Während es sich bisher um geringe Mengen toxischer Verbindungen handelte, besteht mit jedem chiralen Zentrum die Möglichkeit der Verdünnung der biologisch aktiven Substanz durch eine wirkungsärmere oder gar wirkungslose. Als Beispiel hierfür sei an die Gruppe der Pyrethroide erinnert, die teilweise bis zu drei Chiralitätszentren aufweisen. Wirkungsminderung macht in der Regel eine Erhöhung der Dosierung erforderlich. Folge ist, dass unnötige Mengen wenig wirksamer enantiomerer Biozide oder Arzneimittel durch Biotransformation abzubauen sind.

2.7 Atemgifte

Die Atmung umfaßt folgende drei Abschnitte: Die äußere Atmung, den Gastransport im Blut und die innere Atmung. Zur äußeren Atmung gehört die Aufnahme von O_2 und Abgabe von CO_2 durch die Lungen und damit eingeschlossen die Gasdiffusion zwischen Lungenbläschen und Blut. Für den Gastransport im Blut selbst ist besonders das Hämoglobin in den roten Blutzellen verantwortlich. Unter innerer Atmung versteht man den Gasaustausch zwischen den peripheren Zellen und deren Flüssigkeit.

Atemgifte können sowohl den Mechanismus der äußeren Atmung blockieren, mit dem Gastransport im Blut interferrieren als auch die innere Atmung hemmen.

2.7.1 Toxische Effekte auf die äußere Atmung

Eine Einteilung von gasförmigen Schadstoffen erfolgt nach ihrer Wasserlöslichkeit, welche die Eindringtiefe in die funktionellen Abschnitten der Lunge bestimmt. Die drei Abschnitte sind der obere, der mittlere und der untere Respirationstrakt (Allgemeine Toxikologie für Chemiker, Teubner Verlag, Seite 41).

Schadstoffe mit großer Wasserlöslichkeit reagieren mit den feuchten Schleimhäuten im Rachen sowie mit denen in der oberen Luftröhre und kommen deswegen oft nicht weit über den *oberen Respirationstrakt* hinaus. Dazu gehören Chlorwasserstoff, Formaldehyd, Dischwefelchlorid, Acrolein, Fluor und Ammoniak (Tab. 10). Sie verursachen in diesem Bereich Entzündungen, Verätzungen und Narbenbildung. Ammoniak bildet bei seiner Lösung in Wasser kleine Mengen von Ammoniumhydroxid, das eine deutliche alkalische Wirkung entfaltet, worauf hauptsächlich sein toxischer Effekt zurückzuführen ist. Typisch ist für Ammoniak ein Stimmritzenkrampf und ein Kehlkopfödem.

Im *mittleren Respirationstrakt* rufen Schadstoffe mit mittlerer Wasserlöslichkeit wie Schwefeldioxid, Chlor und Brom eine vermehrte Schleimabsonderung mit Hustenreiz und Bronchokonstriktion hervor. Dies kann zu stärkster Atemnot und reflektorischem Atemstillstand führen. Als Spätfolgen treten Entzündungen der Bronchien und des Lungengewebes auf.

Ein Reizgas mit nur geringer Wasserlöslichkeit und lipophilen Eigenschaften dringt bis tief in den *unteren Respirationstrakt* ein. Morphologisch ist das der Abschnitt mit den kleinsten Bronchien, den Bronchioli respiratorii, und den Lungenbläschen. Dieser untere Abschnitt ist auch der empfindlichste Bereich der Lunge, der mit allen Zeichen einer florierenden Entzündung reagieren kann. Dabei erzeugt der chemische Reizstoff eine Erhöhung der Permeabilität der Epithelzellen des Lungenendabschnittes und der angrenzenden Kapillargefäße. Als Folge tritt Flüssigkeit in den Zwischenzellraum ein und die Epithelzellen schwellen an. Dies bewirkt in den Lungenbläschen eine Verlängerung der effektiven Diffusionsstrecke für O_2 und CO_2 zum Blut und dadurch bedingt einen verminderten Gastransport. Wegen der schlechteren Wasserlöslichkeit des O_2 wirkt sich dies besonders auf die Sauerstoffsättigung des Hämoglobins aus. Der Vergiftete zeigt auf Grund der Sauerstoffuntersättigung des Hämoglobins eine grau-blaue Hautfarbe (graue Zyanose). Mit zunehmender Kapillar- und Gefäßerweiterung wird auch die Abdiffusion von CO_2 erschwert und ein vermehrter Flüssigkeitseinstrom in die Lungenbläschen füllt diese vollständig mit Ödemflüssigkeit aus. Damit ist der lebensbedrohende Zustand des *toxischen Lungenödems* erreicht. Als Beispiele für Substanzen gelten Ozon, Stickstoffdioxid, Cadmiumoxid und Phosgen.

Wird das toxische Lungenödem überstanden, so kommt es zur Bildung bindegewebiger Narben in der Lunge. Die Funktionsfähigkeit der Atemoberfläche wird dadurch irreversibel verkleinert. Im Frühstadien ist das Ausmaß der Lungenschädigung nur schwer zu beurteilen, es sollte darum bei den Vergifteten jede körperliche Anstrengung vermieden werden. Ein toxisches Lungenödem kann mit einer Latenz bis zu 24 Stunden nach der Vergiftung auftreten.

Für eine Vergiftung mit Phosgen ist eine Latenzperiode von mehreren Stunden typisch. Unter quälendem Husten mit bräunlich-schaumigem Auswurf und zunehmender Atemnot entwickelt sich danach rasch eine schwere Zyanose (blaurote Färbung von Haut und Schleimhäuten infolge Sauerstoffuntersättigung des Hämoglobins). In vielen Fällen tritt in diesem Stadium des toxischen Lungenödems der Tod durch Ersticken ein. Mengen über 50 ppm Phosgen können schon innerhalb weniger Minuten zum Tode führen.

Der genaue molekulare Wirkungsmechanismus des Phosgens ist unbekannt. Es wird eine Reaktion mit Proteinen vermutet, die zum Absterben der Zellen führt.

Eine spezifische Therapie des toxischen Lungenödems existiert nicht. Sie beschränkt sich lediglich auf symptomatische Maßnahmen, wie entzündungshemmende Glucocorticoid-Trockenaerosole, Sauerstoffzufuhr, Herz- und Kreislaufunterstützung und gegebenenfalls eine Verhinderung der Schaumbildung in der Lunge.

Substanz	oberer Lungenabschnitt	mittlerer Lungenabschnitt	unterer Lungenabschnitt	Latenz
Chlorwasserstoff	×			
Formaldehyd	×			
Dischwefelchlorid	×			
Acrolein	×			
Fluor	×			
Ammoniak	×		×	
Schwefeldioxid		×		
Chlor		×		
Brom		×		
Ozon			×	×
Stickstoffdioxid			×	
Cadmiumoxid			×	
Phosgen			×	×

Tab. 10: Übersicht über Lungenreizstoffe, ihren Wirkort im Lungenabschnitt und Auftreten einer Latenz bis zum Ausbruch der Erkrankung.

- **Toxizität des Sauerstoffs**

Sauerstoff ist zu 21% als lebenswichtiges Element in der Luft enthalten, er kann in höheren Konzentrationen auf die Lungen toxisch wirken. In der Lunge sind eine Reihe von biologischen Systemen vorhanden, welche die Fähigkeit besitzen aus Sauerstoff zytotoxische Sauerstoffradikale zu produzieren, insbesondere das Superoxidanion. Es entsteht als Nebenprodukt bei der mitochondrialen Atmung und seine Bildung ist direkt proportional der Sauerstoffspannung. Zu den Systemen gehören weiter die mikrosomalen Cytochrom P-450 Monooxygenasen, die Xanthinoxidase und die Prostaglandin-Synthase. Während der Phagozytose durch

Granulozyten, Monozyten und Makrophagen (Freßzellen) produziert die membrangebundene NADPH-Oxidase im Überschuß Superoxid-Anion-Radikale als toxisches Instrument gegen Bakterien und Partikel. Sie entstehen auch bei einfachen Autooxidationsvorgängen in der Zelle, z. B. unter Mitwirkung von Flavinen oder Hydrochinonen. Diese Beispiele sind nicht vollständig, sie sollen nur auf die vielseitigen Möglichkeiten zur Bildung dieser und anderer Sauerstoffradikale in der Lunge hinweisen.

Das Superoxidanion kann entweder direkt toxisch auf Bestandteile der Zelle wirken oder über spezielle Entgiftungsreaktionen des Stoffwechsels in weniger reaktive Sauerstoffspezies umgewandelt werden. Die wichtigsten Enzymsysteme hierfür sind die Superoxid-Dismutasen, die Katalase und die Glutathionperoxidase (Abb. 40).

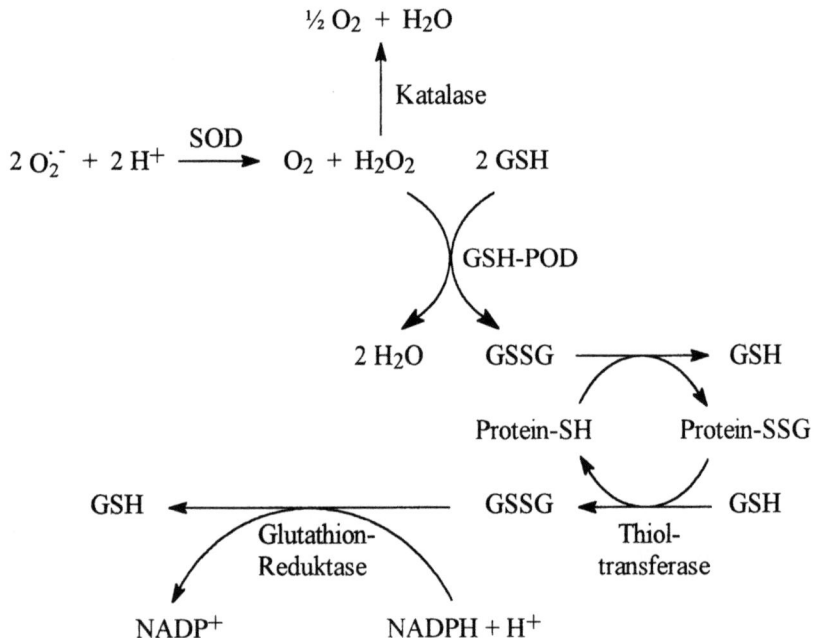

Abb. 40: Schema der enzymatischen Entgiftung von Superoxidanion (O_2^-) mit Folgeprodukten. Superoxiddismutase (SOD), Glutathionperoxidase (GSH-POD), Glutathion (GSH), Glutathiondisulfid (GSSG) und Nicotinamid-Adenin-Dinucleotid-Phosphat ($NADP^+$).

Die Superoxid-Dismutasen sind Metalloproteine, die das Superoxidanion in sehr schneller Reaktion zu O_2 und H_2O_2 dismutieren. Das weniger toxische H_2O_2 kann durch die Katalase zu Sauerstoff und Wasser gespalten werden.

Die freien Radikale wie das Superoxidanion und das noch reaktivere Hydroxyl-Radikal schädigen Zellmembranen und besonders Enzyme mit funktionellen Sulfhydrylgruppen. Der Mechanismus einer Radikalschädigung der Zellmembran wurde ausführlich bei den organischen Lösungsmitteln am Beispiel des Tetrachlormethans dargestellt. Zum biologischen Monitoring dieser Reaktionen dienen die Produkte der Lipidperoxidation: konjugierte Diene, Malondialdehyd und in der Atemluft Ethan und Pentan. Außer den Enzymen Superoxiddismutase, Glutathionperoxidase und Katalase bieten auch Radikalfänger wie Vitamin E (α-Tocopherol) einen Schutz.

Unter den Bedingungen der normalen Sauerstoffkonzentration in der Atemluft wird das Hämoglobin im Blut während seiner Lungenpassage nahezu vollständig mit Sauerstoff gesättigt. Die Einatmung von reinem Sauerstoff führt bei Tier und Mensch innerhalb von wenigen Tagen zu einer Lungenschädigung. Zuerst werden die Endothelzellen der Kapillaren geschädigt, dann die Lungenzellen, welche die Alveolen auskleiden, schließlich tritt ein Lungenödem ein. Versuchstiere, die einige Tage bei einem Sauerstoffgehalt von 85% gehalten werden, entwickeln eine Toleranz gegenüber Sauerstoff. Dies geht mit einer Erhöhung der antioxidativen Enzyme im Lungengewebe einher.

Ähnliches ist auch nach Gabe von α-Naphthylthioharnstoff (ANTU) zu beobachten. Das Rodentizid verursacht an Ratten ein Lungenödem. Eine Vorbehandlung der Tiere mit sehr kleinen noch nicht toxischen Dosen bewirkt innerhalb von 24 Stunden eine Toleranzentwicklung. Dann vertragen diese Tiere bis zum hundertfachen der üblichen tödlichen Dosis.

Andererseits führen zusätzliche oxidative Belastungen, wie die vermehrte Bildung von Sauerstoffradikalen nach Paraquat, bereits durch normale Sauerstoffkonzentrationen zu einer Lungenschädigung.

2.7.2 Toxische Effekte auf den Gastransport im Blut

Die physikalische Löslichkeit von Sauerstoff in Blutplasma ist mit 3.2 ml O_2 pro Liter Plasma gering, dagegen kann das in den roten Blutzellen enthaltene Hämoglobin maximal 220 ml O_2 pro Liter Erythrozyt binden. Aus diesem Grund ist für eine effektive Sauerstoffversorgung der Zellen der Transport über die Bindung an Hämoglobin unerläßlich. Die O_2-Bindung erfolgt reversibel an das zweiwertige Hämoglobin-Eisen (Hb $Fe^{2+}\cdot O_2$ oder kürzer Hb·O_2). Eine Beeinträchtigung des Transports führt zur Unterversorgung des Organismus mit Sauerstoff.

- **Kohlenmonoxid**

Eine der häufigsten Vergiftungen vor der Einführung des Erdgases (Methan) war die Vergiftung durch Kohlenmonoxid, dessen Anteil im Leuchtgas bei 15% lag. Als ubiquitär vorkommendes Molekül löst es auch heute nicht selten Vergiftungen aus. Ursache hierfür können offene Heizungen bei schlechter Luftzufuhr oder Autoabgase sein.

Da die Affinität des Kohlenmonoxids zum Hämoglobin etwa 300 mal größer ist als die des Sauerstoffs, reichen niedrige Kohlenmonoxidkonzentrationen aus, um einen großen Teil des Hämoglobins in Carboxyhämoglobin (Hb·CO) umzuwandeln. 100 ppm CO in der Luft führen zu 15% Hb·CO, 1000 ppm zu mehr als 60% Hb·CO. Ist das Gesamthämoglobin bereits durch eine Blutarmut (Anämie) vermindert, treten toxische Effekte schon bei niedrigeren CO-Konzentrationen auf. Entscheidend für das Auftreten der Vergiftung ist das noch verfügbare Oxyhämoglobin (Hb·O_2).

Zeichen des Sauerstoffmangels im Gewebe sind Kopfschmerzen, Schwindel, Schwäche, Sehstörungen und Übelkeit. Es kommt weiter zu einer Steigerung der Atmung, die schließlich in eine Atemlähmung übergeht. Außerdem treten Bewußtseinstrübungen und Krämpfe durch den Sauerstoffmangel im Gehirn ein und der Kreislauf versagt. Als äußeres Zeichen ist die kirschrote Farbe der Haut kennzeichnend für eine Vergiftung mit Kohlenmonoxid. Betragen die Konzentrationen an Kohlenmonoxid in der Atemluft 1% und mehr, tritt Tod durch fehlenden Sauerstoff (Anoxie) in wenigen Minuten auf. Die Geschwindigkeit der Vergiftung ist dabei nicht nur von der Konzentration in der Atemluft abhängig, sondern auch von der körperlichen Belastung, da ein höheres Atemminutenvolumen auch zu einer schnelleren Sättigung des Blutes mit Kohlenmonoxid führt.

Die Therapie der Kohlenmonoxid-Vergiftung besteht in der Zufuhr von Frischluft bzw. von reinem Sauerstoff, ggf. unter Überdruck. Günstig ist auch die Steigerung der Spontanatmung durch Anwendung von Sauerstoff, dem 5% Kohlendioxid beigemischt sind (Carbogen®).

- **Methämoglobinbildner**

Wird das zweiwertige Eisen des Hämoglobins (Hb) oxidiert, so entsteht Methämoglobin (Met-Hb, früher Hämiglobin). Letzteres bindet keinen Sauerstoff, da das Eisen mit Wasser als sechstem Liganden koordinativ besetzt ist (Hb $Fe^{3+} \cdot H_2O$). In den roten Blutzellen reduzieren verschiedene Enzyme, vor allem die Methämoglobin-Reduktase, das anfallende Methämoglobin zu funktionstüchtigem Hämoglobin, so daß im Blut der Anteil an Methämoglobin normalerweise nicht über 1% ansteigt. Die Energie für die Reduktion wird durch aktive Stoffwechselleistungen der Glykolyse und des Pentoseabbauweges in den Erythrozyten bereitgestellt. Beim Glukoseabbau entstehen ATP und Reduktionsäquivalente in Form von NADPH und NADH.

ATP wird für die Kationenpumpen (Na^+-K^+-ATPase, Ca^{2+}-ATPase) und zur Aufrechterhaltung der Membranstruktur benötigt, NADPH ist unter anderem notwendig, um mit Hilfe der Glutathion-Reduktase Glutathion zu regenerieren (Abb. 40). Glutathion ist das wichtigste Antioxidans der roten Blutzellen, das als Coenzym bei der Reduktion von Methämoglobin wirkt. Weiterhin dient NADH zur Reduktion von Methämoglobin durch die Methämoglobin-Reduktase in folgendem Reaktionsablauf:

$$4 \, Hb[Fe^{3+}] + 2 \, NADH \rightarrow 4 \, Hb[Fe^{2+}] + 2 \, NAD^+ + 2 \, H^+$$

Diese wenigen Aufzählungen aus dem Stoffwechsel der roten Blutzellen sollen darauf hinweisen, wie komplex die zentrale Funktion des Sauerstofftransports geregelt ist. Im Prinzip ist jeder hemmende Eingriff in den Stoffwechsel und jede Störung der Barrierefunktion der Membran mit einer vermehrten Bildung von Methämoglobin verbunden. Unter diesem Aspekt ist die Zuordnung der Substanzen zu den *direkten* und *indirekten*

Methämoglobin-Bildnern außerordentlich schwierig. Letztere sind erst nach einer Biotranformation hierzu in der Lage.

Eine Methämoglobinämie äußert sich in einer blaugrauen Färbung der Haut. Ein Anteil von 10% Methämoglobin ist bereits deutlich sichtbar, ab 30 bis 40% treten Kopfschmerzen und Atemnot auf und mehr als 70% sind tödlich. Die physiologische Methämoglobin-Reduktase hat eine begrenzte Kapazität und kann eine toxische Methämoglobinämie nur sehr langsam korrigieren.

'direkte Methämoglobinbildner'

Chlorate oxidieren das Eisen des Hämoglobins. Dabei beschleunigt das enstehende Methämoglobin die Reaktion autokatalytisch. Parallel zur Bildung des Methämoglobins erfolgt auch ein Absinken der Glutathion-Konzentration, eine Vernetzung der Membranproteine, eine Abnahme der Verformbarkeit der Zellen, die für einen Durchtritt durch die engen Kapillaren notwendig ist, und eine Zunahme der Kationenpermeabilität der Membranen. Diese wenigen Effekte zeigen schon, wie schwierig es ist, die eigentliche Ursache für die Bildung von Methämoglobin an roten Blutzellen herauszufinden.

In die gleiche Gruppe werden auch Perchlorate, Nitrit, H_2O_2, Kaliumhexacyanoferrat(III), Chromat, Kupfer(II)-Salze, Hydroxylamin, NO, NO_2, Stickstofftrifluorid, Tetranitromethan, Chinone und chinoide Substanzen eingeordnet. Therapeutische Überdosierungen mit Vitamin K_3 (Menadion) produzieren neben einer Methämoglobinämie eine Hämolyse. Wählt man das H_2O_2 aus der obigen Gruppe aus und betrachtet seine vielfältigen toxischen Effekte auf die roten Blutzellen, so findet man neben Methämoglobin auch andere Hämoglobinoxidationsprodukte wie Verdoglobin. Mit zweiwertigem Eisen bildet sich das hochtoxische Hydroxyl-Radikal ($OH^.$), und es treten Membrandefekte bis zur Hämolyse auf. Daraus gewinnt man den Eindruck, daß bei der toxischen Wirkung von H_2O_2 die direkte Methämoglobinbildung sicherlich nicht im Vordergrund steht.

Die Bildung von Methämoglobin mit Nitrit verläuft in Abwesenheit und in Anwesenheit von Sauerstoff nach unterschiedlichen Mechanismen. Unter experimentellen anaeroben Bedingungen erzeugt ein Mol Nitrit jeweils ein Mol Methämoglobin und Nitroso-Hämoglobin (Hb·NO). Unter aeroben, physiologischen Verhältnissen wird parallel zur Oxidation von Nitrit zu Nitrat auch oxygeniertes Hämoglobin (Hb·O_2) in Methämoglobin umgewandelt. Diese Reaktion, deren genauer Mechanismus noch nicht bekannt ist, wird als gekoppelte Oxidation bezeichnet. Die Summenreaktion läßt sich folgendermaßen darstellen:

$$NO_2^- + Hb\ Fe^{2+} \cdot O_2 + H_2O \rightarrow NO_3^- + Hb\ Fe^{2+} + H_2O_2$$

$$Hb\ Fe^{2+} + H_2O_2 \rightarrow Hb\ Fe^{3+} \cdot OH^- + OH^{\cdot}$$

Nitrate können durch Mikroorganismen, die im menschlichen Darm reichlich vorkommen, in Nitrit umgewandelt werden. Aus diesem Grunde zählt man auch Nitrate zu den Methämoglobin-Bildnern. Besonders gefährdet sind Säuglinge, die eine hohe Darmbakterienaktivität aufweisen. Durch nitratreiche Brunnenwasser oder nitratgedüngte Gemüse besteht die Gefahr, daß sie an einer Methämoglobinämie erkranken.

Vor über 1000 Jahren wurde zur Konservierung des Fleisches das Prinzip des 'Pökelns' erfunden. Dabei wird Fleisch mit einem Gemisch aus NaCl, $NaNO_2$ und $NaNO_3$ behandelt. Seine Hauptwirkung besteht im Abtöten von Bakterien, welche Fleischvergiftungen verursachen. Als Wirkungsmechanismus wurde die Freisetzung von NO aus $NaNO_2$ erkannt. NO bindet an funktionelle Proteine der Bakterien und tötet sie ab. Als Nebenwirkung resultiert die Bindung von NO an Hämoproteine, die das gepökelte Fleisch rot und damit frisch aussehen lassen.

'indirekte Methämoglobinbildner'

Nicht nur aus Nitrit entsteht NO, sondern auch aus den sog. organischen Nitraten wie Glycerintrinitrat (Nitroglycerin), Isorbit-2,5-dinitrat, Isosorbit-endo-5-mononitrat, Pentaerythritoltetranitrat und aus Amylnitrit, einem organischen Nitrit.

Durch metabolische Reaktionen kommt es zu einer Freisetzung von NO. In der Medizin werden 'Nitrate' wegen der schnellen gefäßerweiternden Wirkung des entstehenden NO besonders bei Verengung der Herzkranzgefäße therapeutisch genutzt. Mit Hämoglobin erzeugt NO ein instabiles Nitroso-Hämoglobin welches schnell in Methämoglobin übergeht. Nach therapeutischer Anwendung werden jedoch keine toxikologisch relevanten Mengen an Methämoglobin gebildet. Dagegen wurde bei exzessivem Inhalieren (Schnüffeln) von Amylnitrit, Isoamylnitrit und Butylnitrit eine Methämoglobinämie beschrieben. Auch Arbeiter der Sprengstoffindustrie leiden an dieser Erkrankung.

Als typisch indirekte Methämoglobinbildner gelten die aromatischen Nitro- und Aminoverbindungen. Sie werden im Organismus durch Oxidation oder Reduktion in die gemeinsame Wirkform, ein Hydroxylamin, umgewandelt (Abb. 41). Die Oxidation von Hämoglobin zu Methämoglobin vollzieht sich in einem Kreisprozeß, der nach seinem Entdecker Manfred Kiese 'Kiese-Zyklus' benannt ist. Hier wird das Phenylhydroxylamin zu Nitrosobenzol oxidiert, einem der stärksten indirekten Methämoglobinbildner.

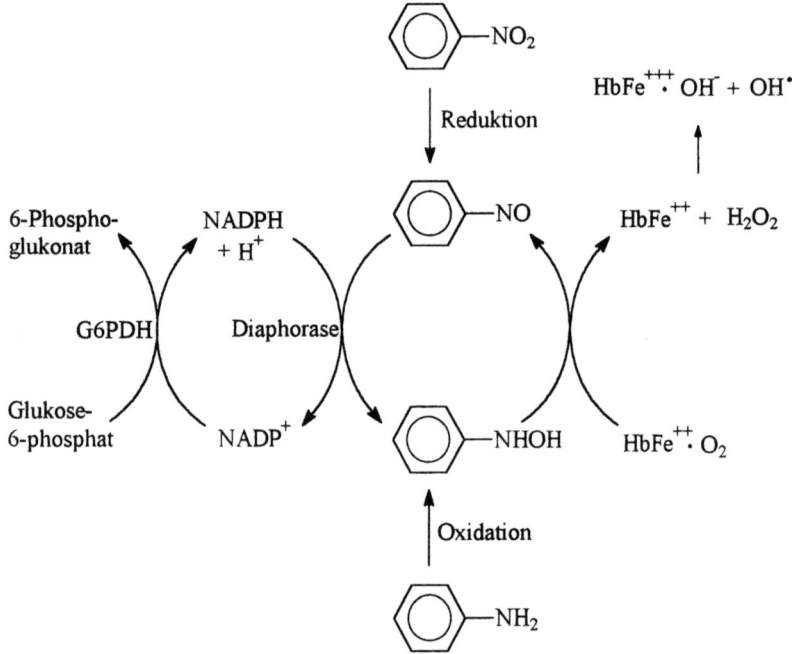

Abb. 41: Schema der gekoppelten Oxidation (Co-Oxidation) von Hämoglobin ($HbFe^{++} \cdot O_2$) zu Methämoglobin ($HbFe^{+++} \cdot OH^-$) durch Phenylhydroxylamin im Kiese-Zyklus. Das entstehende Nitrosobenzol wird durch eine NADPH-abhängige Diaphorase wieder zu Phenylhydroxylamin reduziert. Dieser Kreisprozeß kann mehrere Mole Hämoglobin oxidieren. Die Regeneration des NADPH erfolgt über die Glukose-6-Phospat-Dehydrogenase (G6PDH) im Pentosephospat-Weg.

Da die metabolische Aktivierung der aromatischen Amino- und Nitroverbindungen Zeit benötigt und der Kreisprozeß lange anhält, unterscheidet sich die Kinetik grundsätzlich von der Kinetik der sog. direkten Methämoglobinbildner. Bei Nitraten wird die Anfangsgeschwindigkeit von der schnellen Resorption, und das Abklingen von der Kapazität der Methämoglobin-Reduktase bestimmt.

Zu den Verbindungen, die nach metabolischer Aktivierung Methämoglobin bilden, gehören gewerbliche Gifte und Medikamente. Im einzelnen sind dies Anilin, Cloranilin, Nitroanilin, Toluidin, Xylidin, Benzidin, Naphthylamin, Azofarbstoffe, Nitrobenzolderivate und Trinitrotoluol. Als Medikamente sind zu nennen Sulfonamide, Primaquin, Phenazopyridin, Nitrofurantoin, Metoclopramid, Procain, Benzocain, Acetanilid und Phenacetin.

Zur Therapie der Methämoglobinämie werden Redoxfarbstoffe eingesetzt. Eine erhebliche Steigerung der Reduktionsgeschwindigkeit des Methämoglobins kann durch intravenöse Gaben von Methylenblau (Abb. 42), Toluidinblau oder Thionin erzielt werden.

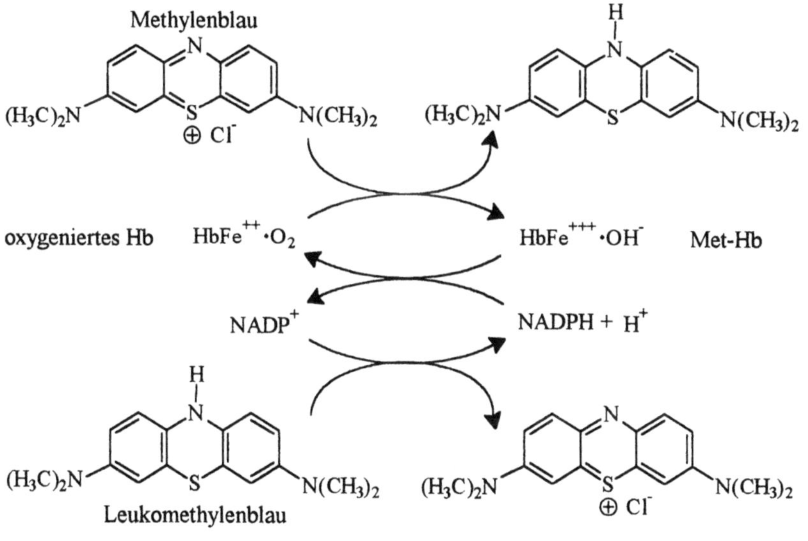

Abb. 42: Schema der zweifachen Wirkung von Methylenblau auf Hämoglobin. Erstens wird die Bildung von Met-Hb durch die Reduktion von Methylenblau zu Leukomethylenblau bewirkt. Zweitens Förderung der Rückbildung von Met-Hb über eine Kopplung an das NADPH-System.

Diese Redoxfarbstoffe übertragen Reduktionsäquivalente von NADPH auf Methämoglobin bis zu einem Redoxgleichgewicht, das bei etwa 10% Methämoglobin erreicht ist. Methylenblau hat deshalb zwei verschiedene Wirkungen: Beim Gesunden ist es ein schwacher Methämoglobinbildner und beim Vergifteten senkt es schnell zu hohe Konzentrationen an Methämoglobin auf nicht mehr bedrohliche ab. Voraussetzung für die Wirkung dieser Redoxfarbstoffe ist eine funktionsfähige Glukose-6-Phosphat-Dehydrogenase.

Wird eine Methämoglobinämie durch Chlorat hervorgerufen, führt eine schnelle Inaktivierung der Glukose-6-Phosphat-Dehydrogenase in den roten Blutzellen zur Unwirksamkeit einer Therapie mit Methylenblau.

2.7.3 Toxische Effekte auf die innere Atmung

- **Vergiftung durch Cyanid**

Am Endpunkt der Atmungskette in den Mitochondrien steht die Reduktion von Sauerstoff durch die Cytochromoxidase (Cytochrom aa_3). Dieses Protein enthält Hämgruppen, deren Fe während des Elektronentransports reversibel zwischen Fe^{2+} und Fe^{3+} hin und her wechseln. Cyanid bindet mit hoher Affinität an das dreiwertige Eisen dieses Enzyms. Dadurch wird die innere Zellatmung blockiert. Der einsetzende Energiemangel im Gehirn führt zu Bewußtseinsverlust und Krämpfen, bei höheren Cyanid-Dosen kommt es zum Funktionsausfall anderer Organe und zum Herzstillstand. Auch Enzyme wie die Carboanhydrase, die zur schnellen Bildung von Hydrogencarbonat erforderlich ist, werden durch Cyanid gehemmt. Bei der Cyanidvergiftung wird die Atmung zunächst schnell und selbst das venöse Blut zeigt eine hellrote Farbe infolge des fehlenden Sauerstoffverbrauchs.

Carl Wilhelm Scheele isolierte erstmals die leicht flüchtige Blausäure aus Berliner Blau (Preußischblau, $Fe_4[Fe(CN)_6]_3$). Er starb an einer inhalativen Blausäurevergiftung, als er eine Phiole mit HCN zerbrach.

Zahlreiche Pflanzen enthalten Inhaltsstoffe, aus denen Blausäure metabolisch freigesetzt werden kann. Es sind meist cyanogene Glykoside, wie sie in Bittermandeln, Aprikosen und im Kirschlorbeer vorkommen. Im medizinischen Bereich sind Natriumprussid und Amygdalin als Ursachen von Cyanidvergiftung beschrieben worden.

Todesfälle werden meist durch Inhalation von Blausäure in der chemischen Industrie, bei der Schädlingsbekämpfung oder durch Verschlucken von Cyaniden verursacht. Durch die Magensäure (pH~1) wird aus den Cyaniden sehr schnell die frei diffusible Blausäure gebildet. Rauchgase können ebenfalls bei Verbrennung von Polyacrylnitril und Polyurethanschaum erhebliche Mengen von Blausäure enthalten.

Die tödliche Dosis beträgt 1-2 mg/kg, durch die Inhalation von Konzentrationen von 300 bis 500 ppm tritt der Tod in wenigen Minuten ein. Auch eine Vergiftung durch Aufnahme über die Haut ist möglich. Der MAK-Wert beträgt 10 ppm.

Der Körper entgiftet Cyanid langsam durch Bildung von Thiocyanat (Rhodanid), das im Urin ausgeschieden wird. Seine Bildung durch das mitochondriale Enzym Rhodanase in Leber und Niere beträgt beim Erwachsenen etwa 2 µmol/min. Begrenzt wird die Reaktion durch die Verfügbarkeit von Schwefel, so daß die Entgiftung von Cyanid durch die Zufuhr von Natriumthiosulfat, dem bisher wirksamsten Schwefeldonator, erheblich gefördert werden kann.

Die gute Bindung von Cyanid an dreiwertiges Eisen wird durch Oxidation des Eisens im Hämoglobin und Myoglobin therapeutisch ausgenutzt. Letztere lässt sich durch Inhalation von Amylnitrit oder als Gabe von Natriumnitrit bzw. 4-Dimethylaminophenol auslösen. Eine Befreiung der Cytochromoxidase von Cyanid kann erreicht werden, wenn das erzeugte Methämoglobin im Überschuß vorliegt. Hierzu ist lediglich erforderlich, etwa ein Drittel des Hämoglobins umzuwandeln. Das im Gleichgewicht entstehende Cyan-Methämoglobin läßt Cyanid langsam wieder frei, welches über Tage hinweg zu Rhodanid (Thiocyanat) umgewandelt und leicht über die Niere ausgeschieden wird. Seine Toxizität beträgt nur etwa ein Zehntel der des Cyanids. Wird eine Vergiftung überlebt, bleiben im Gegensatz zu der mit Kohlenmonoxid in der Regel keine Schäden zurück.

Eine andere therapeutische Möglichkeit besteht in der Gabe von Metallen, deren stabile Komplexe mit Cyanid ausgeschieden werden. Vom chemischen Standpunkt aus sind hierfür besonders zwei kobalthaltige

Chelate, das Hydroxocobalamin (Vitamin B_{12a}) und das Kobalt(II)-EDTA sowie die α-Ketoglutarsäure geeignet. Während eine Behandlung mit Hydroxocobalamin unbezahlbar ist, hat das Kobaltion einen sehr stark blutdrucksenkenden Einfluss und löst zusätzlich eine Azidose aus

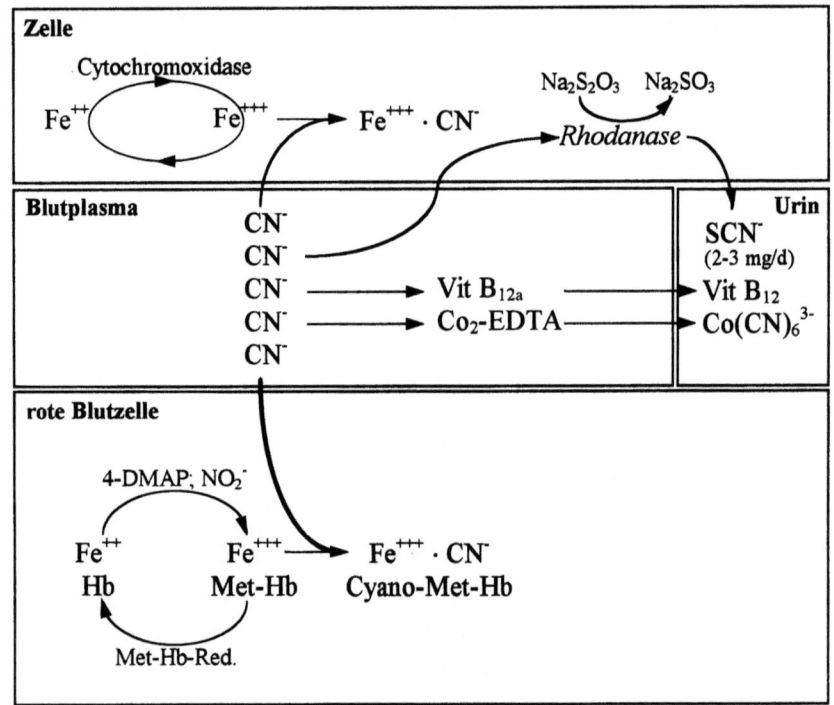

Abb. 43: Verteilung, Komplexierung und Metabolismus von Cyanid in Zellen, Blutplasma und roten Blutzellen (Erythrozyten). Die Cytochromoxidase unterliegt einem zyklischen Wechsel von zwei- und dreiwertigem Eisen. Dem Hämoglobin steht im physiologischen Gleichgewicht nur etwa 1% an Met-Hb gegenüber. Mit 4-DMAP = 4-Dimethylaminophenol oder NO_2^- wandelt man zur Therapie etwa 30% des Hb in Met-Hb um. Hierdurch werden ausreichend Bindungsstellen für Cyanid bereitgestellt. Sie sind in der Lage, die gesamte inhalierte tödliche Cyaniddosis zu binden. Die Bildung von Rhodanid kann durch Gabe von Thiosulfat beschleunigt werden. Allerdings permeiert Thiosulfat schlecht durch Zellmembranen. Die Komplexe Vitamin B_{12} (Cyanocobalamin) und Hexacyanocobaltat(III) werden wie Rhodanid renal eliminiert. Die Bindung von Cyanid an das Met-Hb oder an die Cytochromoxidase ist reversibel.

• **Vergiftung durch Schwefelwasserstoff**

Schwefelwasserstoff ist ein intensiv riechendes Gas, dessen Geruchsschwelle sehr niedrig liegt und deshalb bereits ab 0.025 ml/m^3 wahrgenommen wird. Der stark faulige Geruch, der schon weit unterhalb der toxischen Konzentration gerochen wird, hat wahrscheinlich dazu beigetragen, daß dieses hochwirksame Gift relativ selten zu Vergiftungen führt.

Das farblose, brennbare Gas hat eine hohe Dichte von 1.19 und reichert sich dementsprechend bei geringer Luftbewegung am Boden an. Es entsteht bei der Einwirkung starker Säuren auf Schwermetallsulfide und bei der Zersetzung von schwefelhaltigen Aminosäuren durch Fäulnisbakterien. Aus diesem Grunde findet man hohe Konzentrationen davon in Jauchegruben, Abwasserleitungen und bei der Verarbeitung von Proteinen in Fabrikabwässern. Weiterhin entsteht H_2S bei der Verhüttung von schwefelhaltigen Erzen, bei der Herstellung von Viskose und Zellstoff und in der Erdölraffinerie. Das Gas wird in Kohlengruben und Schwefelminen freigesetzt und ist in bestimmten Erdgasquellen Kanadas und Südwestfrankreichs mit mehr als 15% enthalten.

Eine besondere Gefahr liegt darin, daß H_2S bei sehr hohen Konzentrationen über 200 ml/m^3 nicht mehr wahrgenommen wird. Vermutlich ist bei solchen Konzentrationen das Geruchssystem gelähmt. Aus diesem Grunde gelten H_2S-Vergiftungen als heimtückisch. Sie ereignen sich bei der Reinigung oder Inspektion von Klärgruben und haben schon häufig zu tödlichen Unfällen geführt. Bei der Bergung der Vergifteteten müssen die Retter zum Selbstschutz Atemmasken oder noch besser Atemgeräte tragen. Außerdem sollte der Retter angeseilt sein.

Akute Vergiftungen erfolgen bei H_2S-Konzentrationen von 10 bis 50 ml/m^3. Auf eine Reizung der Augenbindehaut und der Atemwege folgt eine Vertiefung der Atembewegung. Bei höheren Konzentrationen tritt eine Atemlähmung und ein Bewußtseinsverlust auf. Extrem hohe Konzentrationen über 1000 ml/m^3 führen nach wenigen Atemzügen zu Krampfanfällen und zum schnellen Tod.

Als Spätfolgen gelten Atemnot, Lungenentzündung und eventuell ein Lungenödem sowie Herzmuskelschädigungen. Bei der Kunstfaserherstellung wurden chronische Schädigungen der Hornhaut der Augen beobachtet. Wie bei der Kohlenmonoxid- und der Cyanid-Vergiftung kann nach einer H_2S-Exposition ein Sauerstoffmangel im Gehirn und am Herz eintreten mit entsprechenden Spätfolgeschäden für diese Organe.

Der Wirkungsmechanismus des H_2S ist nicht eindeutig geklärt. Als wichtigster Beitrag zu seiner toxischen Wirkung wird wie bei Cyanid die Blockade der Cytochromoxidase durch das Hydrogensulfid (HS^-) gesehen. Außerdem werden aufgrund der Lipophilie und der Reaktivität des Schwefels mit Disulfidbrücken oder Schwermetallen weitere enzymatische Reaktionen gehemmt, so daß toxische Effekte auf vielen Ebenen in Erscheinung treten.

Schwefelwasserstoff wird im Organismus über Schwefel, Thiosulfat und Sulfit zu Sulfat oxidiert und dann über die Nieren ausgeschieden. Bei seiner Oxidation spielen Hämoproteine, darunter das Oxy-Hämoglobin der roten Blutzellen, eine Sulfid-Oxidase, Glutathion und eine Sulfit-Oxidase eine wichtige Rolle. Ähnlich wie Cyanid, jedoch mit einer geringeren Affinität, bindet Hydrogensulfid an das dreiwertige Eisen des Methämoglobins und bildet Sulfmethämoglobin. Der im Vergleich zum Cyanid geringeren Affinität des Hydrogensulfids steht ein höherer Dissoziationsgrad des H_2S gegenüber, das bei physiologischem pH-Wert von 7.4 zu zwei Dritteln als Hydrogensulfid vorliegt, während nur rund 2% HCN zu CN^- dissoziiert sind.

Da die Vergiftung mit H_2S weitgehend reversibel ist, sollte der Vergiftete so schnell als möglich aus der H_2S-Atmosphäre gebracht werden. Dabei ist es wichtig, daß der Retter sich mit Atemmaske oder Sauerstoffgerät schützt. Bei spontaner Atmung des Vergifteten wird H_2S rasch aus dem Körper eliminiert und es kommt zur schnellen Erholung. Die Beatmung mit 100% Sauerstoff beschleunigt ganz wesentlich diesen Prozeß. Ein Arzt sollte gegebenenfalles eine Azidosebehandlung sowie eine Lungenödemprophylaxe durch Inhalation eines Glukokortikoids als Aerosol einleiten. Der Einsatz von Methämoglobinbildnern zeigt keinen sichtbaren Erfolg bei dieser Vergiftung (vgl. Cyanid).

3 Karzinogenese

3.1 Tumorerkrankungen

Krebs zählt zu den am meisten gefürchteten Krankheiten. Dies beruht zum einen darauf, daß nur ein Teil der Erkrankungen geheilt werden kann, und zum anderen auf dem hohen Leidensdruck, verbunden mit dem Gefühl, einem unwiderruflichen Schicksal ausgeliefert zu sein. In den westlichen Industrieländern erkrankt etwa jeder vierte an Krebs, und beinahe jeder fünfte stirbt daran (Tab. 11).

Obwohl nahezu alle Organe von Krebserkrankungen befallen werden können, konzentrieren sich fast 75% aller tödlich verlaufenden Erkrankungen auf nur wenige Organe (Tab. 12).

Dabei steigt die Krebssterblichkeit in Abhängigkeit vom Alter stark an. Wie aus Tabelle 13 hervorgeht, ist der Krebstod vorwiegend ein Ereignis des höheren Alters. Diese Tatsache und die höhere Lebenserwartung in den Industriestaaten (heute zwischen 75 und 80 Jahren) im Vergleich zu der während der Jahrhundertwende (zwischen 45 und 50 Jahren) erklären, daß früher weit weniger Menschen an Krebs erkrankten.

Todesursache	Häufigkeit
Herz-Kreislauf-Erkrankungen	45
Krebs	20
Atemwegserkrankungen	7
Unfall	4
Sonstige	24

Tab. 11: Häufigkeit der Todesursachen in der europäischen Bevölkerung in %.

Krebserkrankung	Häufigkeit
Lunge	27
Dickdarm, Enddarm	14
Brust (Mamma)	9
Pankreas	5
Prostata	5
Magen	7
Leukämie, Lymphome	9
Sonstige	24

Tab. 12: Häufigkeit verschiedener Krebsarten in %.

Alter	Männer	Frauen
Jahre	Fälle/100.000	
45	145	146
50	188	167
55	313	229
60	438	354
65	625	440
70	813	604
75	1375	815
80	1980	1125
85	2565	1495
90	3375	2000

Tab. 13: Krebs als Todesursache in Abhängigkeit vom Lebensalter, 1995 West-Deutschland.

Von den Tumorerkrankungen der Geschlechtsorgane abgesehen, sind durchaus unterschiedliche Häufigkeiten bestimmter Organtumore bei Männern und Frauen zu beobachten (Tab. 14). Die höhere Häufigkeit der Erkrankungen bei Männern hat einen Bezug zum größeren Anteil an Rauchern.

Organ	Männer	Frauen
Mundhöhle und Rachen	5400	1500
Speiseröhre	2050	600
Kehlkopf	2400	300
Atmungsorgane	28000	5800
Harnblase	12000	3500

Tab. 14: Anzahl von Tumorerkrankungen an bestimmten Organen pro Jahr in Deutschland

Vermutungen über mögliche Beziehungen zwischen Krebserkrankungen und dem Kontakt bzw. der Aufnahme bestimmter Stoffe oder auch gewissen Lebens- oder Ernährungsgewohnheiten sowie Arbeitsbedingungen gehen bis in die Antike zurück. Wie Tabelle 15 zeigt, wurden ab Mitte des 18. Jhdt. die Beobachtungen systematisch erfaßt.

Autor	Jahr	Noxe	Organ
Hill	1761	Schnupftabak	Nase
Pott	1775	Ruß	Skrotum
Billharz	1852	Nematoden	Blase, Harnwege
von Volkmann	1875	Teer	Haut
Rehn	1885	arom. Aminfarbstoffe	Blase, Harnwege
van Trieben	1902	Röntgenstrahlen	Haut
Teutschländer	1928	Pechblende	Haut
Martland	1929	Radium	Knochen
Gloyne	1931	Asbest	Lunge
Pfeil	1935	Chromate	Atemwege
Kinosita	1936	Buttergelb	Leber
Herbst	1970	Diethylstilboestrol	weibl. Genitaltrakt

Tab. 15: Krebsursachen nach dem Jahr der Entdeckung.

Es muß davon ausgegangen werden, daß Einflüsse aus nahezu allen Bereichen des täglichen Lebens zur Auslösung von Krebserkrankungen des Menschen beitragen können (Tab. 16).

Tab. 16 →: Ursachen für Todesfälle durch Krebs nach Faktoren gruppiert.

Faktor	Ursache %
Lebensmittel	37
Tabak (Rauchen)	30
Alkohol	2
Reproduktives Verhalten	7
Beruf	4
Sonnenlicht, Strahlen	3
Arzneimittel	1
Industriechemikalien	1
Lebensmittelzusätze	1
Infektion: Viren, Bakterien, Parasiten	10

3.2 Genotoxizität

Für die Krebsentstehung spielen Reaktionen von Fremdstoffen mit dem genetischen Material (Erbgut) einer Zelle, in dem die Informationen über deren Aufbau und Funktion sowie für die Zellteilung und Zelldifferenzierung gespeichert sind, eine wesentliche Rolle.

Ein genotoxischer Stoff ist in der Lage, das Ergbut einer Zelle bleibend zu verändern, d. h. Mutationen auszulösen. Diese Eigenschaft genotoxischer Stoffe ist von besonderer Bedeutung, weil

- bei Körperzellen aufgrund somatischer Mutationen mit der Entstehung von Tumoren zu rechnen ist,

- bei Keimzellen aufgrund von Keimbahnmutationen die Gefahr von Schäden für die Nachkommen besteht,

- bei vielen Stoffen bereits nach kleinsten Dosen die Auslösung einer Mutation zu erwarten ist und sich die Wirkungen wiederholter Stoffexpositionen addieren,

- sich eine Tumorauslösung beim Menschen meist erst nach mehreren Jahren oder Jahrzehnten zu erkennen gibt.

Die Kenntnisse über genotoxische Stoffe können präventiv genutzt werden, was von eminenter Bedeutung ist. Die epidemiologische Erfassung ist außerordentlich aufwendig und kostspielig, und die daraus gewonnenen Erkenntnisse lassen sich nur retrospektiv nutzen.

3.2.1 Molekulare Mechanismen der Genotoxizität

Die meisten der heute bekannten chemischen Mutagene interagieren mit der Desoxyribonukleinsäure (DNA), indem sie als Elektrophile besonders mit den nukleophilen Zentren der DNA Addukte bilden.

Auf die umfangreiche Biochemie des genetischen Apparates einer Zelle sowie dessen Funktion soll hier nicht eingegangen werden. Es wird auf die einschlägige Lehrbuchliteratur verwiesen. Die folgenden Erläuterungen beschränken sich auf die wesentlichen Mechanismen, die zum Verständnis der Wirkungen genotoxischer Stoffe erforderlich sind.

Die DNA ist aus Pyrimidin- und Purinbasen aufgebaut, welche über Desoxyribose und Phosphorsäureester zu langen Ketten polymerisiert sind (Abb. 44). Eine Einheit von jeweils drei Basen (Triplett) stellt dabei eine kodierte Information dar, die durch den Vorgang der Transkription als messenger-RNA (mRNA) weitergegeben wird und in der ribosomalen Proteinsynthese (Translation) die Identität einer Aminosäure festlegt.

Die DNA des Zellkerns hat die Form einer Doppelhelix, in der zwei DNA-Ketten über jeweils komplementäre Basenpaare (Adenin/Thymin, A/C, und Guanin/Cytosin, G/C) durch Wasserstoffbrücken miteinander verbunden sind (Abb. 44).

Zur DNA-Replikation muß sich die Doppelhelix trennen, und jeder Einzelstrang dient als Matrix für die Synthese eines komplementären Gegenstranges. Auf diesem Wege erhält bei der Zellteilung jede Tochterzelle die identischen Information von der Mutterzelle. Die Konstanz des DNA-Strangaufbaues ist dabei außerordentlich hoch. Die Fehlerraten liegen zwischen $1 : 10^5$ bis $1 : 10^{10}$, da eine Reihe von Enzymsystemen den Vorgang an folgenden Punkten kontrolliert:

- Wahl des richtigen Nukleotids (Base verbunden mit Ribose-Phosphorsäureester) durch die DNA-Polymerase,

- Erkennen falscher Basenpaare am 3'-Ende des entstehenden Stranges durch eine 3'-5'-Exonuklease und Elimination dieser Basenpaare,

- Erkennen falscher Basenpaare in der fertigen, neu synthetisierten DNA sowie deren Elimination (Postreplikations-Reparatur).

Diese Prozesse können auf vielfältige Weise durch genotoxische Substanzen beeinflußt werden, so z. B. durch chemische Veränderungen der Basen, Störungen der Polymeraseaktivitäten, chemischen Angriff an den Phosphatgruppen und/oder Beinträchtigung der Reparaturmechanismen.

Eine modifizierte Base kann die Ausbildung von Wasserstoffbrücken ändern. Dies führt möglicherweise in der Replikationsphase zu einer anderen Basenpaarung. Damit ist auch das kodierende Triplett modifiziert und es entsteht schließlich ein Protein mit einer falschen Aminosäure.

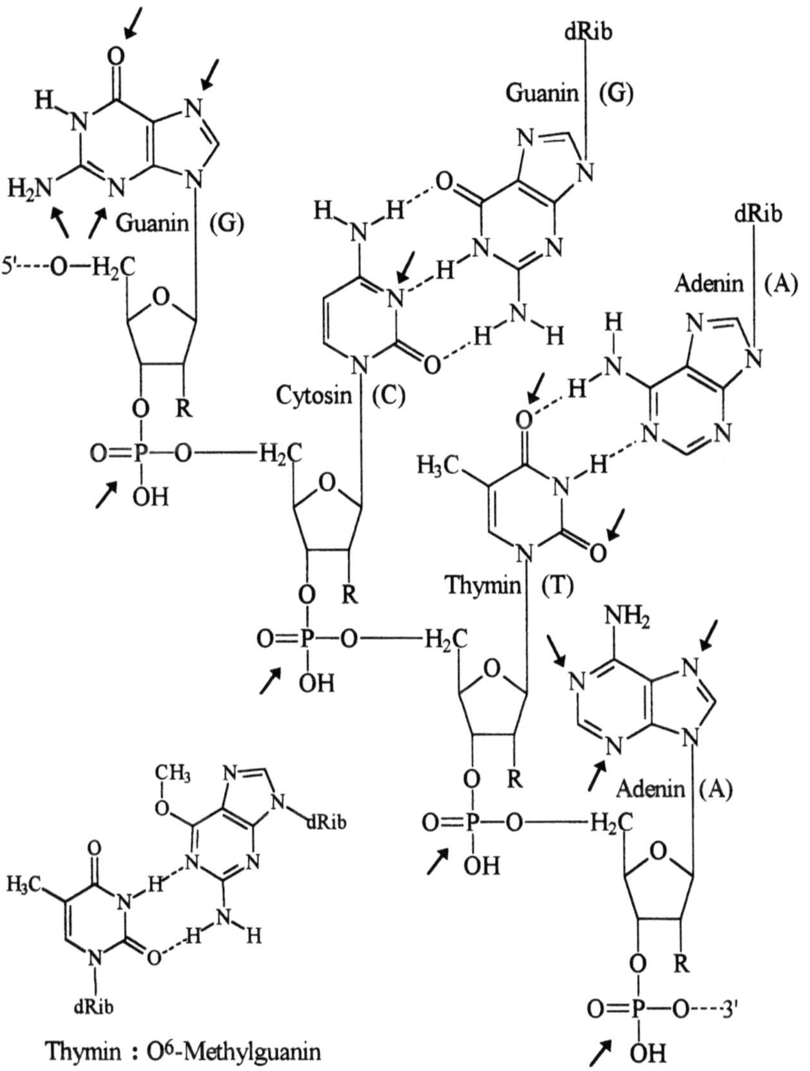

Abb. 44: Ausschnitt aus der DNA (teilweise einsträngig). Auf die nukleophilen Zentren zeigen Pfeile. Für Cytosin (C) und Thymin (T) sind oben rechts zusätzlich die komplementären Basen Guanin (G) und Adenin (A) mit ihren Wasserstoffbrücken abgebildet. Unten links das komplementäre Paar Thymin : O^6-Methylguanin.

Eine Methylierung des Guanins an O^6 führt dazu, daß sich zum Cytosin keine Wasserstoffbrücken ausbilden. Stattdessen gelingt eine 2-fache H-Brücke zum Thymin (Abb. 44). O^6-Methylguanin verhält sich also wie Adenin komplementär zu Thymin.

Eine solche DNA-Alkylierung selbst stellt noch keine Mutation dar, sie kann aber bei fehlender oder nicht korrekter Reparatur zu einer Mutation führen (Abb. 45). Im vorliegenden Beispiel ist nach zwei Replikationszyklen das ursprüngliche Basenpaar G/C durch das Basenpaar A/T ersetzt worden. Diese Mutation hat zur Folge, daß im Protein, dessen Gen vom Basenaustausch betroffen ist, an einer bestimmten Position die Aminosäure Serin durch Phenylalanin ausgewechselt ist.

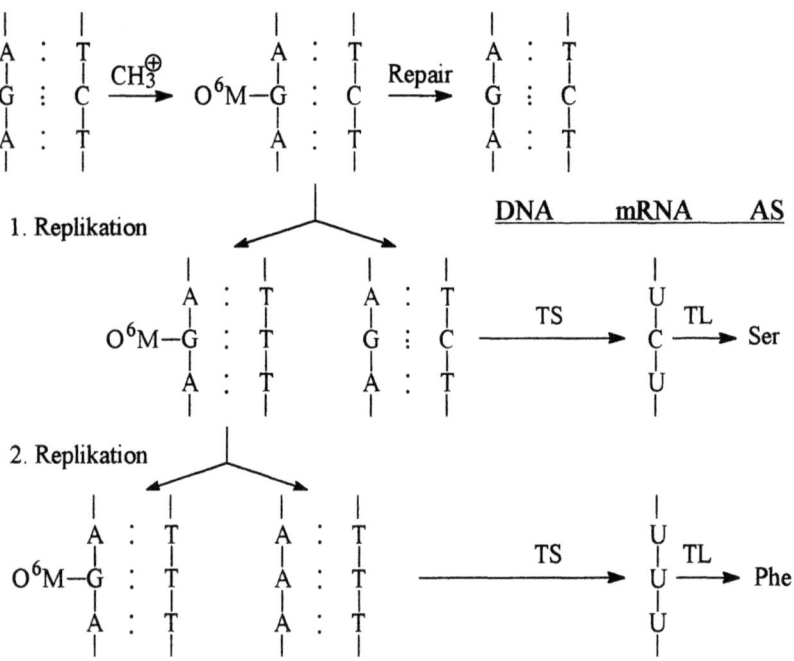

Abb. 45: DNA-Replikation nach Alkylierung von Guanin in Position O^6. TS = Transkription, TL = Translation, AS = Aminosäure.

Da die Basen zahlreiche nukleophile Zentren besitzen (Abb. 44), können Alkylierungen zu vielfältigen Basenpaar-Umwandlungen führen. Es entspricht den Erfahrungen, daß kleine Elektrophile wie methylierende

Agenzien an verschiedenen, vorher nicht vorausbestimmbaren nukleophilen Zentren alkylieren können.

Neben der Basenpaar-Umwandlung sind noch weitere Folgereaktionen nach nukleophilen Angriffen bekannt, wie die Depurinisierung nach Alkylierung von Purinbasen im Imidazolring (Abb. 46.) Einer Depurinisierung wie einer Alkylierung der Hydroxyl-Gruppe in der Phosphorsäureestergruppe folgt nicht selten ein DNA-Strangbruch. Ein solcher führt zu schweren Störungen bei der Replikation und kann Ursache für Chromosomen-Mutationen (Aberrationen) sein.

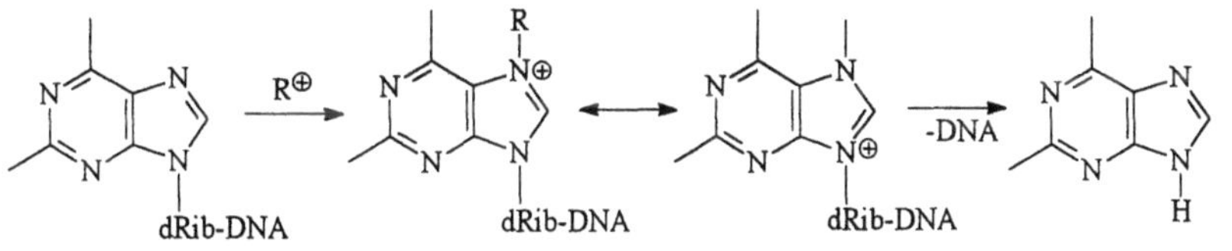

Abb. 46: Depurinisierung von DNA durch Purinalkylierung

Außer der Mutation durch Basenpaarsubstitution ist ein weiterer durch Karzinogene ausgelöster Mutationstyp bekannt. Eine Rasterschub- oder Frameshift-Mutation entsteht durch Einfügen (Insertion) oder Überspringen (Deletion) einer Base bei der Transkription (Abb. 47). Ein solcher Effekt wird ausgelöst, wenn durch externe Einflüsse die Abstände zwischen den Basen vergrößert werden. Dies gelingt z. B. durch Alkylierung einer Base mit einem voluminösen Rest oder Einlagerung eines planaren, meist mehrkernigen Fremdstoffes in die DNA-Helix.

Insertion	AXB	CAB	CAB	CAB
Normal	ABC	ABC	ABC	ABC
Deletion	A|CA	BCA	BCA	BCA

Abb. 47: Beispiel für eine Rasterschub- oder Frameshift-Mutation. Ausgehend vom Normalzustand in der Mitte ist nach oben eine Insertion, nach unten eine Deletion dargestellt. Der Kode wird kommalos nach rechts gelesen.

Im Vergleich zur Basenpaarsubstitution ergibt sich aus einer Rasterschubmutation eine erheblich größere Änderung des Gens mit Konsequenzen für das kodierte Protein, da alle folgenden Aminosäuren verändert werden.

Der größte Teil der durch genotoxische Stoffe hervorgerufenen DNA-Veränderungen wird in der Regel durch Reparaturmechanismen korrigiert, die im wesentlichen nach folgendem Schema arbeiten:

- Aufschneiden des DNA-Stranges in der Nähe des Schadens durch Endonukleasen und Elimination der fehlerhaften Base zusammen mit Basen der Umgebung durch Exonukleasen,

- Neusynthese des eliminierten Teilstücks durch eine DNA-Polymerase vom 3'-Ende aus,

- Verknüpfung des neuen Teilstücks mit der alten DNA am 5'-Ende durch eine DNA-Ligase.

Aufgrund dieser Mechanismen ist verständlich, daß mutagene Reaktionen, die eine Schwächung des sogenannten Repairsystems zur Folge haben oder Substanzen, die direkt das Repairsystem in seiner Wirkung hemmen, ohne selbst direkt mutagene Eigenschaften zu besitzen (Co-Mutagene), die mutagene Potenz einer Substanz erheblich zu steigern vermögen.

Je nach Art und Ausmaß der Veränderung des Erbmaterials resultieren:

- *Gen-Mutationen (Punktmutationen)*
  Basenpaarsubstitutionen
  Rasterschubmutationen
- *Chromosomen-Mutationen (Aberrationen)*

Defizienz	-Verlust eines Chromosomenabschnitts
Deletion	-Verlust eines terminalen Chromosomenabschnittes
Insertion	-Aufnahme eines fremden Chromosomenabschnittes
Interchange	-Austausch von Chromosomenabschnitten zwischen zwei verschiedenen Chromosomen
Inversion	-Umkehr eines Chromosomenabschnittes um 180 Grad

- *Genom-Mutationen*
  Verlust oder Zugewinn eines oder mehrerer Chromosomen.

Während Gen-Mutationen im submikroskopischen Bereich liegen, lassen sich Chromosomen- und Genom-Mutationen mikroskopisch nachweisen, was für die Erkennung genotoxischer Eigenschaften in der experimentellen Toxikologie und für die Überwachung von Personen von Bedeutung ist, die mit mutagenen/karzinogenen Stoffen umgehen.

3.2.2 Tumorentwicklung

Eine durch genotoxische Stoffe ausgelöste Mutation ist zwar ein wichtiger Schritt bei der Entstehung von Krebs, zur malignen Transformation einer Normalzelle in eine Tumorzelle reicht eine Mutation allein jedoch nicht aus. Ergänzend sei darauf hingewiesen, daß auch tumorerzeugende Prozesse bekannt sind, die nicht auf einer genotoxischen Basisreaktion beruhen, wie Infektion durch Viren oder epigenetische Faktoren. Hier soll allerdings die Betrachtung auf die Tumorauslösung durch chemische Stoffe beschränkt bleiben.

Der Tumorentstehung liegt ein Mehrstufenprozess zugrunde, in dem eine normale Zelle mit kontrollierten Wachstums-, Differenzierungs-, Abgrenzungs- und Zellteilungsmechanismen schrittweise in eine Tumorzelle mit unkontrollierten Mechanismen der Zellvermehrung übergeht.

Basis für diese Kontrolle ist der Zellzyklus (Abb. 48). Die vorhandenen Kontrollmechanismen entscheiden darüber, ob die Zelle nach einer Zellteilung (Mitose, M) entweder in einen neuen Zellteilungszyklus eintritt oder in einer Warteschleife (G_0) verharrt und dort in den Zelldifferenzierungs- oder Alterungsprozess übergeht.

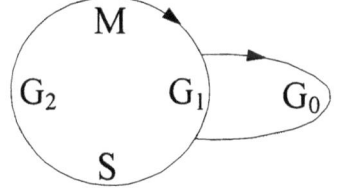

Abb. 48: Darstellung des Zellzyklus.
M: Mitose;
G_1: Wachstumsphase;
S: Proliferation, DNA-Synthesephase;
G_2: Vorbereitung zur Mitose;
G_0: Warteschleife mit Wachstumsstop, Differenzierung.

Zu diesen Kontrollmechanismen gehören sowohl Wachstumsaktivatoren als auch Wachstumsinhibitoren. In einer gesunden Zelle liegen sie in einem ausgewogenen Gleichgewicht vor. Wird es gestört, und verliert die Zelle die Fähigkeit zur Vermehrungskontrolle, kommt es zur Tumorbildung.

Die Wachstumskontrolle kann entweder verloren gehen, weil sich Wachstumsaktivatoren nicht mehr inaktivieren oder Wachstumsinhibitoren nicht mehr aktivieren lassen. In einer Tumorzelle trifft in der Regel beides zu.

Wachstumsaktivatoren werden von sogenannten Proto-Onkogenen kodiert, die normales Wachstum und Differenzierung steuern. Durch bestimmte Mutationen (3.2.1) können die Proto-Onkogene in Onkogene überführt werden und stellen dann permanent aktive Wachstumsaktivatoren dar, die sich nicht mehr inhibieren lassen. Als Mutationsmechanismen, die zur Umwandlung von Proto-Onkogenen in Onkogene führen, kommen nur solche in Frage, bei denen die wachstumsaktivierende Kompenente des Onkoproteins erhalten bleibt. Vier solcher Mechanismen sind bisher bekannt:

Punktmutation (vgl. 3.2.1), Translokation, Amplifikation, Aktivierung.

Bei einer Translokation kommt es zur Neukombination von zwei Genen. Unter Amplifikation wird die lokale Vermehrung eines Proto-Onkogens verstanden, und eine Aktivierung bedeutet eine Mutation im Kontrollbereich des Proto-Onkogens.

Wachstumsinhibitoren dagegen sind wachstumshemmende Proteine, welche die Replikation der DNA verhindern. Sie werden von sogenannten Tumor-Suppressorgenen kodiert. Ein Beispiel ist das Gen p53, das bei zahlreichen Tumorerkrankungen eine Rolle spielt, indem es den Eintritt in die Phase der DNA-Synthese im Zellzyklus kontrolliert. Für Tumor-Suppressorgene sind alle Mutationen von Bedeutung, die zu inaktiven Wachstumsinhibitoren führen.

Zwischen der Auslösung einer Mutation und der Ausbildung eines manifesten malignen Tumors liegt in der Regel ein Zeitraum von mehreren Jahren bis Jahrzehnten. In dieser Zeit sind verschiedene Phasen der Tumorentwicklung zu unterscheiden:

Initiation, Promotion, Progression.

In der Initiationsphase kommt es zur Reaktion des Karzinogens (Initiator) mit der DNA (vgl. 3.2.1) und Ausbildung eines irreversiblen Genschadens, der auch nach einer Zellteilung erhalten bleibt (Mutation).

Während der Promotionsphase, die im Gegensatz zur Initiationsphase ein längerfristiger Prozeß ist, wird durch eine erhöhte Mitoserate bei gleichzeitiger Unterdrückung der Apoptose (aktive physiologische Form des Zelltodes) aus initiierten Zellen eine Zellpopulation mit identischen Mutationen, die als Krebsvorstufe angesehen werden kann. Die Zellen eines solchen Klons zeigen bereits die morphologischen oder biochemischen Folgen der Mutation, wodurch sie mikroskopisch oder histochemisch in Form von Zellinseln (Foci) von normalen Zellen zu unterscheiden sind.

Als Promotoren sind eine Fülle von chemischen Stoffen mit sehr unterschiedlichen chemischen Strukturen bekannt geworden. Typische tierexperimentelle Promotoren sind das von einem Naturstoff abgeleitete 12-O-Tetradecanoylphorbol-13-acetat (Haut), Phenobarbital und TCDD (Leber), Ethinyloestradiol (Leber und Niere) und Saccharin (Blase).

Tumorpromotoren verfügen in der Regel nicht über eigene genotoxische Eigenschaften. Sie bewirken meist eine reversible Stimulierung des Zellwachstums durch Eingriffe Signaltransduktionsketten. Ihre Wirkungen sind daher reversibel. Dabei hängt ihre promovierende Wirkung von der zeitlichen Abfolge ihrer Applikation im Vergleich zum Initiator sowie von der in der Zeiteinheit gegebenen Dosis ab (Abb. 49).

Im Gegensatz zur wiederholten Applikation (A) eines Karzinogens führt weder eine einmalige Dosis (B) noch die alleinige Gabe eines Promotors (C) zur Auslösung von Tumoren. Diese entwickeln sich jedoch auch nach einmaliger Gabe des Karzinogens, wenn anschließend (D) - nicht aber vorher (E) - ein Promotor mehrfach in kurzen Abständen appliziert wird. Dabei darf ein zeitlicher Höchstabstand zwischen der Gabe des Initiators und Promotors (F) bzw. zwischen dessen einzelnen Gaben nicht überschritten werden (G).

								Tumor
A	K	K	K	K	K			+
B	K							-
C	*P*	*P*	*P*	*P*	*P*			-
D	K	*P*	*P*	*P*	*P*	*P*		+
E	*P*	*P*	*P*	*P*	*P*	K		-
F	K		*P*		*P*		*P*	-
G	K			*P*	*P*	*P*	*P* *P*	+
	Zeit ⟶							

Abb 49: Die Wechselwirkung von Promotoren und Karzinogenen bei der Entstehung von Tumoren (K = Karzinogen; *P* = Promotor).

In der Progressionsphase kommt es zu einer Zunahme der Wachstumsautonomie der Zellen und zur Entwicklung eines Mikrotumors, der meist im Zeitraum von Jahren zum Tumor heranwächst. In dieser Phase ereignen sich weitere genotoxische Reaktionen mit neuen Mutationen, die zur Aktivierung von weiteren Proto-Onkogenen führen. Durch die verstärkte Proliferation in der Promotionsphase können weitere Mutationen erfolgen, zusätzlich zu den aus der Initiationsphase bereits vorhandenen genetischen Schäden. Entsprechend ist während der Progressionsphase vermehrt das Auftreten von Chromosomenschäden und eine Veränderung des Genoms (Entdifferenzierung) zu beobachten. Für diese Schäden sind Mutagene verantwortlich, die zu Strangbrüchen führen, sogenannte Klastogene.

3.3 Genotoxische Stoffe

Entsprechend ihrem Wirkungsmechanismus können zwei Gruppen von genotoxischen Stoffen unterschieden werden, nämlich direkt genotoxisch wirkende Stoffe, die aufgrund ihrer chemischen Reaktivität in der Lage sind, direkt mit der DNA zu reagieren, und indirekt genotoxisch wirkende Stoffe. Letztere wirken nur mittelbar genotoxisch, da sie einer metabolischen Aktivierung bedürfen und erst Metabolite als ultimate Karzinogene wirken. Weiterhin ist noch die chemisch sehr heterogene Gruppe epigenetisch wirksamer Karzinogene zu beachten, die ohne direkten Angriff am genetischen Material eine Tumorbildung veranlassen. Auf diese Gruppe wird hier nicht näher eingegangen.

Dem chemisch ausgerichteten Leser wird nachfolgend anhand von Stoffgruppen eine Übersicht über potentiell genotoxische chemische Grundstrukturen gegeben. Dies mag hilfreich sein, ein Gespür dafür zu entwickeln, bei der Suche nach neuen Stoffen und beim Umgang mit ihnen Gefahren frühzeitig zu erkennen.

Auf die Frage nach einer möglichen oder nachgewiesenen Karzinogenität für den Menschen wird nicht im einzelnen eingegangen. Die Auswahl der genotoxischen Stoffe erfolgte aufgrund einer in entsprechenden Testsystemen nachgewiesenen DNA-Aktivität oder Mutagenität bzw. einer in Tierexperiment nachgewiesenen Karzinogenität. Die Besprechung weiterer toxischer Eigenschaften neben der Genotoxizität, wie sie bei vielen karzinogenen Stoffen anzutreffen sind, bleibt ausgeklammert.

3.3.1 Direkt genotoxisch wirkende Stoffe

Hier sind im wesentlichen vier Gruppen zu unterscheiden
- alkylierende Stoffe (Alkylanzien),
- Stoffe, die insbesondere mit reaktiven Doppelbindungen Additionsreaktionen eingehen können,
- Stoffe, die reaktive Sauerstoffspezies erzeugen,
- interkalierende Stoffe.

• **Alkylantien**

In chemischen Synthesen finden sehr viele Alkylanzien Anwendung, wobei in der Regel Alkylierungsreaktionen nicht unter physiologischen Bedingungen ablaufen. Eine unter physiologisch-biologischen Bedingungen (wäßriges Medium, pH-Wert um 7.4 und 37°C) ausreichend alkylierende Wirkung ist allerdings Voraussetzung für die Auslösung genotoxischer Reaktionen.

Zur Abschätzung der alkylierenden Fähigkeit unter annähernd biologischen Bedingungen können nukleophile Farbstoffe wie 4-Nitro-benzyl-pyridin (NBP) dienen (Abb. 50). Bei der Inkubation von NBP mit einem Alkylanz bildet sich zunächst durch Alkylierung am Pyridinstickstoff ein farbloses quarternäres Salz, das durch Zugabe einer Base in einen violetten Farbstoff überführt werden kann. Diese Reaktion läuft über einen relativ weiten Konzentrationsbereich linear ab, und die Höhe der Extinktion ist bei konstanter Inkubationszeit und äquimolarer Konzentration der Testsubstanzen ein gutes Maß für deren alkylierende Wirkung.

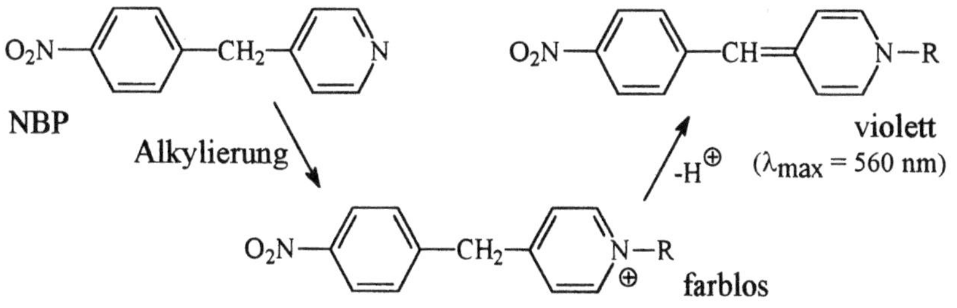

Abb. 50: Reaktion von 4-Nitrobenzylpyridin (NBP) mit Alkylanzien.

Aus den Ergebnissen kann jedoch nicht generell auf die genotoxische Wirkung geschlossen werden, da kinetische Einflüsse wie Stoffaufnahme, Resorption, Organverteilung, Metabolismus und Ausscheidung noch zu berücksichtigen sind. Der NBP-Test beweist somit nicht die Genotoxizität eines Stoffes, sondern gibt nur einen Hinweis darauf.

- **Alkylhalogenide**

Halogenkohlenwasserstoffe wie Methyl- Ethyl- und Benzylhalogenide müssen grundsätzlich als genotoxisch und karzinogen angesehen werden. Die Reaktivität und Genotoxizität nimmt von Chlormethan über Brommethan zu Iodmethan zu (Abb. 51). Fluormethan gilt als nicht genotoxisch. Die Reaktivität von den Methylhalogeniden zu den längerkettigen Halogeniden nimmt ab.

$$R-CH_2-X \xrightarrow{Bl^{\ominus}} R-CH_2-B + X^{\ominus}$$

$$X = I > Br > Cl; \quad R = Benzyl- > H- > CH_3- > C_2H_5-$$

Abb. 51: Genotoxische Struktur-Wirkungsbeziehungen bei Alkylhalogeniden.

- **Haloether, Haloalkohole**

Alkylhalogenide erfahren durch Sauerstoff-Funktionen, die in Nachbarschaft zu einem Halogenatom stehen, eine erhebliche Reaktivitätssteigerung wie an den Haloalkoholen und Haloethern zu beobachten. Wie bei den Alkylhalogeniden nimmt hier die Reaktivität von den Chloriden über die Bromide zu den Iodiden zu. Abbildung 52 zeigt einige Vertreter dieser Stoffklasse, die in Synthesen häufig als reaktive Ausgangsstoffe Verwendung finden.

Haloether

$Cl-CH_2-O-CH_3$
Monochlormethylether

$Cl-CH_2-O-CH_2-Cl$
Bis(chlormethyl)-ether

$Cl-CH_2-CH_2-O-CH_2-CH_2-Cl$
Bis(2-chlorethyl)-ether

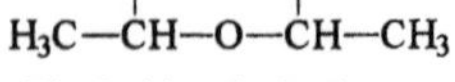

$H_3C-\overset{Cl}{\underset{|}{C}H}-O-\overset{Cl}{\underset{|}{C}H}-CH_3$
Bis(1-chlorethyl)-ether

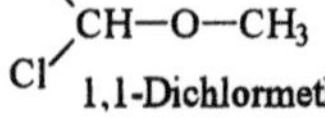

$\overset{Cl}{\underset{Cl}{>}}CH-O-CH_3$
1,1-Dichlormethylether

Haloalkohole

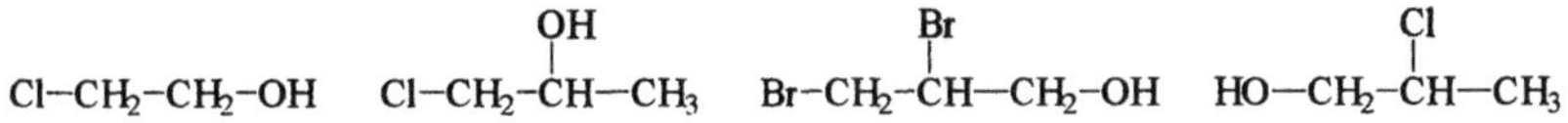

Cl–CH₂–CH₂–OH
2-Chlorethanol

Cl–CH₂–$\overset{\text{OH}}{\text{CH}}$–CH₃
1-Chlor-2-propanol

Br–CH₂–$\overset{\text{Br}}{\text{CH}}$–CH₂–OH
2,3-Dibrom-1-propanol

HO–CH₂–$\overset{\text{Cl}}{\text{CH}}$–CH₃
2-Chlor-1-propanol

Abb. 52: Genotoxische Haloether und Haloalkohole.

• **Entgiftung von Halogeniden**

Für Alkylhalogenide sowie Haloether und -alkohole gibt es im Organismus eine wichtige Entgiftungsreaktion in Form einer Kopplung an das Tripeptid Glutathion (GSH) mit Hilfe von Glutathion-S-Transferasen (GST) (Abb. 53). Als Endprodukte werden in der Regel Mercaptursäuren im Urin ausgeschieden.

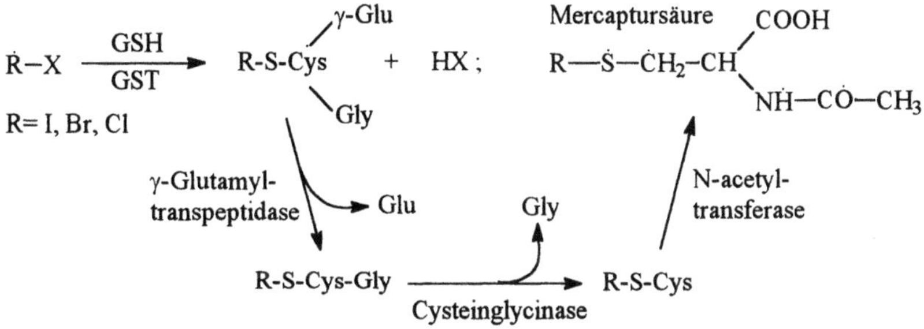

$$R-X \xrightarrow[\text{GST}]{\text{GSH}} R\text{-S-Cys} + HX \; ; \quad R-\overset{.}{S}-CH_2-CH\begin{array}{l}\text{COOH}\\ \text{NH}-CO-CH_3\end{array}$$

R = I, Br, Cl

γ-Glutamyltranspeptidase → Glu
Gly
N-acetyltransferase

R-S-Cys-Gly ――→ R-S-Cys
Cysteinglycinase

Abb. 53: Konjugation von Alkylhalogeniden mit GSH und Bildung von Mercaptursäuren. GSH = γ-Glu-Cys-Gly, GST = Glutathion-S-Transferase.

• **Mehrfach halogenierte Kohlenwasserstoffe**

Bei mehrfach halogenierten Kohlenwasserstoffen mit Position der Halogene in vicinaler Stellung führt die Konjugation mit Glutathion jedoch nicht zur Entgiftung, sondern zu hochreaktiven mutagenen und karzinogenen Episulfonium-Ionen (Thiiranium-Ionen), wie Abbildung 54 am Beispiel des 1,2-Dichlorethans zeigt.

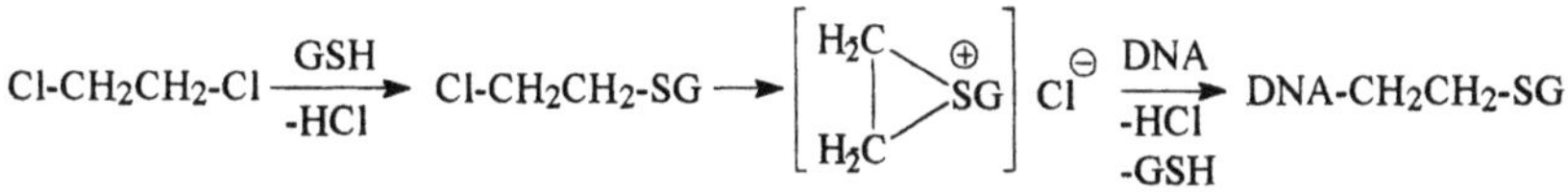

$$\text{Cl-CH}_2\text{CH}_2\text{-Cl} \xrightarrow[\text{-HCl}]{\text{GSH}} \text{Cl-CH}_2\text{CH}_2\text{-SG} \rightarrow \left[\begin{array}{c}H_2C\\ |\\ H_2C\end{array}\!\!\!\!>\!\!\overset{\oplus}{SG}\right] Cl^{\ominus} \xrightarrow[\text{-GSH}]{\text{DNA}\atop\text{-HCl}} \text{DNA-CH}_2\text{CH}_2\text{-SG}$$

Abb 54: Giftung von 1,2-Dichlorethan durch Glutathion (GSH).

Vom analogen 1,2-Dibromethan wurden nach Exposition und Hydrolyse der DNA eine große Zahl von ethylierten Basen nachgewiesen (Abb. 55). Beide Ethandihalogenide wurden bis 1988 dem Benzin als Scavenger zugesetzt, dann aber aufgrund ihrer Genotoxizität verboten.

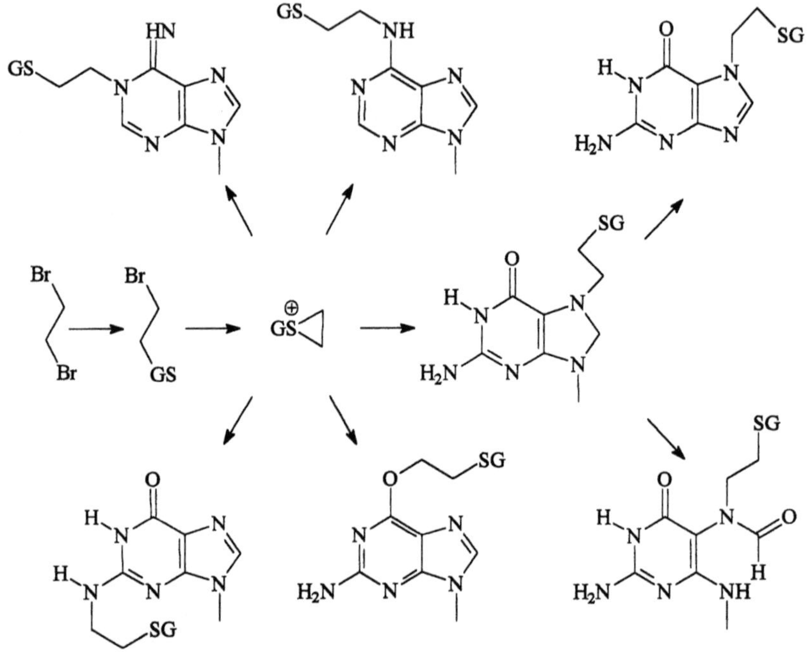

Abb. 55: Durch 1,2-Dibromethan in vivo ethylierte DNA-Basen.

In Abb. 56 sind weitere mehrfach halogenierte Kohlenwasserstoffe aufgeführt, für die es zumindest einen begründeten Verdacht auf Karzinogenität gibt. Von den beiden Trichlorethanen ist nur die 1,1,2-Trichlorvariante genotoxisch, da nur hier die Ausbildung einer Episulfoniumstruktur nach Konjugation mit Glutathion möglich ist.

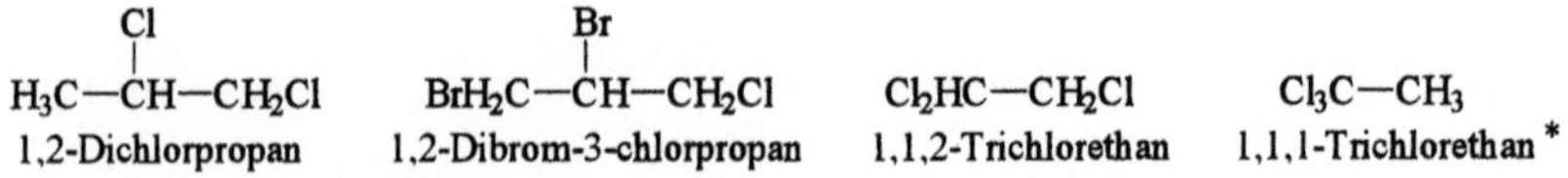

$H_3C-\overset{Cl}{\underset{|}{CH}}-CH_2Cl$ $BrH_2C-\overset{Br}{\underset{|}{CH}}-CH_2Cl$ Cl_2HC-CH_2Cl Cl_3C-CH_3
1,2-Dichlorpropan   1,2-Dibrom-3-chlorpropan   1,1,2-Trichlorethan   1,1,1-Trichlorethan *

Abb. 56: Genotoxische vicinal halogenierte Kohlenwasserstoffe. * nicht genotoxisch.

• **Stickstoff- und Schwefel-Loste**

Auf die Bildung einer intermediären, hochreaktiven Episulfonium-Struktur beruht auch die Karzinogenität von Dichlordiethylsulfid, auch als S-Lost bezeichnet, das als Kampfgas militärischen Zwecken gedient hat (Abb. 57).

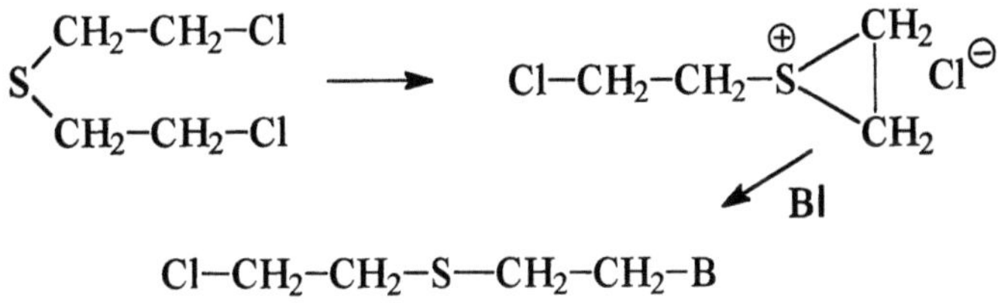

$$S\begin{matrix}CH_2-CH_2-Cl\\ CH_2-CH_2-Cl\end{matrix} \longrightarrow Cl-CH_2-CH_2-\overset{\oplus}{S}\begin{matrix}CH_2\\ |\\ CH_2\end{matrix} \; Cl^{\ominus}$$

$$\swarrow Bl$$

$$Cl-CH_2-CH_2-S-CH_2-CH_2-B$$

Abb. 57: Alkylierung von Nukleophilen durch S-Lost. Bl = Nukleobase oder Phosphatgruppe.

Nach analogem Reaktionsmechanismus verlaufen die Alkylierungsreaktionen bei Stickstofflostderivaten (N-Lost) unter Bildung einer intermediären Aziridinium (Ethylenimmonium)-Struktur (Abb. 58a).

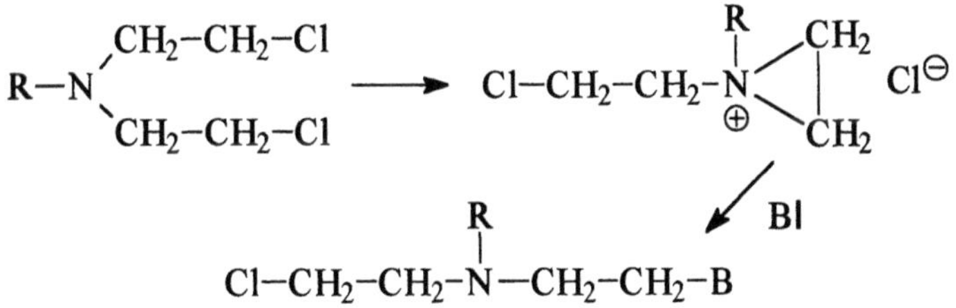

$$R-N\begin{matrix}CH_2-CH_2-Cl\\ CH_2-CH_2-Cl\end{matrix} \longrightarrow Cl-CH_2-CH_2-\underset{\oplus}{\overset{R}{N}}\begin{matrix}CH_2\\ |\\ CH_2\end{matrix} \; Cl^{\ominus}$$

$$\swarrow Bl$$

$$Cl-CH_2-CH_2-\overset{R}{\underset{|}{N}}-CH_2-CH_2-B$$

Abb. 58a: Alkylierung von Nukleophilen durch N-Loste. Das Alkyldichlordiethylamin kann als Methyl- oder Ethylverbindung (HN2 bzw. HN1) vorliegen. Im Falle eines dritten Chlorethyl-Restes handelt es sich um Trichlorethylamin (HN3).

Aufgrund der bifunktionellen Reaktionsmöglichkeit der Lostderivate können Vernetzungsreaktionen zwischen den DNA-Strängen auftreten (cross-linking-reaction) (Abb. 58b). Die weniger toxischen Lostderivate wie Cyclophosphamid werden als Zytostatika zur Behandlung leukämischer Erkrankungen eingesetzt.

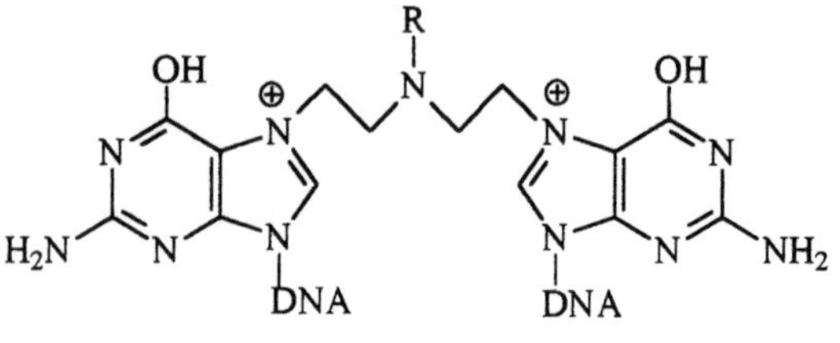

Abb. 58b: Als Beispiel ist links die Vernetzung von zwei in DNA-Strängen integrierten Guanin-Basen durch ein Lost-Derivat abgebildet.

• **Ethylenimine**

Die Ethylenimine verfügen über einen dem Stickstofflost analogen Reaktionsmechanismus, der insbesonde in einem schwach sauren pH-Bereich durch Protonierung aktiviert wird (Abb. 59).

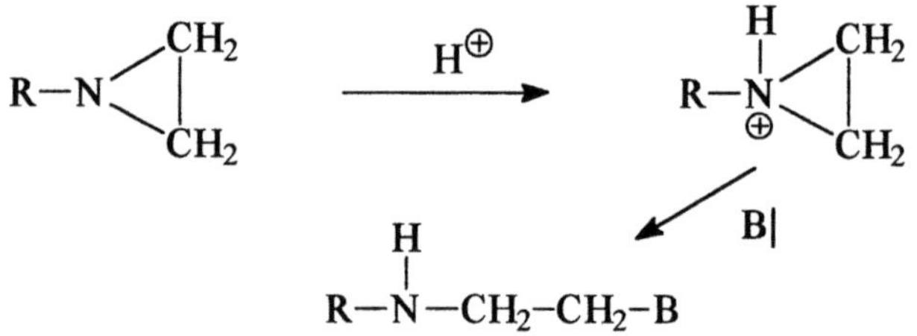

Abb. 59: Alkylierung von Nukleophilen durch Ethylenimine. B| = Nukleobase, Phosphatgruppe.

Dieser Aktivierungsmechanismus hatte zu der Annahme geführt, daß Stoffe mit mehreren Ethylenimingruppen im Molekül als Cytostatika verwendbar seien. Im Vergleich zu Normalzellen sollte wegen des niedrigeren pH-Wertes in Tumorzellen eine spezifischere 'Giftung' möglich sein. Jedoch wurde infolge der hohen Allgemeintoxizität der entwickelten Arzneimittel die Forschung in diesem Bereich wieder eingestellt.

• **Epoxide**

Über einen den Ethyleniminen analogen Aktivierungsmechanismus verfügen auch die Epoxide (Oxirane) (Abb. 60).

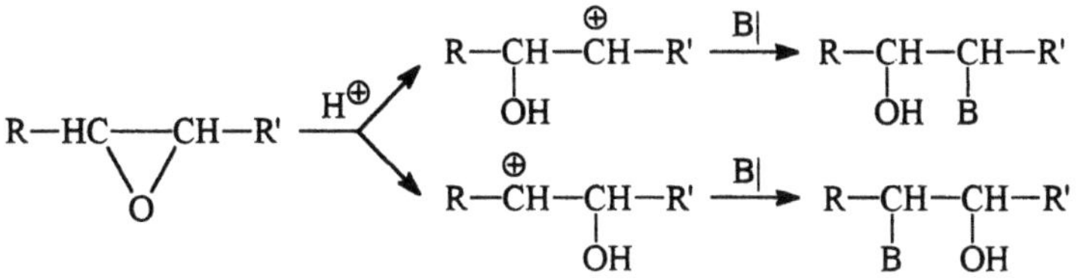

$$R-HC\underset{O}{-}CH-R' \xrightarrow{H^\oplus} \begin{matrix} R-CH-\overset{\oplus}{C}H-R' \\ | \\ OH \end{matrix} \xrightarrow{B|} \begin{matrix} R-CH-CH-R' \\ |\quad\quad | \\ OH\quad B \end{matrix}$$

$$\begin{matrix} R-\overset{\oplus}{C}H-CH-R' \\ |\quad\quad \\ OH \end{matrix} \xrightarrow{B|} \begin{matrix} R-CH-CH-R' \\ |\quad\quad | \\ B\quad OH \end{matrix}$$

Abb. 60: Alkylierung von Nukleophilen durch Epoxide. B| = Nukleobase, Phosphatgruppe.

Sie bilden eine Stoffgruppe, die in der technischen Chemie vielfältige Verwendung findet (Abb. 61).

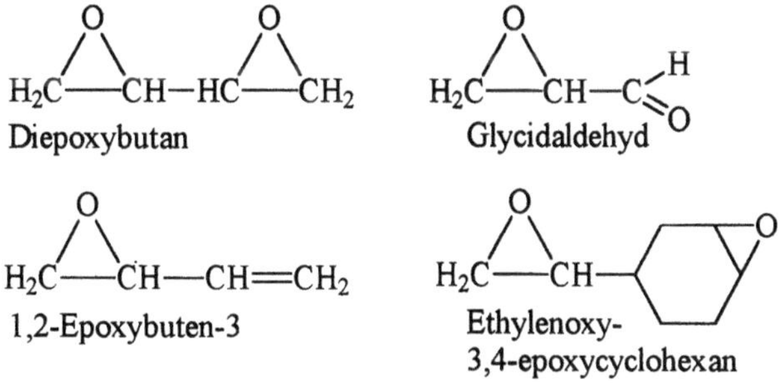

Diepoxybutan

Glycidaldehyd

1,2-Epoxybuten-3

Ethylenoxy-3,4-epoxycyclohexan

Abb. 61: Wichtige Epoxide aus der technischen Chemie.

Struktur	Aktivität
H_2C-CH_2 im Epoxid	↑↑
$CH_3-HC-CH_2$ im Epoxid	↑
$R-HC-CH_2$ im Epoxid	↑↑
R: $-CH_2Cl < -CHCl_2 \ll -CCl_3$	
R–C$_6$H$_4$–HC–CH$_2$ im Epoxid	
R : + M bzw. + I-Effekt	↓
R : – M bzw. – I-Effekt	↑

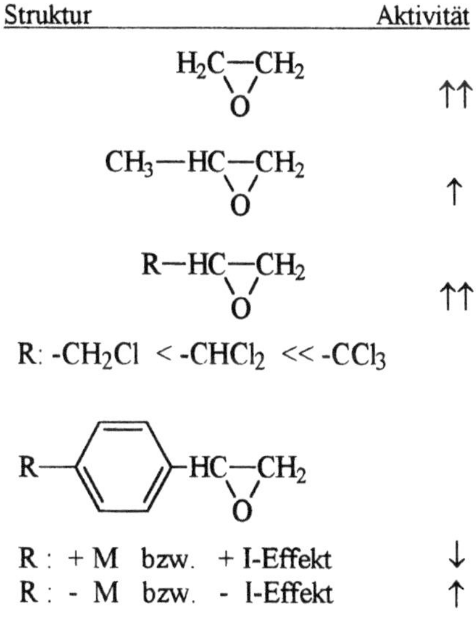

Die Reaktivität der Epoxide hängt ab von ihrer Struktursymmetrie sowie der Elektronendichte in dem gespannten Dreiring. So nimmt die Reaktivität mit zunehmend asymmetrischer Struktur, ebenso mit abnehmender Elektronendichte, z. B. durch Substituenten mit negativ induktivem oder mesomeren Effekt (Abb. 62) zu.

← Abb. 62: Beziehung zwischen chemischer Struktur und genotoxischer Wirkung (Aktivität).

Auch die β- und γ-Lactone besitzen gespannte Ringstrukturen, die wie die Ethylenimine und Epoxide in der Lage sind, mit nukleophilen Zentren zu reagieren (Abb. 63). Dabei nimmt die Reaktivität mit zunehmender Ringgröße rasch ab.

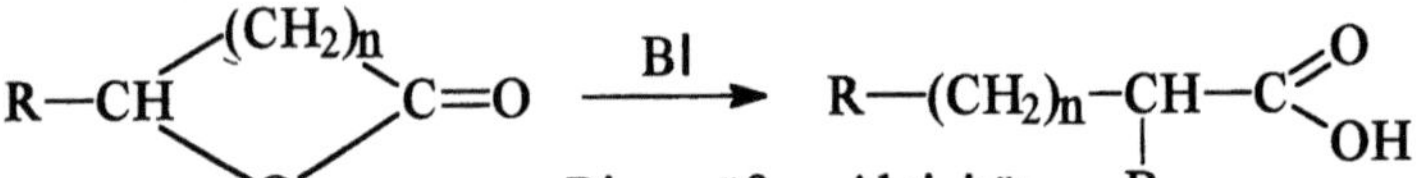

$$R-CH\underset{O}{\overset{(CH_2)_n}{\diagdown}}C=O \xrightarrow{Bl} R-(CH_2)_n-\underset{B}{CH}-C\underset{OH}{\overset{O}{\diagup}}$$

Ringgröße Aktivität
$n = 0$ (β)   ↑↑
$n = 1$ (γ)   ↑
$n = 2$ (δ)   –

Abb. 63: Alkylierung von Nukleophilen durch Laktone. Bl = Nukleobase, Phosphatgruppe.

Lactone finden vielfach in der chemischen Synthese als Ausgangs- oder Zwischenprodukte Verwendung.

• **Sultone**

Ebenso wie die Lactone zeigen auch Sultone, zyklische Ester von Sulfonsäuren, eine hohe Reaktivität und Genotoxizität, die jedoch ebenfalls mit zunehmender Ringgröße, d. h. abnehmender Ringspannung, abnimmt (Abb. 64). Sultone finden vielfach in der Modifizierung von Polymeren Verwendung.

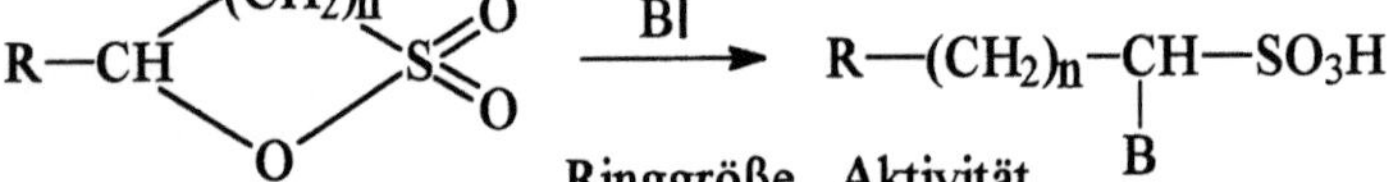

$$R-CH\underset{O}{\overset{(CH_2)_n}{\diagdown}}S\underset{O}{\overset{O}{\diagup}} \xrightarrow{Bl} R-(CH_2)_n-\underset{B}{CH}-SO_3H$$

Ringgröße Aktivität
$n = 0$ (β)   ↑↑↑
$n = 1$ (γ)   ↑↑
$n = 2$ (δ)   ↑

Abb. 64: Alkylierung von Nukleophilen durch Sultone. Bl = Nukleobase, Phosphatgruppe.

• **Alkylsulfonsäureester, Alkylsulfate**

Sulfonsäure- und Schwefelsäureester sind in der Lage, als alkylierende Agentien zu fungieren (Abb. 65). Ihre genotoxische Wirkung ist beachtlich, und sie sind im Tierversuch krebserzeugend.

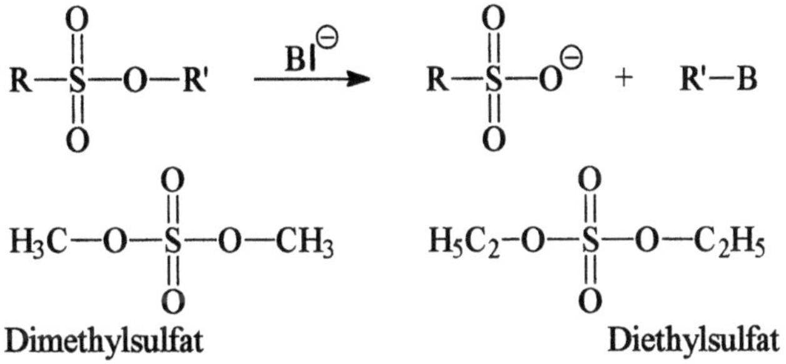

$$R-\underset{\underset{O}{\|}}{\overset{\overset{O}{\|}}{S}}-O-R' \xrightarrow{Bl^{\ominus}} R-\underset{\underset{O}{\|}}{\overset{\overset{O}{\|}}{S}}-O^{\ominus} + R'-B$$

$$H_3C-O-\underset{\underset{O}{\|}}{\overset{\overset{O}{\|}}{S}}-O-CH_3 \qquad H_5C_2-O-\underset{\underset{O}{\|}}{\overset{\overset{O}{\|}}{S}}-O-C_2H_5$$

Dimethylsulfat   Diethylsulfat

Abb. 65: Alkylierung von Nukleophilen durch Alkylsulfonsäureester und Alkylsulfate. R=R'=CH$_3$: Methylmethansulfonat (MMS), R=CH$_3$ und R'=C$_2$H$_5$: Ethylmethansulfonat (EMS).

• **Nitroso-Harnstoffe, -Amide, -Carbaminsäureester**

Diese stark genotoxischen Substanzklassen wirken zwar nicht als direkte Alkylanzien, bedürfen jedoch keiner enzymatischen Aktivierung. Dem Aktivierungsmechanismus liegt vielmehr eine Hydrolyse zu hochreaktiven Produkten zugrunde (Abb. 66). Dabei kommt es zur Bildung von Carbonium-Ionen bei einem pH-Wert unter 8. Bei höheren pH-Werten überwiegt die Diazomethanbildung.

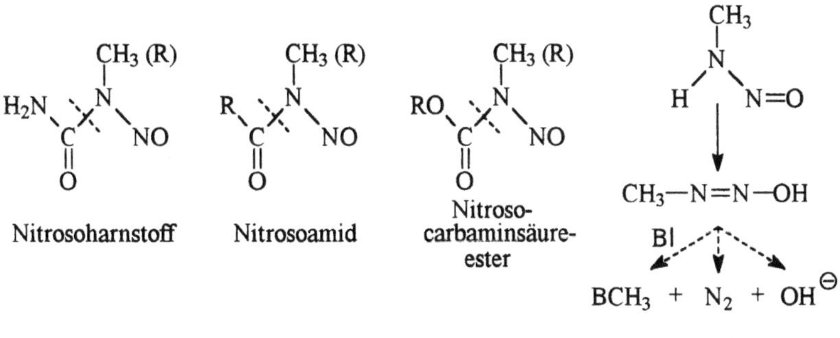

Nitrosoharnstoff   Nitrosoamid   Nitrosocarbaminsäureester

$$CH_3-N=N-OH$$
$$Bl \dashrightarrow$$
$$BCH_3 + N_2 + OH^{\ominus}$$

Abb. 66: Bildung von alkylierenden Carbenium-Ionen aus Nitrosoharnstoff, -amid und -carbaminsäureester. Rechts: Reaktion des Hydrolyseproduktes mit Nukleophil Bl.

Diese Nitrosoderivate können sich aus Nitrit-Ionen und den jeweiligen Alkylharnstoffen, Amiden oder Carbaminsäureestern bei einem pH-Wert von 1-3 bilden. Dieser pH-Wert liegt im Magen vor. Nitrit-Ionen können mit der Nahrung zugeführt oder durch Reduktion von Nitrat aus der Nahrung gebildet werden. Bei entsprechender Konstellation kann es daher zu Nitrosierungen im Magen kommen.

Fremdstoffe mit potentiell nitrosierbaren Strukturen, die zur oralen Aufnahme im menschlichen Organismus bestimmt sind, sollten daher aus Sicherheitsgründen auf ihre Nitrosierbarkeit im Sauren geprüft werden.

- **Alkylhydrazine**

Alkylhydrazine sind oxidationsempfindliche Stoffe, die je nach Substitutionsart bereits durch Sauerstoff direkt oder enzymatisch oxidiert werden unter Bildung von hochreaktiven Metaboliten, die in der Lage sind, mit Nukleophilen zu reagieren (Abb. 67a und b).

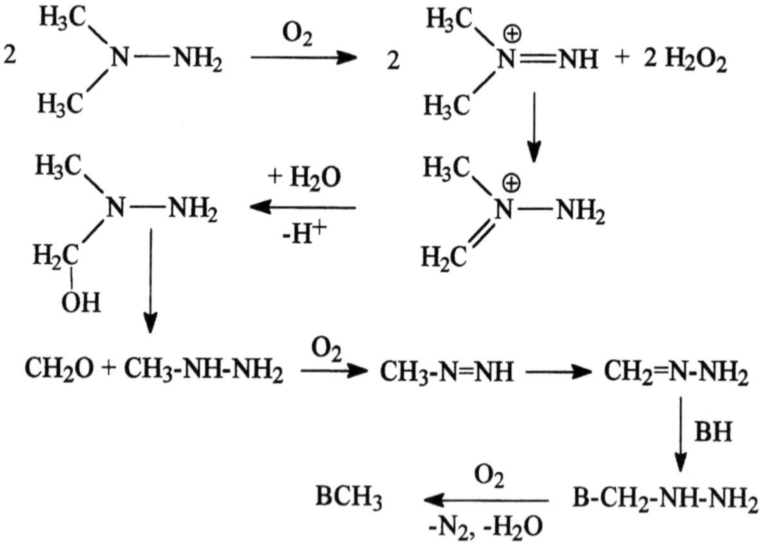

$$2\ (CH_3)_2N-NH_2 \xrightarrow{O_2} 2\ (CH_3)_2\overset{\oplus}{N}=NH + 2\ H_2O_2$$

$$\underset{\underset{OH}{|}}{H_3C}\underset{H_2C}{\diagdown}N-NH_2 \xleftarrow[-H^+]{+H_2O} \underset{H_2C}{\overset{H_3C}{\diagdown}}\overset{\oplus}{N}-NH_2$$

$$CH_2O + CH_3-NH-NH_2 \xrightarrow{O_2} CH_3-N=NH \longrightarrow CH_2=N-NH_2 \xrightarrow{BH} B-CH_2-NH-NH_2 \xrightarrow[-N_2, -H_2O]{O_2} BCH_3$$

Abb: 67a: Oxidation von 1,1-Dimethylhydrazin. BH = Nukleophil.

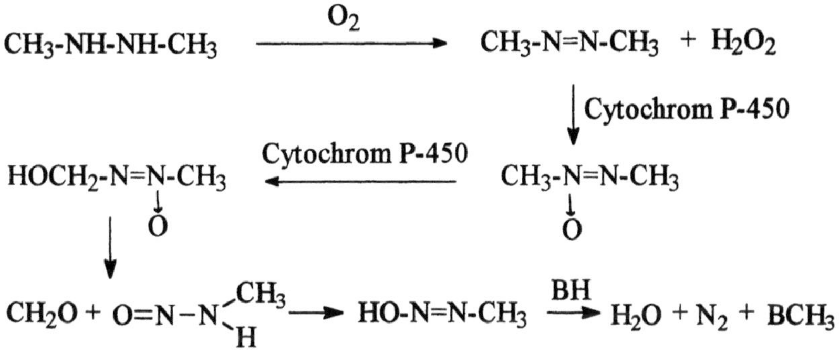

$$CH_3\text{-}NH\text{-}NH\text{-}CH_3 \xrightarrow{O_2} CH_3\text{-}N=N\text{-}CH_3 + H_2O_2$$

$$\downarrow \text{Cytochrom P-450}$$

$$HOCH_2\text{-}N=N\text{-}CH_3 \xleftarrow{\text{Cytochrom P-450}} CH_3\text{-}N=N\text{-}CH_3$$
$$\downarrow O \qquad\qquad\qquad\qquad\qquad\qquad\quad \downarrow O$$

$$CH_2O + O=N-N\overset{CH_3}{\underset{H}{}} \longrightarrow HO\text{-}N=N\text{-}CH_3 \xrightarrow{BH} H_2O + N_2 + BCH_3$$

Abb. 67b: Biotransformation von 1,2-Dimethylhydrazin. BH = Nukleophil.

Alkylhydrazine finden als Antioxidanzien in der Technik sowie als Raketentreibstoffe vielfältige Verwendung. Aus der Cycanuß stammt der Naturstoff Cycasin, ein Methylazoxymethanol-ß-D-Glukosid. Beim Verzehr dieser Nuß wird durch ß-Glukosidasen des Darms die toxische Substanz Methylazoxymethanol freigesetzt, die Darmtumoren verursachen kann (Abb. 68). Weiterhin entsteht bei der Hydrazinoxidation Wasserstoffperoxid, aus dem in Gegenwart von Eisen Hydroxyl-Radikale entstehen können (Fenton-Reaktion), die ebenfalls über genotoxische Eigenschaften verfügen.

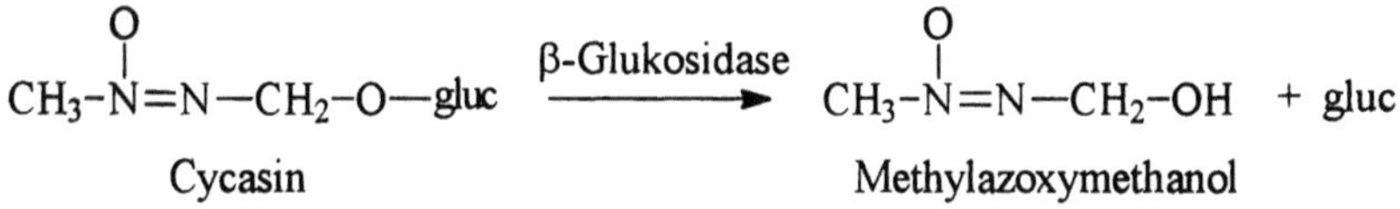

$$\underset{\text{Cycasin}}{CH_3\text{-}\overset{O}{\overset{|}{N}}=N-CH_2\text{-}O\text{-}gluc} \xrightarrow{\beta\text{-Glukosidase}} \underset{\text{Methylazoxymethanol}}{CH_3\text{-}\overset{O}{\overset{|}{N}}=N-CH_2\text{-}OH} + gluc$$

Abb. 68. Cycasinspaltung durch die ß-Glukosidase. gluc = Glukose.

• **Reaktive Sauerstoffspezies**

Bei vielen enzymatischen Oxidations- und Reduktionsreaktionen im Stoffwechsel entstehen Radikale und reaktive Sauerstoffspezies, die genotoxische Reaktionen auslösen können (Abb. 69).

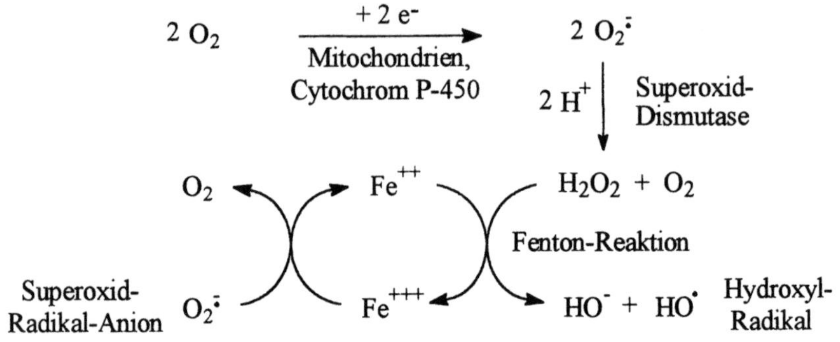

Abb. 69: Bildung reaktiver Sauerstoff-Spezies. Zur Erläuterung der Möglichkeiten einer enzymatischen Bildung von Radikalen und reaktiven Sauerstoffspezies sei auf Lehrbücher der physiologischen Chemie verwiesen.

Hierbei ist das Hydroxyl-Radikal von besonderer Bedeutung. Es ist z. B. in der Lage, die Purinbasen in der Position 8 anzugreifen und Punktmutationen in der DNA auszulösen (Abb. 70).

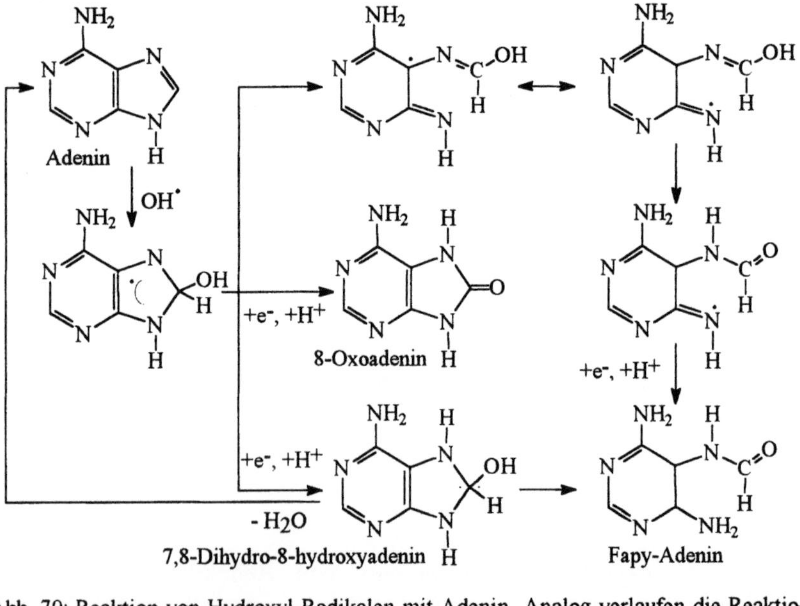

Abb. 70: Reaktion von Hydroxyl-Radikalen mit Adenin. Analog verlaufen die Reaktionen mit Guanin.

Auch ein Angriff an der d-Ribose kann zu einem Bruch der DNA-Kette führen (Abb. 71).

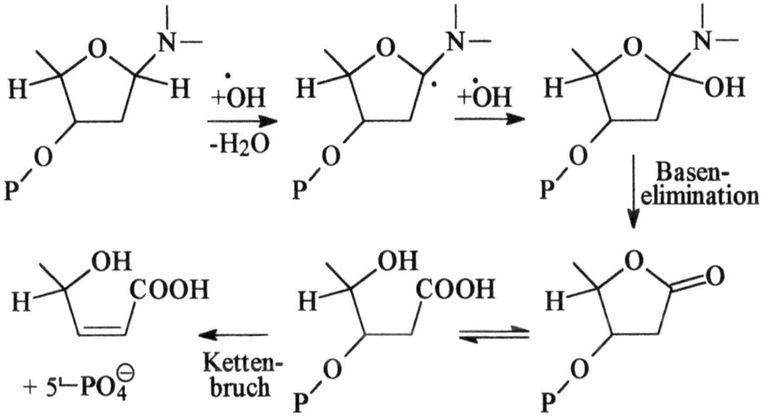

Abb. 71: Reaktion von Hydroxyl-Radikalen mit Desoxyribose.

• **Reaktive Allylstrukturen**

Stoffe mit hochreaktiven Doppelbindungen, wie z. B. zahlreiche Allylverbindungen, sind in der Lage, mit Aminen, Alkoholen oder Thiolgruppen in Form einer konjugierten Additionsreaktion oder einer Alkylierung mit Nukleophilen zu reagieren (Abb. 72a und b). In Konkurrenz zu der direkten Reaktion der Allylverbindungen steht vermutlich auch eine oxidative enzymatische Epoxidierung der Doppelbindung mit anschließender Alkylierungsreaktion der Epoxide. Parallel zu den toxischen Reaktionen von Allylverbindungen laufen Entgiftungsreaktionen mit Hilfe von Gluthathion (GSH) ab, entweder durch direkte Additionsreaktionen oder katalysiert durch die Glutathiontransferase (GST).

$$CH_2=CH\text{-}CH_2\text{-}X \xrightarrow[Y=N, O, S]{RYH} R\text{-}Y\text{-}CH_2\text{-}CH_2\text{-}CH_2\text{-}X \qquad \text{Addition}$$

$$Bl + CH_2=CH\text{-}CH_2\text{-}X \longrightarrow [\overset{\oplus}{B}\text{-}CH_2\text{-}CH=CH_2]X^{\ominus} \qquad \text{Alkylierung}$$

Abb. 72a: Reaktionen von Allylverbindungen. Bl = Nukleophil, X = Abgangsgruppe.

CH$_2$=CH-CN   CH$_2$=CH-C$\underset{NH_2}{\overset{O}{\diagdown}}$ CH$_2$=CH-C$\underset{H}{\overset{O}{\diagdown}}$
Acrylnitril   Acrylamid   Acrolein

CH$_2$=CH-CH$_2$OH   CH$_2$=CH-CH$_2$Cl   CH$_2$=CH-CH$_2$Br
Allylalkohol   Allylchlorid   Allylbromid

Abb. 72b: Beispiele für reaktive Allylverbindungen.

• **Interkalierende Stoffe**

Interkalierende Stoffe können durch verschiedene Mechanismen eine genotoxische Wirkung entfalten, ohne eine kovalente Bindung an DNA-Strukturen einzugehen. Aufgrund ihrer mehrkernigen planaren Struktur können sie sich in die DNA einlagern, indem sie mit den Nukleobasen π-Komplexe bilden. Bei der Transkription kann dies zu Basenverschiebungen (Rasterschub-, Frameshift-Mutation) führen (Abb. 73).

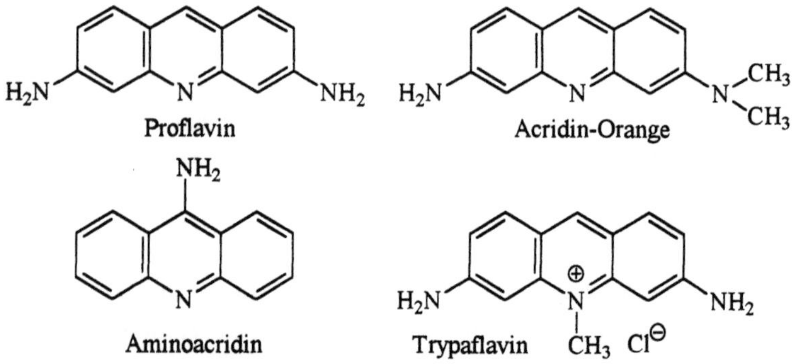

Proflavin   Acridin-Orange

Aminoacridin   Trypaflavin

Abb. 73: Interkalierende Stoffe vom Acridin-Typ.

Andererseits können durch die Interkalation Repair-Mechanismen behindert werden. Dies führt bei der gleichzeitigen Einwirkung von anderen mutagenen Stoffen zu einer Verstärkung der mutagenen Ereignisse im Sinne einer promutagenen Wirkung.

• **Metalle**

Aus epidemiologischen Untersuchungen ist seit längerer Zeit eine karzinogene Wirkung nach Exposition gegen Cadmiumoxid, Chromate, Hämatit und Nickel sowie gegen das Metalloid Arsen bekannt. Krebserkrankungen ließen sich vor allem an Versuchstieren nach Einwirkung von Arsen, Beryllium, Cadmium, Chrom, Cobalt, Blei und Nickel auslösen. Der zugrunde liegende Wirkungsmechanismus ist nicht genau bekannt. Viele Metalle können mit Nukleinsäuren und Enzymen Komplexe bilden und deshalb vielfältig in den Stoffwechsel der Nukleinsäuren auf der Ebene der Replikation und/oder Transkription eingreifen.

Die folgenden ausgewählten Metalle und Metalloide sowie ihre Verbindungen sind bei Mensch und Tier als karzinogen anzusehen:

Arsen	As_2O_3, As_2O_5, H_3AsO_3, H_3AsO_4, $Pb_3(AsO_4)_2$, $Ca_3(AsO_4)_2$, $Ca_3(AsO_4)_2$
Beryllium	Be und seine Verbindungen
Blei	anorganisches Blei, Tetraethyl-Blei, Tetramethyl-Blei
Cadmium	Cd, $CdCl_2$, CdO, $CdSO_4$, CdS und atembare Stäube
Chrom	Cr(III)-, Cr(VI)-Verbindungen (siehe Mimikry), $Cr(CO)_6$, $PbCrO_4$, $ZnCrO_4$ und atembare Stäube
Cobalt	CoO, CoS und atembare Stäube
Nickel	Nickelmetall als Staub, NiS, Ni_3S_2, NiO, $NiCO_3$, $Ni(CO)_4$

Nicht aufgeführt sind radioaktive Metalle wie Plutonium, Polonium, Radium und Uran, die primär durch ihre energiereiche Strahlung genotoxisch und damit karzinogen wirken (vgl. Periodensystem).

3.3.2 Indirekt genotoxisch wirkende Stoffe

Indirekt genotoxisch wirkende Substanzen werden erst durch metabolische Umwandlung aktiviert. Als Grundreaktionen der Biotransformation können Oxidationen am Kohlenstoff- oder Stickstoff-Atom auftreten. Dabei ist die metabolische Kapazität je nach Tierart und Organ häufig sehr unterschiedlich. Somit ist die karzinogene Potenz dieser Stoffe spezies- und organabhängig. Die wichtigsten metabolischen Aktivierungsreaktionen werden exemplarisch besprochen.

- **Epoxidierung von Kohlenstoff-Doppelbindungen**

Die Epoxidierung von Kohlenstoff-Doppelbindungen durch das Cytochrom P-450-System, eine Isoenzym-Familie von Monoxygenasen in der Leber, gehört zu den wichtigsten Mechanismen bei der Bildung von genotoxischen Metaboliten (Abb. 74).

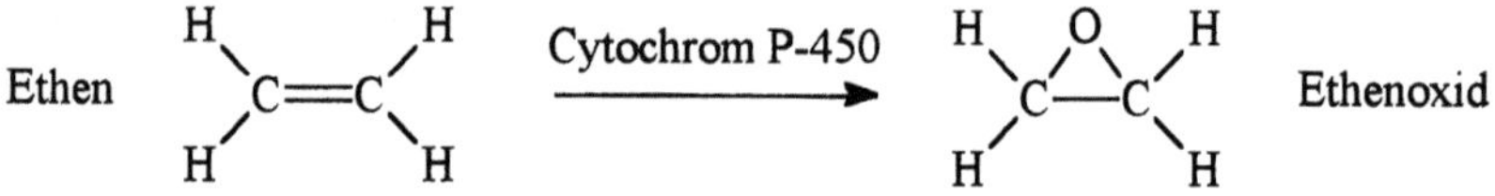

Ethen H₂C=CH₂ →(Cytochrom P-450)→ Ethenoxid (Epoxid)

Abb. 74: Metabolische Epoxidierung von Ethen (Ethylen).

- **Epoxidierung von Alkenen**

Die Epoxidierung von Alkenen ist am Beispiel des Ethens dargestellt (Abb. 74). Neben der mutagen wirkenden Alkylierung wird Ethenoxid durch Konjugation an Glutathion (GSH) und Hydratisierung unter Beteiligung einer Epoxidhydrolase entgiftet (Abb. 75). Die Endprodukte beider Reaktionen werden über die Niere mit dem Urin ausgeschieden.

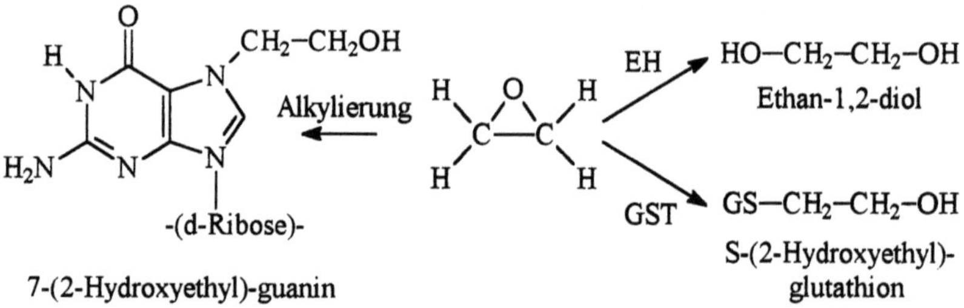

7-(2-Hydroxyethyl)-guanin ←Alkylierung— Ethenoxid —EH→ HO–CH₂–CH₂–OH Ethan-1,2-diol
                                                       —GST→ GS–CH₂–CH₂–OH S-(2-Hydroxyethyl)-glutathion

Abb. 75: Alkylierungs- und Entgiftungsreaktionen von Ethenoxid. EH = Epoxidhydrolase, GST = Glutathion-S-Transferase.

Das Krebsrisiko nach Exposition mit Ethen muß im Vergleich zu seinem Metaboliten Ethenoxid (Ethylenoxid), das ebenfalls vielfach technische Verwendung findet, als sehr gering eingeschätzt werden. Dies steht im Gegensatz zu anderen Ethenderivaten, die in der Polymerchemie Bedeutung erlangt haben (Abb. 76).

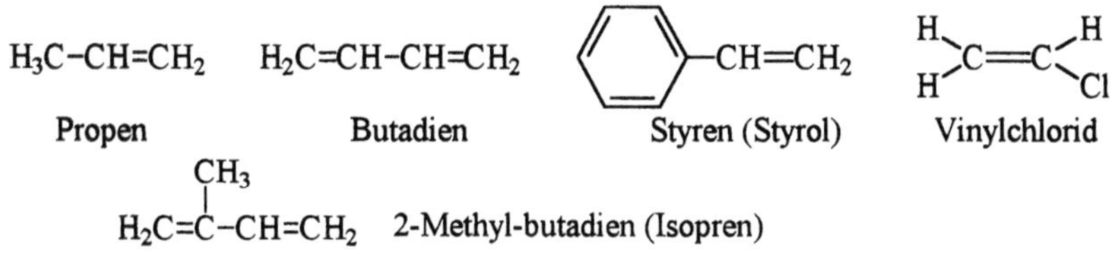

H₃C-CH=CH₂   H₂C=CH-CH=CH₂   C₆H₅-CH=CH₂ $\underset{H}{\overset{H}{>}}C=C\underset{Cl}{\overset{H}{<}}$

Propen   Butadien   Styren (Styrol)   Vinylchlorid

$\underset{}{\overset{CH_3}{|}}$
H₂C=C-CH=CH₂   2-Methyl-butadien (Isopren)

Abb. 76: Aufgrund metabolischer Epoxidierung genotoxische Alkenstrukturen.

Von besonderer toxikologischer Bedeutung sind Vinylchlorid und seine höher halogenierten Analoga (Abb. 77). Nach Umlagerung der Halogenethylen-Epoxide entstehen Produkte, die teilweise als alkylierende, genotoxische Stoffe angesehen werden müssen. Hinsichtlich der Reaktivität der Expoxide sei auf die Struktur-Wirkungs-Beziehungen an Epoxiden (Abb. 62) verwiesen.

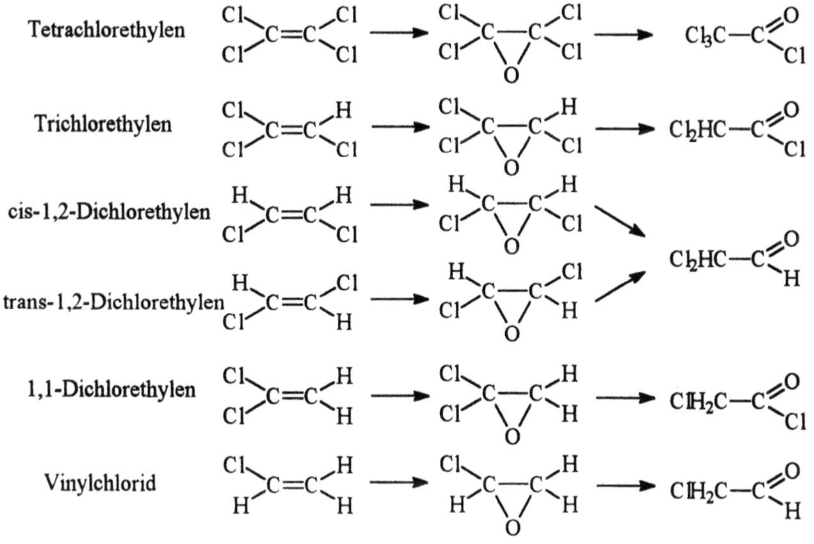

Abb. 77: Metabolismus von Vinylchloriden zu Epoxiden und Umlagerungsprodukten.

Von Chlorethylenoxid sind eine ganze Reihe Additionsprodukte mit DNA-Basen bekannt (Abb. 78).

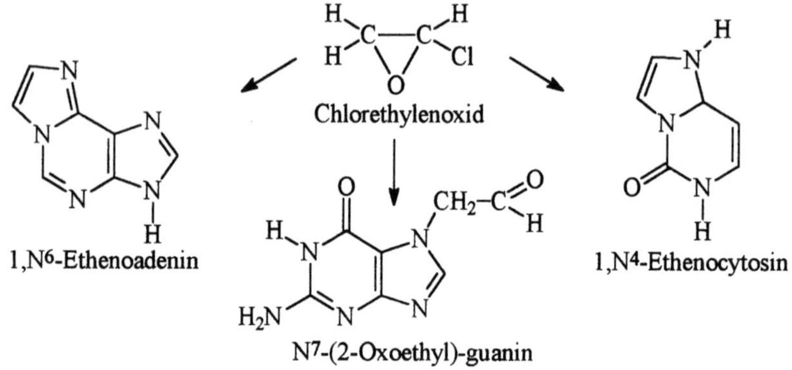

Abb. 78: Addukte von Chlorethylenoxid mit Nukleobasen.

Wie sich aus den isolierbaren Trichloressigsäurederivaten ableiten läßt, findet bei Tri- und Tetrachlorethylen ebenfalls eine Epoxidierung statt. Dies spielt aber für die genotoxische Wirkung keine Rolle. Eine Aktivierung erfolgt über eine Konjugation mit Glutathion (GSH) (Abb. 79), wobei Mono- und Dichlorthioketen als ultimate Karzinogene angenommen werden müssen.

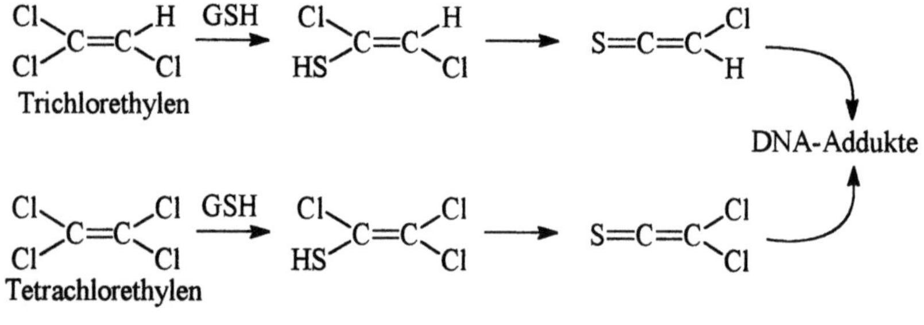

Abb. 79: Genotoxizität von Tri- und Tetrachlorethylen durch Konjugation mit GSH.

• **Epoxidierung von Furanen**

Auch cyclisch eingebundene Kohlenstoff-Doppelbindungen können durch das Cytochrom P-450 System epoxidiert werden, wobei insbesondere Nitrofuran-Derivate, die als zyklische Vinylether angesehen werden können, eine teilweise hohe Genotoxizität aufweisen (Abb. 80). Epoxide von Furanen ohne Nitrogruppe zeigen in höherer Dosierung zwar eine Zelltoxizität aufgrund kovalenter Bindung an Zellproteinen, eine Genotoxizität gilt aber nicht als sicher.

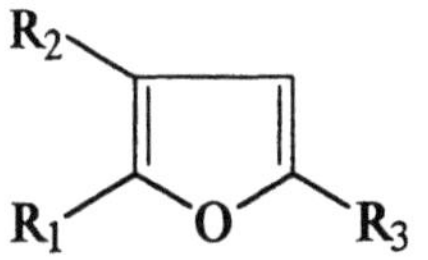

R_1	R_2	R_3	Mutagenität Rev./µM
H	H	COOH	-
H	H	CH=O	-
NH_2	NO_2	$COOC_2H_5$	0.3
NO_2	H	H	10.5
NO_2	H	CH_2OH	14.5
NO_2	H	CH=O	21.4
NO_2	H	$COOC_2H_5$	5
NO_2	H	CH=CH-COOH	130
NO_2	H	NO_2	9.5

Abb. 80: Mutagenität verschiedener Nitrofuranderivate. Als Maß für die Mutagenität dient die Zahl der 'Revertanten/µM' im Ames-Test.

Strukturen des Nitrofurans finden sich in bakterizid wirkenden Arzneimitteln und Lebensmittelkonservierungsstoffen. Aufgrund ihrer Genotoxizität sind diese Produkte heute verboten bzw. finden keine Anwendung mehr.

Von epidemiologisch großer Bedeutung ist das Stoffwechselprodukt des Schimmelpilzes Aspergillus flavus, das Aflatoxin B_1 (Abb. 81). Das karzinogene Mykotoxin wird vermutlich am Furanring in Position 8,9 zu einem hochreaktiven Epoxid metabolisiert. Dieses Epoxid konnte bisher in vivo noch nicht nachgewiesen werden, auf seine intermediäre Bildung läßt sich jedoch aus isolierten DNA-Addukten, wie einem entsprechenden Guanin-Addukt, schließen (Abb. 81).

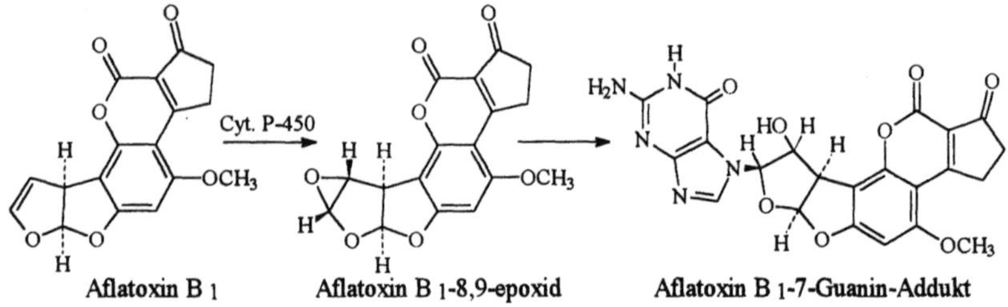

Abb. 81: Aflatoxin B₁ und sein 8,9-Epoxid, von dem die Genotoxizität ausgeht.

Aflatoxine gelten als starke Leberkarzinogene. Man findet sie gehäuft in Lebensmitteln aus Ländern mit mangelnder Lebensmittelhygiene. In diesen Regionen (Afrika), sind auch vermehrt primäre Lebertumoren beim Menschen zu beobachten. Nach deutschem Lebensmittelrecht (Aflatoxinverordnung) darf die Summe der in Lebensmitteln enthaltenen Aflatoxine (B_1, B_2, G_1, G_2) nicht mehr als 4 µg/kg betragen und gleichzeitig nicht mehr als 2 µg/kg des Aflatoxins B_1 enthalten sein.

- **Epoxidierung von Monoaromaten**

Für die Toxizität aromatischer Verbindungen ist die metabolische Bildung von hochreaktiven, epoxidischen Zwischenstufen verantwortlich. Durch Synthese von Benzoloxid konnte die Existenz solcher Epoxide bewiesen werden.

Arenoxide unterliegen einer nicht-enzymatischen spontanen Umwandlung in das entsprechende Phenol. Diese erfolgt über eine Carbonyl-Zwischenstufe durch den 'NIH-shift' (Abb. 82).

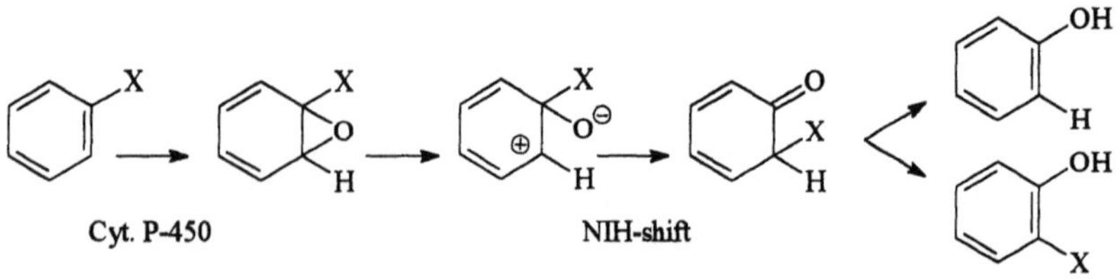

Abb. 82: Epoxidierung von Benzolderivaten. NIH = National Institute of Health.

Zusätzlich erfahren Arenoxide auch eine enzymatische Desaktivierung, die der Kopplung an biologische Makromoleküle parallel läuft (Abb. 83).

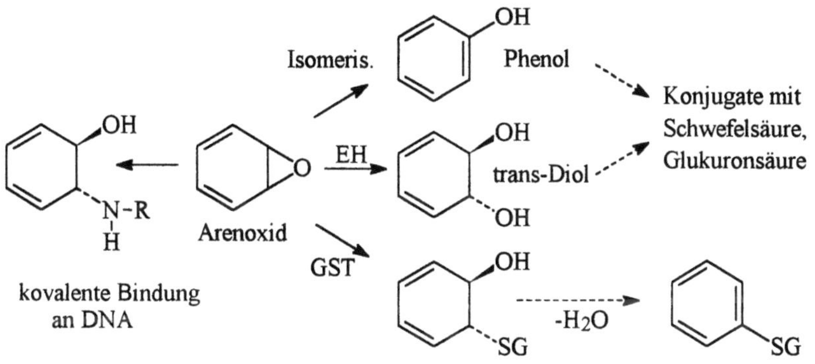

Abb. 83: Metabolismus von Benzol ausgehend vom Arenoxid. GST = Glutathion-S-Transferase, EH = Epoxidhydrolase, Isomerisierung. Als sekundärreaktionen können Hydrolysen auftreten.

Die Reaktivität der Arenoxide nimmt durch Einführung von Halogenatomen in den Kern wie bei Chlor- oder Brombenzol deutlich zu. Außerdem ist auch die Bildung von Chinonen zu beobachten, die Redox-Systeme als reaktive, genotoxische Sauerstoffspezies erzeugen (Abb. 84).

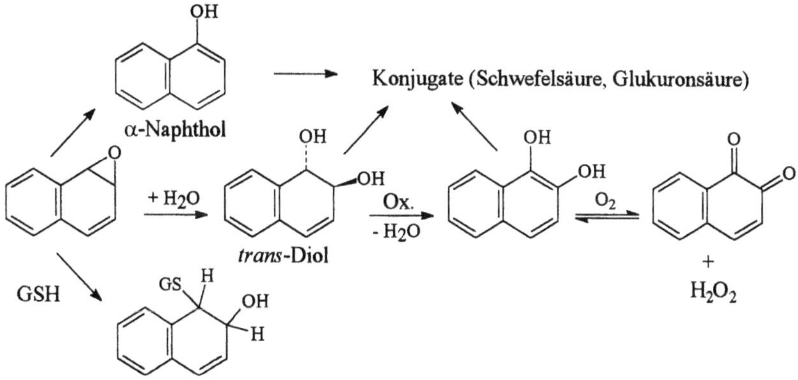

Abb. 84: Metabolismus von Naphthalin. Ox. = Oxidation

Längere Exposition mit Benzol, unter schlechten Arbeitsschutzbedingungen in Kokereien, haben beim Menschen Leukämien induziert. Hierbei ist allerdings nicht sicher, ob das Epoxid selbst oder andere Metaboliten wie reaktive Sauerstoffspezies verantwortlich sind.

• **Epoxidierung von Polyaromaten**

Diese Verbindungsklasse stellt eine ubiquitär vorkommende Stoffgruppe dar, deren Vertreter zum Teil als starke Karzinogene eingestuft werden. Intensiv wurde unter anderem Benzo[a]pyren hinsichtlich seines Metabolismus untersucht (Abb. 85).

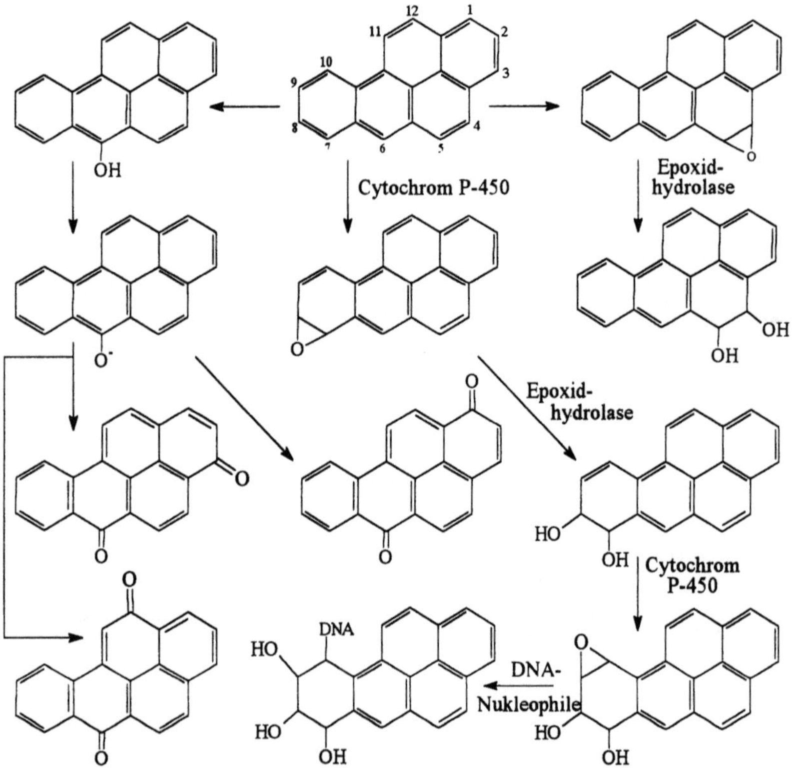

Abb. 85: Metabolismus von Benzo[a]pyren.

Von besonderer Bedeutung für die Genotoxizität ist die Bildung von 7,8-Dihydroxy-9,10-epoxy-7,8,9,10-tetrahydrobenzo[a]pyren (BPDEP), dessen verschiedene Stereoisomere allerdings über unterschiedliche biologische Aktivitäten verfügen (Abb. 86).

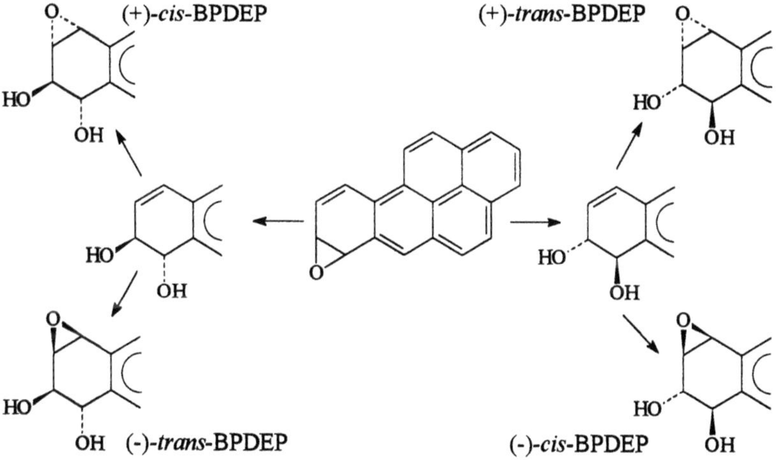

Abb. 86: Bildung von isomeren Benzo[a]pyren-Diolepoxiden.

Über die Ursachen der unterschiedlichen biologischen Aktivität wurden zahlreiche Modellvorstellungen entwickelt. Grundlage bildeten Beobachtungen von Zusammenhängen zwischen chemischer Reaktivität, π-Elektronendichte und karzinogener Wirkung. Diese führten zunächst zur Hypothese sogenannter K-Regionen (K = Krebs) und reaktionsträger L-Regionen. Durch spätere Untersuchungen gelangte man zur Bay-Region-Theorie, welche besagt, daß dasjenige Epoxid die höchste mutagene und karzinogene Potenz besitzt, welches an einem gesättigten, angular anellierten Ring gebildet wird ('bay-region') (Abb. 87).

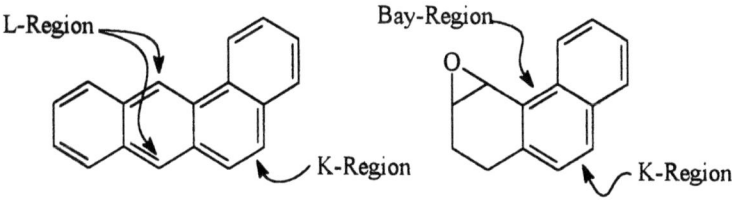

Abb. 87: Reaktionszentren an Polyaromaten.

Eine 'bay-region' findet sich auch im Benzo[a]pyren. Sein 7,8-Dihydroxy-9,10-epoxid erwies sich als erheblich genotoxischer als das entsprechende K-Region-Epoxid. Die unterschiedliche biologische Reaktivität der 7,8-Dihydroxy-9,10-epoxide ist teils sterisch bedingt. Aufgrund der cis-Konfiguration zwischen der Hydroxylgruppe an C-7 und der Epoxidgruppe (vgl. Abb. 86) ist eine anchimere Beschleunigung nukleophiler Ringöffnungsreaktionen geschaffen (intramolekulare Protonenkatalyse), wodurch die Reaktivität im chemischen Test tatsächlich höher ist. Dennoch erwiesen sich die trans-Isomere in vivo als karzinogener. Als Erklärung werden Abfangreaktionen des cis-Isomeren an der Applikationsstelle herangezogen.

- **Nitrosamine**

Im Gegensatz zu den Nitrosoamiden, Nitrosocarbaminaten (Urethane) und Nitrosoharnstoffen, die durch Hydrolyse reaktive, genotoxische Abbauprodukte bilden können (Abb. 66), bedürfen die N-Nitrosoamine einer metabolischen Aktivierung (Abb. 88).

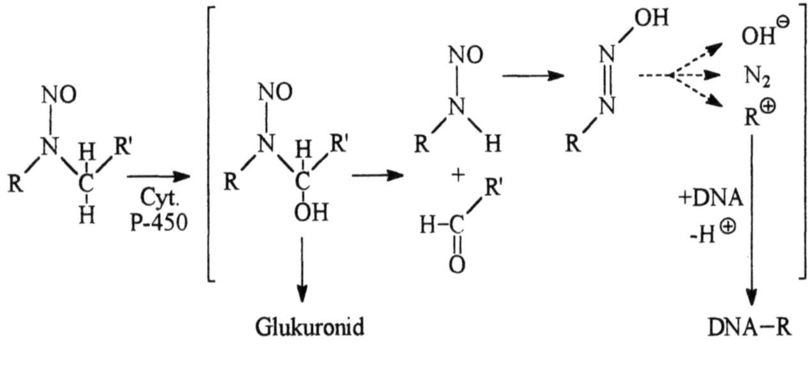

Abb. 88: Metabolismus von Dialkylnitrosaminen.

Diese Aktivierung erfolgt durch α-Hydroxylierung mittels Cytochrom P-450, Abspaltung des Alkylrestes als Aldehyd unter Bildung eines N-Nitrosomonoamins, Tautomerie unter Bildung eines Diazohydroxids, das über eine Diazonium-Zwischenstufe unter Abspaltung von Stickstoff zu einem reaktiven Carbenium-Ion zerfällt. Dieser Mechanismus ist plausibel, da Nitrosamine wie das Diphenylnitrosamin, welche in α-Position nicht hydroxyliert werden können, auch nicht karzinogen sind.

Nitrosamine kommen in Spuren ubiquitär vor. Sie finden sich in Lebensmitteln, Kosmetika, Bioziden, Tabakrauch (Nebenstrom) und in vielen technischen Chemikalien. Nahezu alle untersuchten Nitrosamine, die in α-Position hydroxyliert werden können, haben sich tierexperimentell oder am Menschen als karzinogen erwiesen.

Dabei ist in Abhängigkeit von der Struktur der Alkylreste hinsichtlich der Tumorbildung eine ausgesprochene Organ- und Tierspezifität festzustellen. Neben unterschiedlicher Verteilungskinetik im Organismus und verschiedener Aktivität der Repairmechanismen wird vor allem eine unterschiedlich ausgeprägte Ausstattung mit konjugatspaltenden Enzymen für die Erklärung der Befunde herangezogen. Wird das metabolische Primärprodukt, das α-Hydroxy-Nitrosamin als Konjugat (Glukuronid) gebunden, so kann letzteres vom Ort der Bildung abtransportiert, im Organismus verteilt und andernorts nach Spaltung wieder freigesetzt werden.

Die chemische Bildung von Nitrosaminen aus sekundären Aminen und Nitrit hat ihre Bedeutung darin, daß für viele Amine die maximale Geschwindigkeit der Nitrosierung bei sauren pH-Werten liegt, wie sie im Magen herrschen. Vertreter der weniger basischen Amine werden leichter nitrosiert als stark basische Amine (Abb. 89).

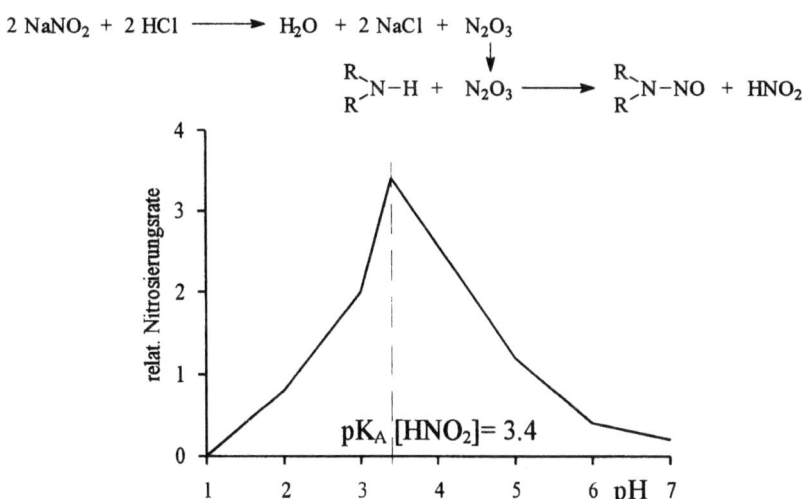

Abb. 89: Relative Nitrosierung von sekundären Aminen in Abhängigkeit vom pH-Wert.

Diese Reaktion, bei der N_2O_3 als Nitrosierungsagenz wirksam ist, läuft auch in vivo ab. Dies haben Fütterungsversuche mit N-Methylbenzylamin oder Morpholin und Nitrit an der Ratte gezeigt. Es konnten sowohl die entsprechenden Nitrosamine isoliert als auch die gleichen Tumoren nachgewiesen werden wie nach direkter Applikation der entsprechenden Nitrosamine.

Darüber hinaus sind weitere Möglichkeiten der Nitrosaminbildung bekannt geworden, die häufig als Nebenreaktionen von Syntheseprozessen ablaufen. Hierbei kommen als Nitrosierungsmittel neben dem Nitrit-Ion auch Nitroxylverbindungen aus der Luft in Frage. Es handelt sich um Verbindungen des Typs NOX, in dem X für ein Halogenatom oder für eines der Stickstoffoxide NO_2 bzw. NO_3 steht. Letztere liefern Distickstoff-Trioxid N_2O_3 ($NO \cdot NO_2$) oder Distickstoff-Tetroxid N_2O_4 ($NO \cdot NO_3$). Nitroxylverbindungen dieser Art finden sich vor allem in Abgasen von Autos oder Kraftwerken und im Zigarettenrauch oder entstehen bei der Verbrennung organischer, stickstoffhaltiger Substanzen oberhalb von 800°C.

Als Beispiel einer 'verdeckten' Nitrosierung muß der desalkylierenden Nitrosierung größere Bedeutung zugemessen werden (Abb. 90). Dabei werden tertiäre Amine durch Einwirken von Distickstofftrioxid in ein Nitrosamin überführt, wobei ein Alkylrest als Aldehyd abgespalten wird.

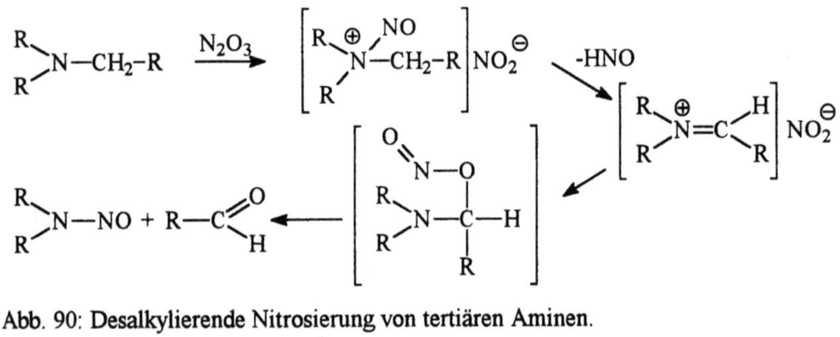

Abb. 90: Desalkylierende Nitrosierung von tertiären Aminen.

Da diese Reaktion an tertiären Aminen eintritt, die zu Handelsprodukten verarbeitet werden, welche zur Anwendung am Menschen dienen, wurden Höchstgrenzen für Verunreinigungen mit Nitrosaminen erlassen. So unterliegt Triethanolamin, das vielfach bei der Herstellung von Cremes und Gelen Verwendung findet, dieser Verordnung. Durch desalkylierende

Nitrosierung wird es leicht in Diethanolnitrosamin überführt (Abb. 91), das über die Haut in den Körper aufgenommen werden kann.

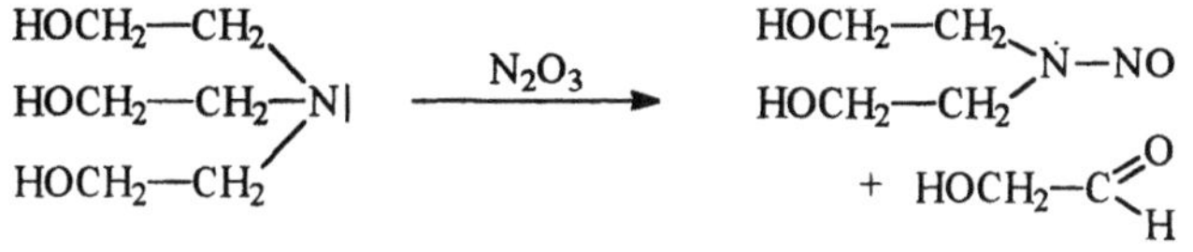

$$HOCH_2-CH_2 \diagdown$$
$$HOCH_2-CH_2-N| \quad \xrightarrow{N_2O_3} \quad HOCH_2-CH_2 \diagdown N-NO$$
$$HOCH_2-CH_2 \diagup \qquad HOCH_2-CH_2 \diagup$$
$$+ \; HOCH_2-C\diagup_{H}^{O}$$

Abb. 91: Desalkylierende Nitrosierung von Triethanolamin.

• **Aromatische Amine**

Aromatische Amine finden vielfältig Anwendung bei der Synthese von Farbstoffen, Bioziden oder Arzneimitteln.

Im Gegensatz zur enzymatischen Oxidation aliphatischer Amine entstehen bei der Metabolisierung von aromatischen Aminen zur Alkylierung befähigte elektrophile Zwischenstufen wie das Nitrenium-Ion, das mit Carbonium-Ion in mesomerer Wechselbeziehung steht (Abb. 92).

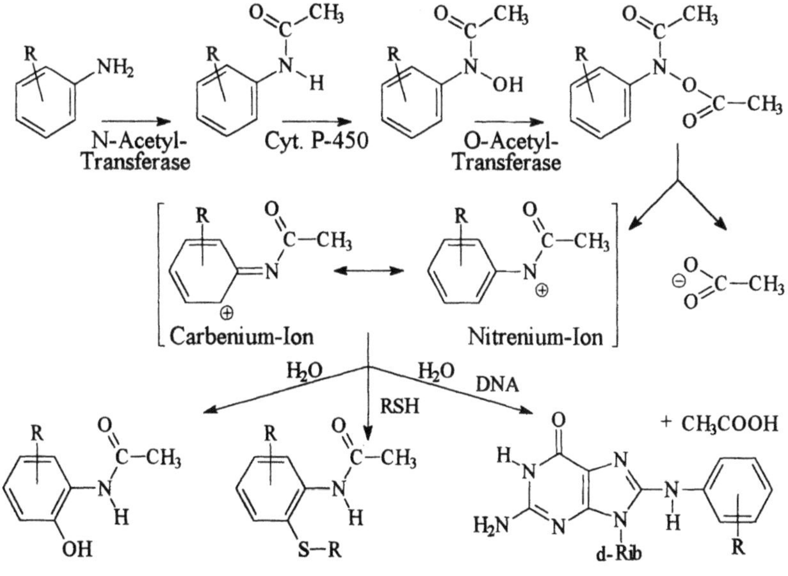

Abb. 92: Metabolismus von Arylaminen zu genotoxischen Elektrophilen.

Aufgrund dieser mesomeren Struktur besitzen die Elektrophile eine ausreichende Stabilität. Zur Alkylierung ist das elektrophile Zentrum am Stickstoff und am Ringkohlenstoff befähigt. Neben den in der Abbildung dargestellten Reaktionen kann die Aminogruppe in einem ersten Schritt auch durch Cytochrom P-450 zum Hydroxylamin oxidiert werden, das im weiteren einer Acetylierung oder Sulfatierung unterliegt.

Die Mutagenität der Arylamine nimmt im Ames-Test proportional mit der Zahl der Aminogruppen zu, wobei die Hammett-Regel bzgl. der Basizität offensichtlich von Bedeutung ist (Abb. 93).

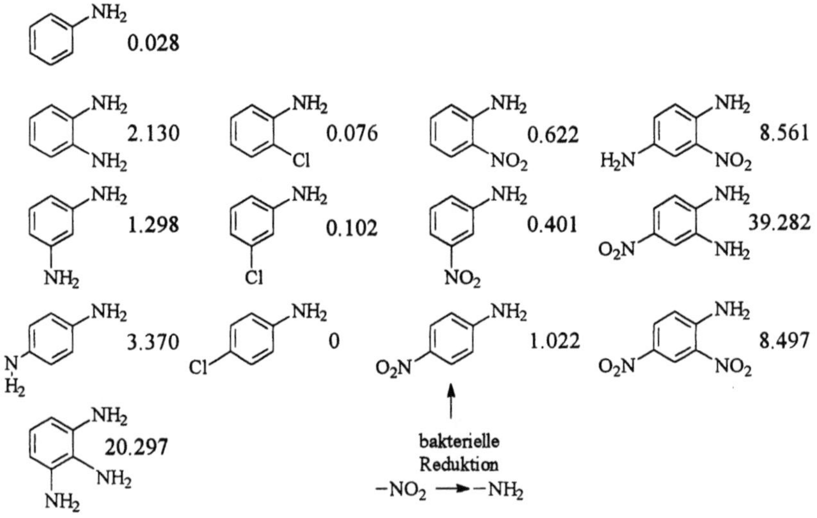

Abb. 93: Beziehungen zwischen Struktur und mutagener Wirkung von Derivaten des Anilins, Chloranilins und Nitroanilins. Als Maß für die Mutagenität ist rechts neben der Struktur der Parameter 'Revertanten/µM' angegeben (vgl. Ames-Test).

Die Befunde an Nitroanilinen scheinen dieser Regel zu widersprechen. Aromatische Nitrogruppen können aber durch Testbakterien, nach oraler Gabe auch durch Darmbakterien, zu Aminogruppen reduziert werden.

Die am Beispiel der Anilinderivate gezeigten metabolischen Reaktionswege und Struktur-Wirkungs-Beziehungen können weitgehend auf mehrkernige Arylamine und heterozyklische Arylamine übertragen werden, die sich zu einem hohen Prozentsatz als karzinogen erwiesen haben.

3.4 Testsysteme auf Genotoxizität

Während die akute toxische Wirkung chemischer Stoffe meist gut bekannt ist, weiß man über deren mutagene oder karzinogene Eigenschaften oft nur wenig. Dies liegt nicht zuletzt daran, daß genotoxische Effekte als manifeste Schäden häufig erst nach vielen Jahre oder sogar Generationen nach Erwerb einer Mutation zu beobachten sind. Diese lange Zeit erschwert außerordentlich einen Zusammenhang zwischen Noxe und Wirkung zu erkennen.

Um das Risiko für den Menschen zu senken, ist die Erkennung eines Gefährdungspotentials von großer Wichtigkeit. Die experimentelle Erfassung einer potentiell karzinogenen Wirkung einer Substanz ist zwar im Versuch am Tier prinzipiell möglich, aber mit einem sehr hohen Aufwand an Zeit, Arbeit und Kosten verbunden. Daher wurden die sogenannten 'short-term-tests' entwickelt. Diese gestatten mit geringerem Aufwand eine Aussage über eine mutagene und karzinogene Wirkung. Trotz der Effektivität mancher Testsysteme, ist es bis heute jedoch nicht möglich durch Anwendung eines einzigen Tests alleine, eine sichere Aussage über eine karzinogene Wirkung einer Substanz am Menschen zu machen. Erst durch Kombination verschiedener Testverfahren läßt sich die Sicherheit der Aussage steigern.

Die zur Zeit bekannten Testmethoden lassen sich in acht Gruppen zusammenfassen:

Tests an Mikroorganismen
    Prokaryonten (Bakterien)
    Eukaryonten (Hefen)
Tests an Warmblüterzellen
    DNA-Repair- und DNA-Replikationshemmeffekte
    Genmutationen
    Zytogenetische Effekte
    Transformationstests
Tests am Tier
    Insekten
    Nager

Nachfolgend werden die wichtigsten Testmethoden hinsichtlich ihrer biologischen Mechanismen erklärt sowie ihre Aussagekraft erläutert.

3.4.1 Tests an Mikroorganismen

• Test an Prokaryonten

Als Prokaryonten werden Einzeller bezeichnet, bei denen das Erbmaterial noch nicht in Chromosomen untergliedert, sondern in einer ringförmigen DNA lokalisiert ist. Die wichtigste Gruppe stellen die Bakterien dar. Im Rahmen der Prüfung auf Genotoxizität können mit ihrer Hilfe Punktmutationen (Basenpaarsubstitution und Rasterschubmutationen) erfaßt werden.

Der Test nach Ames an Bakterien vom Stamm *Salmonella typhimurium* hat eine große Bedeutung erlangt. Die Testbakterien haben einen genetischen Defekt (Mutation) und sind nicht mehr in der Lage, die Aminosäure Histidin zu synthetisieren. Man bezeichnet sie darum als Histidin-Mangelmutanten. Sie sind his$^-$-auxotroph im Gegensatz zum Wildtyp, der his$^+$-prototroph ist. In einer Minimalkultur auf der Agarplatte, die nur Salze und Glukose enthält, können die Testbakterien nicht wachsen.

In Gegenwart von mutagenen Substanzen kann es an den Testbakterien zu DNA-Veränderungen kommen. Prinzipiell können alle Bereiche der DNA betroffen sein, unter anderem auch das Gen, in dem der his$^-$-Defekt lokalisiert ist. Repairmechanismen führen häufig auch zu Rückmutationen. Die Auxotrophie geht in eine Prototrophie über und ein Wachstum der Bakterien auf dem Minimalagar ohne Histidin wird wieder möglich.

Durch Inkubation der Testbakterien mit der zu prüfenden Substanz über einen Zeitraum von 20 bis 30 Minuten und anschließender Kultivierung der Bakterien über zwei Tage bei 37°C läßt sich, sofern eine Rückmutation ausgelöst wurde, ein Koloniewachstum beobachten. Jede Kolonie entsteht aus jeweils einem mutierten Bakterium.

Auf diese Weise können allerdings nur direkt wirkende Mutagene erfaßt werden. Bakterien verfügen über kein mischfunktionelles Cytochrom P-450-System, mit dem sie indirekte Mutagene in deren reaktive Metabolite zu überführen könnten.

Dieser Nachteil kann dadurch ausgeglichen werden, daß man dem Inkubationsansatz mit der zu testenden Substanz ein Cytochrom P-450-System in

Form von Lebermikrosomen mit einem NADPH-regenerierenden System zusetzt. Dieser Zusatz trägt die Bezeichnung 'S9-Mix'.

Durch Züchtung stehen für den Ames-Test verschiedene Salmonella-Bakterien zur Verfügung. Sie zeichnen sich entweder durch gute Zellwanddurchlässigkeit aus oder durch eine verminderte Kapazität der Repairmechanismen. Beide Eigenschaften sind für die Empfindlichkeit des Tests wichtig. Durch Auswahl eines geeigneten Stammes gelingt es zwischen Basenpaarsubstitution oder Rasterschubmutation zu unterscheiden. Auf die ausführlichen Testbedingungen, die für ein validiertes, standardisiertes Versuchsprotokoll erforderlich sind, wird an dieser Stelle nicht eingegangen.

Unter optimalen Bedingungen ist eine gute Konzentrations-Wirkungs-Beziehung zu erhalten. Als Maß für die Mutagenität kann die Anzahl der Revertanten auf die Konzentration der Teststubstanz bezogen werden (Rev./µM; vgl. Abb. 80 und 93).

Neben Salmonella-Bakterien haben auch andere Bakterien, vor allem *Escherischia coli*, mit anderen Aminosäureauxotrophien Eingang in die Mutagenitätsforschung gefunden. Generelle Vorteile lassen sich aber nicht erkennen.

Bewertung

Erfaßt werden in diesem Test Punktmutationen. Die Korrelation zwischen gefundener Mutagenität und experimenteller Tumorbildung im Tierversuch hat sich mit über 80 Prozent bei direkten Alkylantien, Arylaminen und polycyclischen Kohlenwasserstoffen als sehr gut erwiesen.

Der Zusatz eines S9-Mix kann die volle Funktion einer Leber nicht ersetzen, da neben den Giftungsreaktionen vor allem die Entgiftungsreaktionen nicht gemäß ihrer physiologischen Bedeutung vertreten sind. Außerdem fehlen alle kinetischen Einflüsse eines intakten Säugetierorganismus auf die Testsubstanz und auf deren Metaboliten.

Der Ames-Test gilt als kostengünstiges, zeitsparendes, empfindliches 'Prescreening', dem bei positivem Ergebnis weitere Tests folgen müssen.

• **Test an Eukaryonten**

Eukaryonten besitzen Chromosomen, die in einem Zellkern lokalisiert sind. Diese kernhaltigen Mikroorganismen sind hinsichtlich ihrer Genetik eher mit Säugetierzellen vergleichbar. Im Gegensatz zu diesen lassen sie sich aber unter einfachen Bedingungen wie Bakterien kultivieren. Als Testorganismen dienen die Hefen *Saccharomyces cerevisiae, Neurospora crassa* und Pilze wie *Aspergillus nidulans*. *Saccharomyces cerevisiae* wird mit Abstand am häufigsten als Testorganismus eingesetzt.

Die Testbedingungen sind ähnlich wie im Ames-Test, jedoch beträgt die Inkubation mit der Testsubstanz 12 bis 24 Stunden wegen der längeren Generationszeit der Hefe. Dem Testansatz muß zur Erfassung indirekt wirkender Agenzien ebenfalls ein exogenes Cytochrom P-450-System zugegeben werden.

Bewertung

Es können reziproke und nichtreziproke Rekombinationen und Chromosomenveränderungen wie Aberrationen erkannt werden. Wie beim Ames-Test simuliert das exogene, aktivierende Enzymsystem nicht die volle Funktion einer Leber. Außerdem fehlen alle kinetischen Einflüsse eines intakten Säugetierorganismus auf die Testsubstanz und auf deren Metaboliten.

Der Hefetest ist ein kostengünstiges, zeitsparendes und empfindliches 'Prescreening', mit dessen Hilfe neben Mutationen - wie im Ames-Test - auch Chromosomenschäden erfaßt werden können.

3.4.2 Test an Warmblüterzellen

• **Genmutationstests**

Die Genmutationstests an Warmblüterzellen sind auf genetischer Ebene dem Ames-Test vergleichbar. Allerdings werden nicht Rückmutationen (Mutante ⇨ Wildtyp) sondern Vorwärtsmutationen (Normalzelle ⇨ Mutante) erfaßt. Da die Kulturbedingungen so gewählt sind, daß nur die erzeugten Mutanten aufgrund mutationsbedingt erworbener Eigenschaften überleben können, ist das Testsystem dem Ames-Test sehr ähnlich.

In diesen Genmutationstests werden nach Inkubation mit der Testsubstanz den Zellen in der Wachstums- und Vermehrungsphase bestimmte Antimetabolite zugesetzt, die bei normalen Zellen zu deren Absterben führen. Ist durch die Testsubstanz eine Mutation ausgelöst worden, die zu einer Resistenz gegenüber den Antimetaboliten führt, so können sich diese (Vorwärts)-Mutanten in Gegenwart des Antimetaboliten vermehren. Wegen der Mutation wird der Antimetabolit so schnell metabolisiert, daß er für die Zelle keine letale Wirkung mehr besitzt.

Folgende Antimetaboliten finden häufig Verwendung: Trifluorthymidin hemmt die Thymidinkinase, 6-Thioguanin hemmt die Hypoxanthin-Phosphoribosyl-Transferase und greift in die DNA-Synthese ein, g-Strophanthin blockiert die Na^+/K^+-ATPase in der Zellmembran.

Als Testzellen dienen etablierte Zellinien (Permanentkulturen) verschiedener Tierspezies, z. B. Maus-Lymphoma-Zellen (L 51784), chinesische-Hamster-Lungenzellen (CHV79) und chinesische-Hamster Ovarialzellen (CHO).

Diese Zellinien verfügen über kein metabolisierendes Enzymsystem. Dieses muß deshalb zur Erfassung indirekt wirkender Mutagene dem Inkubationsansatz zugefügt werden.

Bewertung

Genmutationstests an Warmblüter- (Säugetier-) Zellen zählen ebenfalls zu den kostengünstigen Testsystemen. Allerdings ist im Vergleich zum Ames-Test ein deutlich höherer Zeitaufwand erforderlich. Aufgrund der erheblich höheren Populationsverdopplungszeit von 10-20 Stunden, der bis zu 3 Tage dauernden Inkubation mit der Testsubstanz sowie einer Kultivierungsdauer von 7-14 Tagen ist eine deutlich längere Testzeit erforderlich. Wie beim Ames-Test werden metabolische und kinetische Einflüsse eines Säugetierorganismus auf die Testsubstanz oder deren Metabolite nicht erfaßt.

Genmutationstests, für die heute gut validierte Versuchsprotokolle vorliegen, eignen sich als Bestandteile sogenannter Testbatterien. Die Korrelation zwischen Mutagenität und Karzinogenität wird auf 80 bis 95 Prozent geschätzt.

- **Tests auf zytogenetische Effekte**

Bei diesen Testverfahren werden strukturelle Veränderungen von Chromosomen erfaßt, die durch genotoxische Substanzen hervorgerufen werden. Dabei ist ein direkter Angriff der Testsubstanz an der DNA nicht immer erforderlich, da auch andere Störungen zu DNA-Doppelstrangbrüchen führen können, die Voraussetzung für die Chromosomenveränderung sind.

- **Test auf Chromosomenaberrationen**

Hierbei werden die zu untersuchenden Zellen, z. B. menschliche Lymphozyten, mehrere Stunden lang mit der Testsubstanz inkubiert und danach durch Zugabe von Colchicin, einem Spindelgift, in der Metaphase fixiert. Eine besondere Färbetechnik macht die Chromosomen für eine lichtmikroskopische Beurteilung sichtbar. Auf diese Weise werden Strukturanomalien an Chromosomen wie Gaps, Brüche, Interchanges, Translokationen oder Deletionen erfaßt.

Tests auf Chromosomenaberrationen lassen sich auch in vivo durchführen, indem die Testsubstanz einem Hamster als Versuchstier appliziert wird. Nach einer gewissen Zeit isoliert man Körperzellen, wie Knochenmarkzellen, für eine mikroskopische Untersuchung.

Bewertung

Das Auftreten von Chromosomenaberrationen in der ersten Zellphase beweist keine Mutation, da die ausgelösten DNA-Schäden noch nicht im Rahmen einer Zellteilung auf die Tochtergeneration übertragen worden sind.

- **Test auf Schwesterchromatidaustausch**

Auch dem Schwesterchromatidaustausch (sister chromatid exchange, SCE) liegen DNA-Strangbrüche zugrunde. Sie treten in beiden Chromatiden an gleicher Stelle (homolog) auf, so daß es zu einem reziproken Austausch der beiden DNA-Moleküle an den Bruchstellen mit anschließender Verknüpfung kommt.

Solche Austauschreaktionen an Schwesterchromatiden weist man nach, indem man Testzellen im Inkubationsansatz über zwei Zellzyklen hinweg mit 5-Bromdesoxyuridin (BrdU) inkubiert. Dieses verhält sich dem Thymidin analog und wird in der Synthesephase in die DNA eingebaut. Nach zwei Zellzyklen enthält die chromosomale DNA des einen Chromatids Thymidin, die des anderen BrdU. Durch eine spezielle Fluoreszenzfärbung läßt sich in der Metaphase mikroskopisch zwischen BrdU- und Thymidin-haltigen Chromatiden unterscheiden. Hat ein reziproker Austausch stattgefunden, so sind wegen der Reihung heller und dunkler Abschnitte in jedem Chromatid 'Farbsprünge' zu erkennen.

Bewertung

Der exakte Austausch von zwei identischen Chromatidenabschnitten, welche die gleiche Erbinformation enthalten, bedeutet noch keine Mutation. Bei vielen genotoxischen Substanzen hat sich jedoch eine hohe Korrelation zwischen der Auslösung von SCEs und positiven Ergebnissen in Tests auf Mutagenität oder Karzinogenität ergeben. SCE-Tests werden daher sehr häufig wegen ihres geringen Aufwands in Testbatterien aufgenommen. Der Zusatz von 'S9-Mix' zum Testmedium ist möglich.

• **Test auf DNA-Reparatur**

Wie bereits dargestellt, werden durch genotoxische Substanzen ausgelöste DNA-Schäden zum überwiegenden Teil durch Reparatursysteme der Zelle korrigiert. Nicht reparierte, auf die Tochterzellen weitervererbte DNA-Schäden sind seltene Ereignisse.

Durch genotoxische Substanzen wird das Reparatursystem stärker in Anspruch genommen. Daher regen solche Verbindungen die behandelten Zellen zu einer höheren DNA-Reparatur an. Diese kann analytisch erfaßt werden, indem einem Inkubationsansatz [^{3}H]-Thymidin zugesetzt und die Reparatur-DNA durch Einbau von [^{3}H]-Thymidin radioaktiv verfolgt wird. Der Umfang des [^{3}H]-Thymidineinbaus gilt als Maß für die DNA-Reparatur.

Allerdings muß für die Messung der DNA-Reparatur eine exakte Unterscheidung von der DNA-Synthese in der Replikationsphase erfolgen. Dies läßt sich durch Auftragen der inkubierten Zellen auf einen photographischen Film erreichen, dessen Emulsion für die ß-Strahlung des Tritiums empfindlich ist (Autoradiographie). Im Autoradiogramm kann anhand unterschiedlicher Schwärzungsgrade zwischen Reparatur- bzw. Synthese-DNA differenziert werden.

Bewertung

Durch Erfassung der DNA-Reparatur-Synthese wird lediglich eine DNA-Aktivität der Testsubstanz nachgewiesen, nicht jedoch eine Mutation. Nach Zellteilung manifest gewordene DNA-Veränderungen werden dabei nicht nachgewiesen.

• **Tests auf DNA-Fragmentierung**

Durch DNA-Strangbrüche entstehen kürzere DNA-Stücke, die in alkalischem Milieu eine bessere Löslichkeit aufweisen als diejenigen von intakten DNA-Ketten. Es ist deshalb möglich, durch Aufbringen von inkubierten Zellen auf Porenfilter und Elution mit Kalilauge die DNA-Bruchstücke herauszulösen, wobei die kürzesten DNA-Bruchstücke als erste im Eluat erscheinen. Der Nachweis erfolgt photooptisch oder durch Szintillationsmessung nach Markierung durch [^{3}H]-Thymidin. Als Elutionstechnik kann auch eine alkalische Einzelzellelektrophorese durchgeführt werden. Hierbei verlassen die kurzen DNA-Bruchstücke wegen ihrer höheren elektrophoretischen Beweglichkeit die Zelle und werden durch Färbetechniken nachgewiesen.

Bewertung

Auch bei der DNA-Fragmentierung werden nur DNA-Schäden, aber keine Mutationen erfaßt.

• **Tests auf Zelltransformation**

In diesen Tests wird die Transformation von normalen Zellen zu solchen mit malignen Wachstumseigenschaften erfaßt. Häufig dienen zu Testzwecken die Zellen aus Embryonen des syrischen Hamsters (SHE). Nach deren Inkubation mit der Testsubstanz für 2-4 Wochen können im Falle einer malignen Transformation Wachstumsanomalien beobachtet werden. Diese äußern sich durch Erwerb der Fähigkeit in Weichagarkulturen zu wachsen. Eine solche Eigenschaft kann zur Isolierung entsprechend transformierter Zellkolonien ausgenützt werden. Weiterhin sind transformierte Zellen im Gegensatz zu Normalzellen in der Lage, nach Injektion in Mäusen Tumore zu bilden.

Bewertung

Weisen die Tests auf eine Zelltransformation hin, besteht eine hohe Korrelation zur Karzinogenität in vivo. Zwar sind die Verfahren weniger aufwendig als eine Prüfung auf Karzinogenität am Tier, sie benötigen aber dennoch einen Zeitaufwand von 1 bis 2 Monaten. Deshalb findet diese Methodik keine Anwendung in der Routineprüfung auf Genotoxizität.

3.4.3 Tests am Tier

In-vivo-Tests haben den großen Vorteil, das metabolische und kinetische Verhalten der Testsubstanz sowie die Wirkung der entstehenden Metaboliten zu erfassen. Zwischen Effekten am Versuchstier und Wirkungen, die beim Menschen erwartet werden, bestehen engere Korrelationen als zu Ergebnissen aus in-vitro-Untersuchungen.

Die Testmethoden lassen sich in zwei Gruppen unterteilen, in Keimbahn-Tests (germ-line-tests) und in Tests an Soma-Zellen (somatic-tissue-tests).

Die Keimbahn-Tests erfassen Mutationen in den Keimzellen. Sie sind so angelegt, daß Mutationen in den Keimzellen zu phänotypischen Veränderungen bei der Tochtergeneration (F_1-Generation) führen. Dies ist von Vorteil, da bei rezessivem Erbgang eventuell erst in einer späteren Generation Veränderungen auftreten.

In Somazell-Tests werden die Testsubstanzen in der Regel beim Muttertier während der Tragezeit appliziert. Durch Mutationen an den Embryonen kann es ebenfalls zu Auffälligkeiten am adulten Nachwuchs kommen.

• **Keimbahntests an Fruchtfliegen**

Beim Test an der Fruchtfliege (*Drosophila melanogaster*) wird die Testsubstanz dem Futter männlicher Fliegen zugemischt, die anschließend mit unbehandelten weiblichen Tieren verpaart werden. Weibchen der

F_1-Generation erhalten ein X-Chromosom des Vaters und geben es bei erneuter Verpaarung auf ihre F_2-Nachkommen weiter. Alle F_2-Männchen erhalten ihr X-Chromosom von der Mutter, d. h. zur Hälfte das des Großvaters. Rezessive Veränderungen auf diesem X-Chromosom können sich in den Männchen der zweiten Generation auswirken, da das Y-Chromosom nicht die dominanten Wildtyp-Allele trägt, die diese Mutation unterdrücken würden. Trägt ein Weibchen auf dem X-Chromosom, das sie vom Vater erhalten hat, eine induzierte rezessive Letalmutation, so wird die Hälfte ihrer männlichen Nachkommen sterben.

Bewertung

Dieser Test benötigt einen Zeitaufwand von etwa vier Wochen. Da die Fruchtfliege über ein mischfunktionelles Cytochrom P-450-System verfügt, das dem der Nagetierleber ähnlich ist, lassen sich auch Prokarzinogene erfassen. Aufgrund des hohen Zeitaufwandes ist der Test jedoch nicht für Routineprüfungen geeignet.

- **Specific-Locus-Test**

Wie beim Drosophila-Test werden auch beim 'Specific-Locus-Test' männliche Tiere, in der Regel Mäuse, mit der Prüfsubstanz vorbehandelt und danach mit unbehandelten Weibchen gepaart. Ist dabei in den Keimzellen der männlichen Tiere ein Gen mutiert worden, das in den weiblichen Tieren rezessiv ist, so können in der Tochtergeneration (F_1-Generation) phänotypische Veränderungen an Fell-, Augenfarbe, Enzymaktivitäten u. a. beobachtet werden.

Bewertung

Hinsichtlich der Aussage über das genetische Risiko von induzierten Punktmutationen stellt dieser Test ein relevantes System dar. Seine Anwendung ist durch die große Zahl der benötigten Versuchstiere stark eingeschränkt. So werden für eine sichere Aussage pro Dosisgruppe etwa 50.000 F_1-Tiere zur Beurteilung benötigt, was etwa 10.000 trächtigen Weibchen entspricht. Dazu kommen lange Versuchszeiten und sehr hohe Kosten, die fast denen von Karzinogenitätsstudien entsprechen. Auch aus ethischen Gründen ist die Durchführung eines solchen Versuches nur dann vertretbar, wenn positive Daten aus anderen Punktmutationssystemen vorliegen, eine Exposition des Menschen nicht zu vermeiden und die Substanz von großer Bedeutung ist.

- **Dominant-Letal-Test**

Der 'Dominant-Letal-Test' zählt zu den klassischen Methoden der Mutagenitätsprüfung. Wie beim 'Specific-Locus-Test' werden mit der Prüfsubstanz behandelte männliche Mäuse mit unbehandelten Weibchen verpaart. Stellt man an den aus diesen Verpaarungen hervorgehenden Embryonen einen gegenüber der Spontanrate erhöhten Anteil toter Keimlinge im Uterus fest, so kann auf induzierte, dominante Letalmutationen in den männlichen Keimzellen geschlossen werden.

Bewertung

Der größte Nachteil dieses Tests besteht in der relativ hohen Zahl der erforderlichen Versuchstiere. Jede Dosis der Testsubstanz muß an etwa 50 männlichen Tiere geprüft werden. Heute hat der Test deshalb eine untergeordnete Bedeutung.

- **Somazell-Tests**

In 'Somazell-Tests' werden Mutationen in somatischen Zellen von Embryonen erfaßt, wobei den Muttertieren während der Tragzeit die Prüfsubstanz appliziert wird. Als Ergebnis der Mutation (Genmutation, Rekombination) entwickeln sich aus den mutierten Embryonalzellen bei der Reifung des Tieres phänotypische Veränderungen.

Als Versuchstiere werden häufig *Drosophila melanogaster* oder Mäuse eingesetzt. An der Fruchtfliege kann eine punktuelle Veränderung der Augenfarbe (Facettenpigmentierung) oder des Flügel-Mosaik-Systems beobachtet werden. Bei der Maus sind im Falle einer Mutation punktuelle Farbveränderungen des Fells (Spot-Test) feststellbar.

Bewertung

Die 'Somazell-Tests' haben eine hohe Korrelation zwischen Erfassung der Mutagenität und der im Tierversuch gefundenen Karzinogenität gezeigt.

Ein positives Testergebnis ist daher von hoher Relevanz für die Abschätzung des Risikos für den Menschen.

- **Mikrokerntest**

Beim Mikrokerntest wird die Tatsache genutzt, daß bei der Reifung der Erythroblasten zu roten Blutzellen (Erythrozyten) der Zellkern bei seiner letzten mitotischen Teilung aus der Zelle ausgestoßen wird. Hat während der Reifung der Erythroblasten eine genotoxische Substanz mit klastogenen Eigenschaften (Aberrationen) oder mit Beeinflussung des Spindelapparates eingewirkt, so können entstehende Chromosomenbruchstücke oder auch einzelne Chromosomen bei der Zellteilung statt im regulären Zellkern in einem sogenannten Mikrokern separiert werden. Letzterer wird bei der Erythrozytenbildung nicht wie der Normalkern ausgestoßen, sondern bleibt in der Zelle, wo er durch eine besondere Färbetechnik mikroskopisch sichtbar gemacht werden kann. Das vermehrte Auftreten von Mikrokernen in Erythrozyten ist daher als Nachweis der Einwirkung einer klastogenen Substanz zu werten. Durch Applikation der Substanz bei der Maus und Entnahmen von Knochenmark nach 1, 2 oder 3 Tagen lassen sich Mikrokerne nachweisen.

Bewertung

Der Mikrokerntest zählt heute wegen seiner leichten Durchführbarkeit sowie der Möglichkeit einer automatisierten Auswertung zu den Standardverfahren zur Erfassung von Genotoxizität.

- **Abschlußbemerkung**

Wie die Beschreibung der Testsysteme zeigt, werden abhängig vom jeweiligen Verfahren unterschiedliche genotoxische Mechanismen erfaßt. Verschieden sind demnach auch die Risikoabschätzungen. Kein Test kann allein eine verläßliche Aussage über das Risiko für den Menschen liefern. Infolgedessen werden heute bei der Prüfung auf Genotoxizität 'Testbatterien' eingesetzt, welche eine Substanz stufenweise durchläuft, beginnend mit der Untersuchung von Punktmutationen und Chromosomenaberrationen zuerst an Bakterien, später an Säugerzellen und schließlich *in vivo*.

4 Glossar

Adenom: (gr. ἀδήν Drüse) primär gutartige Neubildung des Epithels endokriner und exokriner Drüsen
Alterung: Abspaltung eines Alkylsubstituenten vom Phosphatrest der mit einem Organophosphat vergifteten Acetylcholinesterase
Ames-Test: bakterielles Testsystem mit mutierten Salmonellen zur Prüfung gentoxischer Wirkungen (benannt nach dem Entdecker Bruce Ames)
Anästhesie: (gr. αἴσθησις Empfindung) Unempfindlichkeit gegenüber Schmerz-, Druck-, Temperatur- und Berührungsreizen
Angina pectoris: akute Herzkranzgefäßdurchblutungsstörung mit plötzlich einsetzenden Schmerzen im Brustkorb, die in die Schultern und in den linken Arm ausstrahlen. Gürtelförmiges Engegefühl, Atemnot, Todesangst
Anoxie: absoluter Sauerstoffmangel im gesamten Organismus oder in bestimmten Organen (Hypoxie)
anthropogen: (gr. ἄνθρωπος Mensch, γίγνομαι entstehen) durch menschliche Tätigkeiten ausgelöst
Antihidrotikum: (gr. ἀντί gegen, ἱδρώς Schweiß) Stoffe, welche die Schweißbildung zurückdämmen
Antikoagulanzien: Substanzen mit Hemmwirkung auf die Blutgerinnung (z. B. Heparin, Cumarinderivate)
antikoagulierende Wirkung: Blutgerinnungshemmung durch Heparine oder Cumarinderivate (in vivo), durch Chelatoren (in vitro)
Antioxidanzien: leicht oxidierbare Stoffe, die durch ihr niedriges Redoxpotential andere Stoffe vor unerwünschten Oxidationen schützen
Apoptose: (gr. ἀπό weg, πίπτειν fallen) programmierter, physiologischer Zelltod
Arteriolen: letzter Gefäßabschnitt der Arterien, welchem die Kapillaren folgen
autonomes oder vegetatives Nervensystem: das autonome (unwillkürliche) oder vegetative Nervensystem steuert als Teil des zentralen und peripheren Nervensystems die vegetativen Funktionen des Organismus, die nicht der Willkür unterstellt sind
auxotroph: (gr. αὐξάνομαι wachsen lassen, τροφή Nahrung) Bezeichnung für Mikroorganismen, bei denen durch Genmutationen bestimmte für die Synthese von Körperbausteinen notwendige

Enzyme nicht mehr gebildet werden können, so daß diese Bausteine von außen zugeführt werden müssen

bakterizide Wirkung: Fähigkeit einer Substanz Bakterien abzutöten

basophile Tüpfelung: punktförmig angeordnete, mit basischen Farbstoffen anfärbbare Substanz der roten Blutzellen, wahrscheinlich aus Ribosomen bestehend. Vermehrtes Vorkommen u. a. bei toxisch bedingten Anämien und Bleivergiftung

BAT-Wert: (biologische Arbeitsstofftoleranz) Grenzkonzentrationen für Gewerbeschadstoffe oder ihre Metaboliten im Blut oder Harn, bei deren Einhaltung für einen Beschäftigten mit einer durchschnittlichen Arbeitszeit von 40 Stunden/Woche in der Regel keine negative Beeinflussung der Gesundheit zu befürchten ist

Bay-Region: (bay-region) eingebuchtete-Region an einem gewinkelten polycyclischen aromatischen Kohlenwasserstoff, in deren Nachbarschaft durch drei sequentielle enzymatische Reaktionen (Cyt. P-450, Epoxidhydrolase, Cyt. P-450) ein vicinales Dihydrodiol-Epoxid gebildet und stabilisiert werden kann. Letzteres ist in der Lage, mit nukleophilen Zentren der DNA zu reagieren.

biliär: (lat. bilis Gallenflüssigkeit) gallig, die Galle betreffend

Bioverfügbarkeit: Anteil einer Substanz, welcher an den Wirkort oder in den Blutkreislauf gelangt

Blut-Hirn-Schranke: selektiv durchlässige Schranke zwischen Blut und Hirnsubstanz, durch die der Stoffaustausch mit dem zentralen Nervensystem einer Kontrolle unterliegt (blood brain barrier)

body burden: Gesamtmenge eines sich im Körper befindenden Fremdstoffes

Chlorakne: eine durch halogenierte Kohlenwasserstoffe hervorgerufene Akne (Sammelbezeichnung für Sekretionsstörungen der Talgdrüsen und Erkrankungen der Haarwurzelscheiden, die mit Entzündung und Vernarbung einhergehen)

Chromatid: eine der beiden identischen Hälften, in welche sich ein Chromosom vor der Reduktionsteilung der Länge nach spaltet

Chromatin: (gr. χρῶμα Farbe) mit spezifischen Farbstoffen anfärbbare Substanz im Zellkern, die aus DNA, RNA und Kernproteinen (Histone und Nichthistone) besteht

Coccidiostatikum: Mittel zur Therapie einer durch Sporozoen hervorgerufenen Infektion des Dünndarms (Coccidiose)

Cytostatika: heterogene chemische Gruppe zytotoxischer Verbindungen, welche die Zellteilung durch unterschiedliche Beeinflussung des Stoffwechsels verhindern oder verzögern

Delirium, Delir: (lat. delirare verrückt sein) Form der akuten organischen Psychose mit Bewußtseins- und Orientierungsstörungen, Halluzinationen, vegetativen Störungen, Tremor und motorischer Unruhe

Depilierung: (lat. depilare enthaaren) Enthaarungsmittel

Depression: (lat. deprimere, depressus niederdrücken, herabziehen) in der Psychiatrie eine unspezifische Bezeichnung für eine Störung der Affektivität, bei der ein depressives Syndrom im Vordergrund steht

Embolie: (gr. ἐμβάλλειν hineinwerfen) Verstopfung eines Gefäßes durch ein in die Blutbahn verschlepptes Gebilde (Thrombus, Parenchym, Bakterien, Gas, Fett, Parasiten u. a.)

enteral: (gr. ἔντερον Darm) zum Darm gehörig, Aufnahme über den Darm im Gegensatz zu parenteral, unter Umgehung des Darmes

epigenetisch wirksame Karzinogene: (gr. ἐπί auf) karzinogene Wirkung ohne Wechselwirkungen mit der DNA

Epithel: (gr. θάλλειν wachsen) geschlossener ein- oder mehrschichtiger Zellverband, der inneren oder äußeren Körperoberfläche

Epitheliom: gutartiger oder bösartiger Tumor aus Epithelzellen (Papillom, Adenom, Karzinom)

Erythroblasten: (gr. βλάστη Keim) Vorstufen der Erythrozyten im Knochenmark

Erythropoese: (gr. ποιεῖν machen) Bildung der roten Blutkörperchen im Knochenmark. Beim Menschen zweieinhalb Millionen pro Sekunde

Erythrozyten: (gr. ἐρυθρός rot, κύτος Zelle) rote Blutkörperchen, rote Blutzellen

Exsiccose: (lat. exsiccare austrocknen) Abnahme des Gesamtkörperwassers

Fertilität: Fruchtbarkeit, geschlechtliche Vermehrungsfähigkeit

Fibroblasten: Vorstufen der Fibrozyten (spindelförmige Zellen des Bindegewebes)

Ganglien: Nervenknoten, Schaltstellen zwischen zwei Neuronen des sympathischen und parasympathischen Nervensystems

Gangrän: (gr. γάγγραινα fressendes Geschwür) Nekrose mit Autolyse des Gewebes und dessen Verfärbung

Gastrointestinaltrakt: (gr. γαστήρ Magen, lat. intestinum Eigeweide) Magen-Darm-Trakt

Genotoxizität oder Gentoxizität: Sammelbegriff für Erbgutschädigung (z. B. DNA-Schäden und Schäden des Mitoseapparates)

Glomerulum: (lat. glomus Knäuel) Kapillarknäuel jedes einzelnen Nephrons, in dem die Ultrafiltration des Harnes erfolgt

glue sniffing: Klebstoffschnüffeln, inhalativer Mißbrauch euphorisierend wirkender Lösungsmittel

Golgi-Apparat: subzelluläre Organelle, die dem Sekrettransport und der Lysosomenbildung dient

Hämolyse: (gr. αἷμα Blut) beschleunigter Abbau von roten Blutkörperchen mit Austritt von Hämoglobin und anderen Bestandteilen aufgrund einer erhöhten Durchlässigkeit der Zellmembran

Hammett-Regel: beschreibt den Einfluß von Substituenten auf die Reaktivität organischer Verbindungen

Hodenatrophie: Rückbildung des Hodens mit Störung der Spermiogenese

Homöostase: auch Homoiostase (gr. ὅμοιος gleich, ähnlich; stare stehen) Regelvorgänge zur Aufrechterhaltung des inneren Milieus des Organismus (Ionenkonzentration, osmotischer Druck, pH-Wert, Temperatur etc.)

ILO: (International Labor Organization) internationale Arbeitsorganisation der Vereinten Nationen

intravenös: in eine oder in einer Vene (Applikationsweg), i. v.

Kapillaren: feinste Blutgefäße ohne Muskulatur, Haargefäße $\varnothing$ 6-20 µm

karzinogen: (gr. καρκίνος Krebs, γίγνομαι entstehen) auch kanzerogen (lat. cancer Krebs) krebserzeugend

Karzinogenese: Entstehung maligner Tumoren unter Beteiligung verschiedener Faktoren

Karzinom: (gr. -ωμα -geschwulst) ein vom Epithel ausgehender Tumor

Katecholamine: Oberbegriff für die biogenen Amine mit der Struktur des Brenzkatechins (Dopamin, Noradrenalin, Adrenalin)

Keimbahn: enthält das Ideoplasma, Erbplasma, Erbsubstanz oder sogenannte Keimplasma, welches kontinuierlich von einer Generation auf die nächste übertragen wird

Keratinozyt: Keratin (schwefelreiches Skleroprotein) bildende Epidermiszellen

Klastogen: (gr. κλάειν brechen) Substanz, die Chromosomenbrüche auslöst

Klon: (gr. κλών Zweig, Schößling) Kopie. Gruppe von identischen Zellen oder DNA-Abschnitten

knock-down-Wirkung: neurotoxische Wirkung der Pyrethrine und Pyrethroide auf Insekten
Koagulation: Gerinnung
Kolik: (gr. κωλική νόσος Grimmdarmkrankheit) krampfartige Schmerzen durch Zusammenziehen eines Hohlorgans (Darm, Harnblase, Gallengang, Gallenblase, Magen)
Komedonen: sogenannte Mitesser. Erweiterte, mit Keratin und Talg gefüllte Haarfollikel, die zur Hautoberfläche hin offen oder geschlossen sind
Kontaktallergie: (lat. contactus Berührung) überschießende Immunantwort auf ein Kontaktallergen (Substanz, die als Antigen eine Allergie auslöst)
kritische Konzentration: ist die Konzentration eines Toxikons, die das kritische Organ nicht mehr toleriert
kritisches Organ: ist ein Begriff in der Toxikologie, der das Organ kennzeichnet, das bei einer Vergiftung zuerst geschädigt wird und funktionelle Ausfallserscheinungen zeigt
LC_{50}: (lethal concentration) diejenige Konzentration einer Substanz in der umgebenden Atmosphäre bzw. bei wasserlebenden Organismen im Wasser, die bei 50% der exponierten Individuen zum Tode führt
LD_{50}: (letale Dosis) Menge einer Substanz pro Tier (genauer Menge pro kg Körpergewicht des Tieres), bei der 50% des behandelten Tierkollektivs stirbt. vgl. LC_{50}
Leukämie: (gr. λευκός hell) bösartige Erkrankung der weißen Blutkörperchen durch klonale Vermehrung unreifer blutbildender Stammzellen
Lungenödem: (gr. οἰδάνειν schwellen machen) Ansammlung seröser Flüssigkeit im Zwischenzellraum (Interstitium) des Lungengewebes oder in den Lungenbläschen (Alveolen)
Lymphozyten: von pluri- bzw. unipotenten Stammzellen im Knochenmark abstammende, in Knochenmark, Lymphknoten, Thymus und Milz gebildete und hauptsächlich über die Lymphbahnen ins Blut gelangende, kleine weiße Blutkörperchen
Lysosomen: im Golgi-Apparat gebildete Zellorganellen, die Hydrolasen enthalten (kleine Vesikel, die durch Zellmembranen begrenzt werden)
MAK-Wert: (maximale Arbeitsplatzkonzentration) höchstzulässige Konzentration eines Arbeitsstoffes am Arbeitsplatz, bei deren

Einhaltung für einen Beschäftigten mit einer durchschnittlichen Arbeitszeit von 40 Stunden/Woche in der Regel keine negative Beeinflussung der Gesundheit zu befürchten ist

Metaphase: Phase der Mitose, in der sich die Chromosomen in der Äquatorialebene anordnen

Mimikry toxischer Metalle: (gr. μίμησις Nachahmung) Nachahmen physiologischer Metalle für Enzyme und Transporter

Mitose: (gr. μίτος Faden) Zellteilung, identische Reduplikation des genetischen Materials und Verteilung je eines vollständigen Chromosomensatzes auf die Tochterzellen

motorische Endplatte (Muskelendplatte): Endplattenregion an der Muskelzellmembran mit Acetylcholinrezeptoren und Acetylcholinesterase

muskarinisch: kennzeichnet aufgrund der spezifischen Muskarinwirkung den Acetylcholinrezeptor des Parasympathikus am Erfolgsorgan (z. B. Herz, Auge, Darm etc.)

mutagen: (lat. mutare verändern) Veränderung des genetischen Materials

Neurofilament, Neurofibrillen: feinste Fäserchen im Zytoplasma der Nervenzellen und ihrer Fortsätze

Neurotoxizität: (gr. νεῦρον Sehne, τόξον Bogen) toxische Beeinträchtigung zentralnervöser und peripherer Nervenfunktionen

nikotinisch: kennzeichnet durch die spezifische Wirkung des Nikotins die Acetylcholinrezeptoren in den Ganglien des Sympathikus und des Parasympathikus

Nukleotid: Phosphorsäureester der Nukleoside (Nukleinbase, Pentose, Phosphat)

Nukleosid: Baustein aus Nukleinbase (Purin- oder Pyrimidin-Base) und einer Pentose meist D-Ribose oder D-Desoxyribose

Obstipation: (lat. obstipare verstopfen) verzögerte Kotentleerung

oligodynamische Wirkung: (gr. ὀλίγος wenig, δύναμις Kraft) Hemmung des Bakterienwachstums durch kleinste Konzentrationen von Metallen

Onkogene: (gr. ὄγκος Geschwulst, γίγνομαι erzeugen) durch Mutation, Deletion oder Überexpression gewinnen die Proto-Onkogene die Eigenschaft von Onkogenen, sie können Tumoren auslösen, wenn gleichzeitig die Kontrolle durch Tumor-Suppressorgene gestört ist

Organotropie: (gr. τρέπειν hinwenden) auf ein bestimmtes Organ gerichtete Wirkung

Parasympathikus: physiologisch und pharmakologisch vom Sympathikus abgrenzbarer Teil des vegetativen Nervensystems. Die von ihm geförderten Vorgänge dienen der Regeneration des Organismus
Persistenz: (lat. persistere hartnäckig, verharren) Beständigkeit eines Stoffes gegenüber dem Abbau in der Umwelt oder im Organismus
Phänotypus: (gr. φαίνειν scheinen, τύπος Gepräge) Merkmalbild, Erscheinung. Summe aller an einem Einzelwesen vorhandenen Merkmale, sein äußeres Bild, seine äußere Erscheinungsform und seine funktionellen Eigenschaften, die durch den Genotypus im Zusammenwirken mit Umwelteinflüssen verschiedener Art geprägt werden.
Plazentaschranke: biologische Barriere zwischen mütterlichem und fetalem Blutkreislauf für Partikel und größere Moleküle
Polyneuritis: (gr. πολύς viele) Entzündung des peripheren Nervensystems
Polyneuropathie: Erkrankung der peripheren Nerven aus nichttraumatischer Ursache
Polyurie: pathologische Erhöhung der Harnausscheidung
Proteinurie: Ausscheidung von Eiweiß im Urin (20 bis 150 mg Eiweiß in 24 h sind physiologisch)
Proto-Onkogene: als zelluläre Onkogene sind sie Homologe der viralen Onkogene. Ihre Genprodukte sind an der Kontrolle normaler Wachstums- und Differenzierungsprozesse beteiligt, insbesondere steuern sie die Zellproliferation
prototroph: (gr. πρῶτος erster) Mikroorganismen, bei denen alle Enzyme, die für die Synthese von Körperbausteinen notwendig sind, in den Zellen vorhanden sind
Psychose: (gr. ψυχή Seele) allgemeine Bezeichnung für psychische Störung mit strukturellem Wandel des Erlebens
pT_{50}: (potentielle Toxizität) negativer Logarithmus der toxischen Konzentration in mol/kg Körpergewicht ausgedrückt, bei der 50% des behandelten Tierkollektivs stirbt
renal: (lat. ren) die Niere betreffend
Resistenz: Widerstandsfähigkeit von Mikroorganismen gegen Chemotherapeutika und Biozide
Retikulum: (lat. reticulum kleines Netz), endoplasmatisches Retikulum (ER), elektronenmikroskopisch sichtbares, im Grundplasma der Zelle gelegenes dreidimensionales Hohlraumsystem aus Bläschen, Kanälchen und Zisternen, deren Membranen kontinuierlich mit der

äußeren Kernmembran und zum Teil auch mit der Plasmamembran zusammenhängen. Man unterscheidet ein mit Ribosomen besetztes sog. rauhes oder granuläres ER (rER) und ein Ribosomenfreies glattes ER (sER).

Roborans: (lat. roborare stärken) stärkendes Mittel

Sarkom: (gr. σάρξ Fleisch) ein aus mesenchymalem Gewebe hervorgehender Tumor

scavenger: (engl. Aasfresser) Abfänger toxischer Produkte, Radikalfänger

Soma-Zellen: (gr. σῶμα Körper) Körperzellen

Spasmus, spastisch: unwillkürliche Muskelkontraktion, Krampf

Spermiogenese, Spermatogenese: Reifung und Ausdifferenzierung der Samenzellen (Spermien) im Keimepithel des Hodens

Stickstoff-Lost: nach den Herstellern Lommel und Steinkopf, auch als Gelbkreuz und Senfgas bezeichnetes Kampfgas, ß,ß'-Dichlordiethylsulfid

Sympathikus: Teil des vegetativen Nervensystems und Antagonist des Parasympathikus; vereinfacht dargestellt führt seine Erregung zur Angriffsbereitschaft des Organismus aber auch zu Fluchtreaktionen

Synapse: (gr. ἅπτειν fassen) Umschaltstelle für die diskontinuierliche Erregungsübertragung von einem Neuron auf ein anderes oder auf das Erfolgsorgan (z. B. parasympathische und sympathische Synapsen, Ganglien- oder motorische Muskelendplatten-Synapsen)

teratogen: (gr. τέρας Ungeheuer) Eigenschaft eines chemischen, physikalischen oder biologischen Agens vor der Geburt (pränatal) Fehlbildungen auszulösen

Tremor: (lat. tremor Zittern) unwillkürlich auftretende, meist rhythmische Kontraktionen antagonistischer Muskeln

Tubulus (Niere): Nierenkanälchen, proximales (im Verlauf früher liegendes) und distales (im Verlauf später folgendes)

Zirrhose: (gr. σκίρρος harte Schwellung) Aufhebung der normalen Struktur eines Organs unter Umwandlung des Gewebes mit Verhärtungen

ZNS: (Zentralnervensystem) Gehirn- und Rückenmarksnervensystem im Gegensatz zu den peripheren Nerven

5 Literaturverweise

Amdur, M.O., Doull, J., Klaassen, C.D. (Eds):
Casarett and Doull's Toxicology. The Basic Science of Poisons.
4th Edition, Pergamon Press, New York, 1993

Ariëns, E.J., Mutschler, E., Simonis, A.M.: Allgemeine Toxikologie.
Georg Thieme Verlag, Stuttgart, 1978

Birgersson, B., Sterner, O., Zimerson, E.: Chemie und Gesundheit.
VCH Verlagsgesellschaft mbH, Weinheim, 1988

Dekant, W., Vamvakas, S.: Toxikologie für Chemiker und Biologen.
Spektrum Akademischer Verlag, Heidelberg, Berlin, Oxford, 1994

Eisenbrand, G., Metzler, M.: Toxikologie für Chemiker.
Georg Thieme Verlag, Stuttgart, New York, 1994

Fent, Karl.: Ökotoxikologie.
Georg Thieme Verlag, Stuttgart, New York, 1998

Forth, W., Henschler, D., Rummel, W., Starke, K.:
Allgemeine und Spezielle Pharmakologie und Toxikologie.
7. Aufl., Spektrum Akademischer Verlag,
Heidelberg, Berlin, Oxford, 1996

Greim, A., Deml, E.: Toxikologie.
VCH Weinheim, New York, Basel, Cambridge, Tokyo, 1996

Klimmek, R., Szinicz, L., Weger, N.: Chemische Gifte und Kampfstoffe.
Hippokrates Verlag, Stuttgart, 1983

Kuschinsky, G., Lüllmann, H.:
Kurzes Lehrbuch der Pharmakologie und Toxikologie.
13. Aufl., Georg Thieme Verlag, Stuttgart, New York, 1993

Levin, Louis : Die Gifte in der Weltgeschichte.
2. Aufl., Gerstenberg, Hildesheim, 1983

Luckey, T.D., Venugopal, B.: Metal Toxicity in Mammals.
Vol. I & II. Plenum Press, New York, London, 1977

Marquardt, H., Schäfer, S.G.: Lehrbuch der Toxikologie.
B. I. Wissenschaftsverlag, Mannheim, Leipzig, Wien, Zürich, 1994

Merian, E.: Metalle in der Umwelt. Verlag Chemie, Weinheim, 1984

Moeschlin, S.: Klinik und Therapie der Vergiftungen.
7. Aufl., Georg Thieme Verlag, Stuttgart, 1986

Mutschler, E.: Arzneimittelwirkungen.
7. Aufl., Wissenschaftliche Verlagsgesellschaft mbH, Stuttgart, 1996

Oelmann, J., Markert, B.: Humantoxikologie.
Wissenschaftliche Verlagsgesellschaft mbH, Stuttgart, 1997

Pschyrembel W.: Klinisches Wörterbuch.
257. Aufl., Walter de Gruyter, Berlin, New York, 1994

Reichl, F.-X.: Taschenatlas der Toxikologie.
Georg Thieme Verlag, Stuttgart New York, 1997

Steinhausen, M.: Medizinische Physiologie.
4. Aufl., J. F. Bergmann Verlag, München, 1996

Stryer, Lubert: Biochemistry.
4th Edition, W. H. Freeman and Company, New York, 1995

Strubelt, O.: Gifte in unserer Umwelt.
Stuttgart: Spektrum 1996

Timbrell, J.A.: Introduction to Toxicology.
2nd Edition, Taylor & Francis, London, New York, Philadelphia, 1995

Timbrell, J.A.: Toxikologie für Einsteiger.
Spektrum Akademischer Verlag, Heidelberg, Berlin, Oxford, 1993

Voet, D., Voet, J.G.: Biochemie.
VCH Verlagsgesellschaft, Weinheim, New York, Basel, Cambridge, 1992

Wirth, W., Gloxhuber, Ch.: Toxikologie.
5. Aufl., Georg Thieme Verlag, Stuttgart, New York, 1994

6 Stichwortverzeichnis

Fette Zahlen weisen auf Haupteinträge hin, kursive auf Strukturformeln, Abbildungen oder Tabellen. α siehe unter alpha, etc.

1

1,1,1-Trichlorethan 80; 81; 92; 164
1,1,2,2-Tetrachlorethan 80
1,1,2-Trichlorethan 81; 92; 164
1,1,2-Trichlorethylen →
Trichloreth(yl)en 93; 177
1,1-Dichlorethan *80*
1,1-Dichloreth(yl)en 177
1,1-Dichlormethylether 162
1,1-Dimethylhydrazin *170*
1,25-Cholecalciferol 46
1,2-Dibrom-ethan 36; 164
1,2-Dichloreth(yl)en, *cis-, trans-* 177
1,2-Dichlorethan 36; 163
1,2-Dimethylhydrazin *171*
1,2-Epoxybuten-3 167
1,2-Propylenglykol 81
1,4-Dioxan 80
1-Arseno-3-Phosphoglycerat 24; 72
1-Chlor-2-propanol 163
1-Hexanol 89

2

2,3,7,8-Tetrachlordibenzodioxin **122**
vgl. TCDD
2,3-Dibrom-1-propanol 163
2,4'-DDT 131
2,4,5-Trichlorphenoxyessigsäure. *121*; 122
2,4-Dichlorphenoxyessigsäure *121*
2,5-Hexandion 88; 89
2-Chlor-1-propanol 163
2-Chlorethanol 80; 163
2-Ethoxyethanol 80
2-Ethoxyethylacetat 81
2-Hexanon 80
2-Methoxyethanol 80
2-Methoxyethylacetat 81
2-Oxoglutarat 72

2-Propanol 81

3

3-Chlorperbenzoesäure 100

4

4,4'-DDT 131
4-Dimethylaminophenol (4-DMAP) **145**; 146
4-Hydroxymercuribenzoat *51*
4-Nitrobenzylpyridin (NBP) 161

A

Aberration 156
Acetaldehyd-Dehydrogenase 83
Aceton 80; 81; 82; 86
Acetylcholinesterase 104; 106; 107
Acidose 91; 146
Acridin-Orange *174*
Acrolein 133; *174*
Acrylamid 100; *174*
Acrylnitril 102; *174*
Adamsit 68
Adenin *153*
Adenylatcyclase 66
Adrenalin 93; 95
Aflatoxine *179*
Addukt 180
Epoxid 179
agent orange 122
Ah-Rezeptor 123
Akarizide 101
Akrodynie 57
Aktivierung 158
Aldehyd-Dehydrogenase 127
Aldrin 103; *115*
Alkan(e) 79; 87

halogenierte ... 79
MAK-Wert ... 88
Alkanol ... 79
Alkohol
 -dehydrogenase ... **82**; 94; 127
 -vergiftung ... 84
Alkylanzien ... 90; 161
Alkylether ... 79
Alkylhalogenide ... 162
Alkylharnstoff(e) ... 170
Alkylhydrazin(e) ... **170**
Alkylisothiocyanate ... 126
Allyl
 -alkohol ... *174*
 -bromid ... *174*
 -chlorid ... *174*
 -verbindungen, reaktive ... 173
alpha-Naphthylthioharnstoff ... 137
Alterung ... 104
Amalgam ... 48; 50; 59
Ameisensäure ... 82; 90; 91
Ames-Test ... 131; 188; **190**
Amine, aromatische ... 187
Aminoacridin ... *174*
Ammoniak ... 133
Amplifikation ... 158
Amygdalin ... 145
Amylnitrit ... **141**
Analgesie ... 79
Anilin ... 132; 142; 143; 188
 -derivate ... 102
 -krebs ... 132
Anionencarrier ... 24
Anosmie ... 46
Anoxie ... 138
Antidiuretisches Hormon (ADH) ... 53
antifouling ... 125
Antikoagulantien ... 129
antikoagulierende Wirkung ... 23
Antimon ... 33
Antioxidanzien ... 120
ANTU ... 102; 137
Apoptose ... 158
Apothionein → Metallothionein ... 45
Aquaporin ... **52**; 57
Arbeitsorganisation

internationale (ILO) ... 96
Arenoxid ... 181
Arsan, engl. arsine ... 68
Arsanilsäure ... 67; *69*; 72
Arsen ... 9; 19; 26; 31; 32; 33; **66**; 175
 -betain ... 73
 Biotransformation ... 73
 III/V, Redox ... **71**; 73
 -krebs ... 71
 -melanose ... 71
 -wasserstoff ... **68**
Arsenat ... 22; 67; 73
Arsenik ... 9; 66; 71
Arsenikessen ... 67
Arsenismus ... 71
Arsenit ... 73
Arseno
 -cholin ... 73
 -phospholipide ... 73
Arsphenamin ... 11; 68; *69*
Arylamine, Mutagenität ... 187
Asbest ... 150
Ascorbinsäure ... 65; 66
Asphyxie ... 79
Atemgifte ... 133
Atmosphäre ... 47; 89
Atmung, äußere, innere ... 133
Atoxyl ... 67; *69*
Aurosomen ... 30
Auxin ... 121
Aziridinium ... 165

B
Bakterien ... 76
 methanogene ... 49
 Salmonella typhimurium ... 190
BAL ... 41; 47; 58; *69*; 74
Barium, -chlorid, -sulfat ... 17; 18
Basenaustausch ... 154
Basenpaare, komplementäre ... 152; *153*
BAT-Wert ... 91
 Phenylmercaptursäure ... 98
bay-region ... 183
Benomyl ... *128*
Benzidin ... 132; 143
Benzimidazole ... 102; 127

Benzin 87
   Lungenentzündung 87
   Sucht.. 89
   Trinken 87
   verbleites 40
Benzo[a]pyren 182
   Diolepoxide 183
Benzol 80; 81; **95**; 100; 181
   -glykol 97
Berliner Blau 62; 144
Berufskrankheiten-Verordnung 37; 63
Beryllium 19; 175
beta$_2$-Mikroglobuline............................ 46
beta-Lyase 94; 95
beta-Naphthylamin 132
beta-Oxidation 89
Biozide **101**
Bipyridylium 102; 118
Bis(1-dichlorethyl)-ether *162*
Bis(2-dichlorethyl)-ether *162*
Bis(chlormethyl)-ether......................... *162*
black-foot-disease................................. 71
Blausäure 102; 144
Blei 7; 11; 23; 30; 32; 33; **34**; 175
   -acetat 7; 35
   -arsenat 35
   -chlorid 36
   Depot 40
   Erdboden 10
   -fluid 36
   -glasur 35
   -glätte 35
   -kolik 38
   -kolorit 38
   Komplex, lipophiler.................... 37; 39
   Produktion, Welt-, Jahres- 8; 34
   -saum 38
   -seife 36
   Tetraethyl- 9; 36; 175
   -zucker 35
Blutgerinnungsfaktoren 129
Blut-Hirn-Schranke 54
body burden 37
Brom 133
Brommethan 90; 162
Bromdesoxyuridin (BrdU) 195
Bromtrichlormethan 92
Butylacetat 81
Butylnitrit 142

C
Ca^{2+}-ATPase 139
Cadmium 11; 19; 30; 32; **41**; 175
   Nahrung.. 42
   Nierenrinde....................................... 44
   -oxid 41; 42; 134; 175
   Schnupfen 46
   -shift 45
Calcitonin 46
Calcitriol 46
Calzium 23; 37; 42; 46; 85
CaNa$_2$-EDTA 40; 66
Carbamate 102; 103; **107**; *108*
Carbaminsäureester **107**
Carbaryl *108*
Carbendazim 108
Carbogen 139
Carbonylchlorid (Phosgen) 92; 100
Carboxyesterase 106
Carboxyhämoglobin 138
Cäsium 62
Cer 23
Chelate, lipophile 127
Chelator 40
Chiralität 132
Chlor 133
Chlorakne 122
Chloranilin 188
Chlorat 102; 120; 140; 144
Chlorcarbonsäuren 102
Chlordan *115*
Chlordecon *115*
Chlorethylenoxid **177**
Chloridkanal 115
Chlormethan 80; 81; **90**; 162
Chlormethylglutathion......................... 91
Chloroform **90**; **91**; 95; 96
Chlorvinyldichlorarsin 68
Chlorwasserstoff................................. 133
Cholecalciferol-Hydroxylase 46
Cholinesterase 103
Chrom 16; 19; 24; 32

Chromat(e) 150
Chromat/Cr^{3+} 22; 65; 175
Chromosomenaberrationen 194
Chrysanthemumsäure *109*
Citratzyklus 72
Clark I/II 68; *69*
Co_2-EDTA 146
Cobalt 16; 32; 39; 175
CS-Syndrom 110
Cumarinderivate 102; 129
Cyanid 144; 148
    MAK 145
    Metabolismus *146*
Cyan-Methämoglobin **145**
Cycasin 171
Cyclodiene 112; **114**; 115
Cyclohexan 100
Cyclohexane, chlorierte 112
Cypermetrin *109*
Cystein 43; 52; 53; 65
Cytochrom P-450 .... 88; 92; 93; 94;
    .... 97; 99; 135
Cytochromoxidase 144; 148
Cytosin *153*

D

Dazomet *128*
DDE 113
DDT 103; **112**
    2,4'-DDT 114
    4,4'-DDT 112
    Abbau 113
    technisches 112
delta-Aminolaevulinsäure 39
    -dehydrase 38
Demethylierung 56
Desinfektionsmittel 103
Dialkylzinn 124
    Metabolismus 125
Diaphorase 142
Diarsin 70
Diazepam 41
Diazonium 184
Dichloracetylen 95
Dichlordiethylsulfid (S-Lost) 165
Dichlordiphenylmethane **112**

Dichlordiphenyltrichlorethan → DDT
Dichloressigsäure 94
Dichlorethan 80; 90; 92
Dichlormethan 80; 81; 90; **91**; 92
Dick 68
Dicoumarol 130
Dieldrin *115*
Diepoxybutan 167
Diethylenglykol 81; 85; 86
Diethylether 79; 100
Diethylstilboestrol 150
Dihydroliponsäure 72
Dimercaprol 41; 62; 74
Dimercaptopropanol 74
Dimethylarsin 73
Dimethylarsinsäure *69*; 72; 73
Dimethylquecksilber 49; 56; 58
Dimethylsulfat 100; *169*
Dinitrokresol *117*
Dinitrophenol(e) 102; **117**; 118
Dinobuton *117*
Dinoseb *117*
Dinoterb *117*
Dioxine 131
Dioxovanadium(V) 64
Diphenyl
    -aminchlorarsin 68
    -chlorarsin 68
    -cyanarsin 68
    -cyclopropenon (DCP) 131; *132*
Diphenyl(e) **127**; 128
Dipyridinium 102
Diquat **118**; *119*
Dischwefelchlorid 133
Distickstoffoxid 79
Disulfiram 126
Dithiocarb 62
Dithiocarbamate 102; **125**
Diuretika 52
Diuron 118
DMPS 58; 74
DMSA 58
DNA 29; 31; 152; *153*
    Addukte 178
    Alkylierung 154
    Fragmentierung, Test 196

Ligase 156
Polymerasen 156
Reparatur 156
Reparatur, Test 195
Strangbrüche 71; 155; 160; 173
Vernetzung *165*
dominant-lethal-test 199

E
EDTA 40
Ehrlich, Paul 67
Eisen 16; 42; 127
Transportprotein 60
Embolie 54
Encephalopathia saturina 40
Endonukleasen 156
enterohepatischer Kreislauf 60; 62
Entfettung 76
Entgiftung, Mechanismen 29
Entlaubung 67
Episulfonium 163
Epoxid(e) 94; 97; 99; **166**; *177*; 179
DDT 113
-hydrolase 97; 181
Stabilisatoren 95
Epoxidierung 173
Alkene 176
Aromaten 180
Furane 178
Polyaromaten 182
Epoxidierung **176**
Erdboden 10; 34
Erdgas 96
Erdöl 41; 62; 96
Erethismus mercurialis 57
Erythroblast 200
Eth(yl)enoxid 102; *176*
Alkylierung 176
Ethen *176*
Ethenylbenzol 99
Ethinyloestradiol 159
Ethylacetat 81
Ethylalkohol 80; 81; 82; **83**; 85; 100
Ethyldichlorarsin 68
Ethylenchlorid 36
Ethylenglykol 80; 81; 85
Ethylenimin(e) 166
Ethylenimmonium 165
Ethylenoxy-3,4-epoxycyclohexan 167
Ethylmethansulfonat (EMS) *169*
Exzitation 78; 79

F
Fapy-Adenin *172*
Feersche Erkrankung 57
Fentin 125
Fenton-Reaktion 172
Ferrochelatase 38; 39
Ferrovanadin 63
Fettdepot 83
Fettsäure 76; 93
Fluor 100; 133
Fluormethan 162
Formaldehyd 82; 90; 91; 133
Fowlersche Lösung 67
Fuberidazol 128
Fungizid(e) 50; 101; 107; **123**
Furanocumarine 132

G
Galmei 41
gamma-Carboxyglutaminsäure 129; *130*
Gastransport, Blut 133
Gefahrstoffe, Kennzeichnung 99
Vermeidung **99**
Genmutationstest 192
Genotoxizität 151
direkte 160
indirekte 160; 175
Testsysteme 189
germ-line-test 197
Giftmehl 67
Glomerulum 52; 53
Glukose-6-Phosphat-Dehydrogenase .. 142
Glukuronsäure 83; 94
Glutathion 26; 56; 65; 72; 94
 .... 136; 139; 163; 173
-disulfid 136; 139
Peroxidase 136
Reduktase 139
S-Transferase 91; 95; 97; 163; 173
Glycerintrinitrat 141

Glycidaldehyd 167
Glycin 99
Glykol 85
Glykolyse 72
Glyoxylsäure 85; 94
Guanin *153*

H

Haarausfall 61
Haarfollikel 60
Haloalkohole **162**; *163*
Haloether *162*
Hämoglobin 70; 138
   CO-Hb 138
   CO-Hb (BAT) 91
   Nitroso- (NO-Hb) 141
   Synthese 25
Hämolyse 70; 74; 140
Häm-Synthese 25; 39
Harnstoffderivate 102; **118**
Haut, Hautflora 76
Henlesche-Schleife **52**; 57
Heptachlor *115*
Heptan 80; 81; 100
Herbizid(e) 107; 101; **117**
Hexachlorcyclohexan (HCH) ....
.... 103; 112; **116**; 131
   Isomere 116
   technisch 116
Hexachlorophen 131; 132
Holmium 23
Hornschicht, -zellen 76
Huminsäuren 32; 34; 42
Hydrochinon 97
Hydroxycobalamin 146
Hydroxyl-Radikal 137; 140; 172
Hyperkeratose 71

I

Indan-1,3-dione 102; 129
Indolyl-3-essigsäure 121
Initiation, Initiator **158**; 159
Insektizid(e) 59; 86; 101; **103**
Interkalation 174
Iodmethan (Methyliodid) 100; 162
Ionen-Kanal 77
Ionen-Radien 21
Isosorbit-2,5-dinitrat 141
Isosorbitmononitrat 141
Itai-itai-Krankheit 46

K

Kakodyloxid *69*
Kakodylsäure 72
Kalium
   -Eisen(III)-hexacyanoferrat(II) 62
   -kanal 39
Kalomel 50
Kapillargift 71
Karzinogenität 159
   Kategorien 100
Katalase 54; 136
Katechol 97
Katecholamin 65
Kaulquappen 77
Keimbahntest 197
Kiese-Zyklus 142
Kinetik nullter Ordnung 84
Klärschlamm 41
Klastogen 160
Klon 159
Koch, Robert 67
Kohlenmonoxid 91; 138
Kohlenwasserstoffe,
   aromatische 95
   chlorierte, cyclische 102; 103; **112**
   fluorierte (FCKW) **89**
Komplexbildung 125
Kontaktgift 101
Kontaktherbizid 118
Konzentration, kritische 14
Koproporphyrin III 38
Koproporphyrinogen III
   -Decarboxylase 38; 39
Krebs
   Faktoren 150
   Lebensalter 149
   Lebenserwartung 149
   Organverteilung 149
   Todesursache 149
K-Region 183
Kreislauf, enterohepatischer 124

Kumulationsgift 61
Kupfer .. 16; 26; 30; 32; 50; 102; 123; 127

L

Lacton(e) 168
Lamina muscularis mucosa 77
Lamina propria mucosa 77
Lanthan 23
Lanthanide 21; 23
Latenz, Phosgen 134
LD_{50}-Wert 28
Leberzirrhose 71; 84
Leuchtgas 138
Leukomethylenblau 143
Lewisit 68
Lindan 116
Lipidperoxidation 45; 137
Lipoidtheorie 77
Lost 165
Lösungsmittel 75
L-Region 183
Lungenödem 137
  toxisches 134
Lungenreizstoffe 135
Lungenzellen
  chin. Hamster (CHV79) 193
Lysin 89
Lysosomen 30

M

MAK, Spitzenbegrenzung 56
Malaria 103; 112
Malondialdehyd 92; 93; 137
Maneb *126*
Mangan 16; 32; 127
Marsh 67; *70*
Maus-Lymphoma-Zellen 193
Mees-Streifen 61; 71
Melanin 76
Melanozyten 76
Melarsen *69*
Melarsoprol 68; *69*
Membran 77
Merbaphen *51*
Merbromin *51*
Mercaptursäure 163

Mercurochrom *51*
Mercury Orange *51*
Merfen *51*
Merkurialismus 57
Mersalyl *51*
Metalle im Organismus 26; *27*
Metallothionein (MT) 42; **43**
Metavanadinsäure 64
Methämoglobin 118; 120; 139
  Bildner **139**
  Bildner, direkte 140
  Bildner, indirekte 141
  Reduktase 139
Methämoglobinämie 140
Methanol 100
Methanthiolatomethyl-Quecksilber 49
Methionin 25
Methoxyethylquecksilberchlorid *51*
Methylalkohol 80; **81**
Methylazoxymethanol *171*
Methyldichlorarsin 68
Methylenblau 120; 143
Methylethylketon 81; 86
Methylformiat 86
Methylhippursäure 99
Methylierung
  As 24; 72
  Hg 47; 58
Methylisothiocyanat 102
Methylmethansulfonat (MMS) *169*
Methyl-n-butylketon 81; 89
Methylquecksilber 13; 26; 33; 49
  -chlorid 50; 56
  -Cystein 25
Methylsenföl 127
Methyltransferasen 73
Mikrokerntest 200
Mimikry, Anionen **20**; *21*
  Kationen *21*; **22**; 38; 60
Minamata-Disease 58
Mineralhaushalt 46
Mirex *115*
Mitochondrien 62
Mobilisationstest 40
Molluskizide 101
Molybdän 16; 32

Molybdat ... 22
Monochlormethylether ... 162
Monomethylarsonsäure ... 72; 73
Monooxygenase → Cyt. P-450 ... 83
Muconaldehyd, *trans-trans-* ... 97
Mutation ... 151; 157
    Chromosomen- ... 156
    Frameshift- ... 155
    Gen- ... 156
    Genom- ... 156
    Punkt- ... 156; 172
    Rasterschub- ... 155
Myoglobin ... 145

N

N-(Hydroxyacetyl)-aminoethanol ... 94
Na^+-K^+-ATPase ... 60; 65; 139
NAD^+ ... 82
NADH ... 65; 82
NADPH-Oxidase ... 136
Nahrungskette ... 11; 13; 48; 58; 101
Naphthalin ... 181
Naphthylamin ... 143
Narkose, Lipoidtheorie ... 77
Natriumkanal ... 110; 114
Natriumprussid ... 145
Natriumthiosulfat ... **145**
Nematizide ... 101
Neodym ... 23
Nephron ... 53
Neurotoxine ... 114
Neurotoxische Esterase ... 106
n-Hexan ... 80; 81; 86; **87**; 100
Nickel ... 16; 19; **20**; 32; 175
    -carbonat, -oxid, -sulfid ... 20; 175
Niere ... 44
    Glomerulum ... 121
    Harnbereitung ... 52
    -schädigung ... 57
    Tubulus ... 52
NIH-shift ... 180
Nitrat, Gemüse, Wasser ... 141
Nitrate, organische ... 141
Nitrit ... 140; 170; 185
Nitroanilin ... 188
Nitrobenzol(e) ... 102; 142

Nitrofurane ... *179*
Nitrosamine
    Bildung ... 185
Nitrosamine ... **184**
Nitrosierung
    desalkylierende ... 186
    sek. Amine ... 185
    tert. Amine ... 186
Nitrosobenzol(e) ... 142
Nitrosoharnstoff ... *169*
Nitroxyl (NOX) ... 186
Noradrenalin ... 93; 95
Novasurol ... *51*

O

O^6-Methylguanin ... *153*
Obidoxim ... 106
Octan ... 81
Ödembildung ... 71
Östrogenrezeptor ... 114
Oligodynamischer Effekt ... 30
Onkogene ... 158
Organ, kritisches ... 14
Organophosphate ... 102; 103
ortho-Phenylphenol ... 127; 128
Orthovanadinsäure ... 62; 64
Osteomalazie ... 46
Osteoporose ... 46
Ovarialzellen, chin. Hamster (CHO) ... 193
Oxalatniere ... 85
Oxalsäure ... 85; 94
Oxepin ... 97
Oxidation, gekoppelte ... 141
Oxime ... 104
    Toxizität ... 107
Oxiran → Epoxid ... 166
Oxophenarsin ... 68; *69*
Oxovanadium(IV) ... 64
Oxyhämoglobin ... 138
Ozon ... 89; 134

P

p53-Gen ... 158
Paraquat ... 118; *119*; 137
Parathion ... 105; *106*
Parathormon ... 46

PCMB *51*
Penicillamin 40
Pentachlorethan 80
Pentaerythritoltetranitrat 141
Perchlorat 100; 140
Perfluordekalin 131; *132*
Perfluoroctan 131
Periodensystem 15
Permanentkulturen 193
Permeabilität, Wasser 52; 53
Permethrin *109*
Phase II-Reaktion 83
Phenacetin 143
Phenobarbital 159
Phenol 97
Phenoxycarbonsäuren 102; 121
Phenprocoumon 130
Phenylarsenoxid *69*
Phenylarsonsulfoxylat *69*
Phenylhydroxylamin 142
Phenylmercaptursäure 97
Phenylquecksilber 49
-acetat 50; *51*
Phosgen 93; 100; **134**
Phosphorwasserstoff 102
Phytochelatin 42
Pigmente 63
pink disease 57
Piperonylbutoxid (PBO) *109*; 111
Plankton 49
Plazenta 44
Plazentarschranke 56
Plumban 36
Plutonium 19
Pökeln 141
Polareis 47
Polyneuritis 71
Polyurie 52; 57
Porphobilinogen-Synthase 38; 39
Pralidoxim 106
Praseodym 23
Präzipitat, weisses 50
Proflavin *174*
Progression 160; **158**
Promotion, Promotor **158**; 159
Propoxur *108*

Prostaglandin-Synthase 135
Proteinurie 57
Protonen-Ionophore 117
Proto-Onkogene 158
Protoporphyrin IX 38
Psellismus mercurialis 58
pT_{50} 28
Purinalkylierung 155
Pyrethrine **108**
Pyrethroide 102; 103; 108; *109*; 132
Pyrethrolon *109*
Pyrethrum 102; 103; 108; 111
Pyrimidin-5'-Nukleotidase 38
Pyruvat 72

Q
Quecksilber 11; 13; 19; 30;
 .... 32; 33; **47**; 65
Diuretika 52
elementares 54
Fungizid 124
gasförmiges 54
Halbwertszeiten biolog. *55*
Kreislauf 49
organische Verbindungen .. 56; 102
Saatbeizen 50; 128
-saum 57
-schnupfen 57
Selenid 54
Toxikokinetik 55

R
Radikal 171
 freies 92
 Hydroxyl- 172
 Schädigung 137
 Trichlormethyl- 92
Radium 150
Raucher 42
Redoxfarbstoffe 143
Resistenz 101
Respirationstrakt, Abschnitte .. 133
Rhodanase **145**
Rhodanid 145
Roborans 67; 71
Rodentizid(e) 59; 67; 101; **128**; 137

Rubidium 62

S

S9-Mix 191
Saatbeizen 48; **49**; 50; 58; 128
Saccharin 159
Safroxane *109*
Salmonella typhimurium 190
Salvarsan *69*
Salyrgan *51*
Samarium 23
Sammelrohr 53
Sammelurin (24 h) 40
Sapa 7
Saturnismus 37
Sauerstoff **135**
   Löslichkeit 138
   Mangel 138
   Radikale 135
   reaktive Spezies 171
   Toleranz 137
   Toxizität 137
Scheele, Carl Wilhelm 144
Schleimhaut 76
Schnüffeln 142
Schutzmantel 76
Schwefel 102; 124; 148
   -dioxid 133
   -donator 145
   -Paraffin 100
   -wasserstoff 49; 100; 124; 126; **147**
      Metabolismus 148
      Vergiftung **147**
Schwesterchromatid-Austausch 19; 194
Scillirosid 102
Sedimente 47; 49
Selektivität 124
Selen (Selenat) 22; 32; 54; 73
Sesamex *109*
Seveso-Dioxin 122
short-term-tests 189
Silber, -nitrat 30; 31
sister chromatid exchange (SCE) 194
somatic-tissue-test 197
specific-locus-test 198
Spiegelbelegen 48

Steinkohlenteer 96
Stickstoffdioxid 134
Stomatitis mercurialis 57
Styrol (Styren) 99; 177
Styrol-7,8-oxid 99
Sublimat 50
Succinat, Succinyl-CoA 39
Sulbentin *128*
Sulfat 148
Sulfid-Oxidase 148
Sulfit 148
Sulfmethämoglobin 148
Sulfonamid 85
Sulton(e) **168**
Superoxid
   -anion 119; **135**; 172
   -dismutase **136**; 172
Synergist *109*

T

Tabak (Nicotiana tabacum) 42
Talgdrüsen 76
TCDD **122**; 131; 159
technische Produkte 110; 116
Tetrachloreth(yl)en 81; 92; 95; **177**
Tetrachlorkohlenstoff 81; 90; **92**; 137
Tetrachlormethan 81; 90; **92**; 137
Tetradecanoyl-Phorbolacetat (TPA) 159
Tetraethylblei (TEL) 9; 11; 36
Tetraethyldiarsinoxid 73
Tetramethrin *109*
Thallium 18; 22; 23; **59**; 102
   Rodentizid 128
Thiabendazol 128
Thiadiazine 102
Thiiranium 163
Thiocyanat **145**
Thioketen, Monochlor-, Dichlor- 178
Thiolgruppen 43
Thiomersal *51*
Thionin 143
Thiosulfat 148
Thiram (TMTD) *126*
Thomasschlacke 63
Thymin 153
Toleranz 78; 79

Toluidinblau 143
Toluol 80; 81; 95; **98**; 100
Toxizität(s)
   -äquivalent 123
   Klassen 28
   potentielle 28
   selektive 67
   technische Produkte 131
Transacylase 72
Translokation 158
Treibgase 89
Tremor mercurialis 58
Trichloracetaldehyd 94
Trichlorbenzol 80
Trichloressigsäure (TCA) 94; 102
Trichlorethanol 94
Trichloreth(yl)en 80; 90; **93**; 94; **177**
Trichlormethan 80; 81; **91**; 92
Triethanolamin **186**
Trikresylphosphat 106
Trimethylarsin 73
Triphosgen 100
Trypaflavin *174*
T-Syndrom 110
Tubulus, proximaler & distaler 53
Tumor
   -bildung 157
   -erkrankungen 149
   Suppressorgene 158
Tunica mucosa 77
Tüpfelung, basophile 38

U
Ultrafiltration 52
Umgiftung 54
Uran 32
Uranyl 26

V
Vanadat 18; 22
Vanadium 13; 17; 24; 32; **62**
Vanadocyten 64
Vanadyl 18; 64; 65
Verätzung 57
Verdoglobin 140
Verteilung, globale 12

Verteilungskoeffizient 77; 83
Vinylchlorid 177
Viologen 119
Viren 157
Vitamin D 46
Vitamin E 137
Vitamin K$_3$ 140
Vitamin K 129
   -2,3-Epoxid 130
   Antagonisten 129
   Chinon 130
   Hydrochinon 130
   Menachinon *130*
   Menadion *130*
   Phyllochinon *130*
Vulkane 47

W
Warfarin 129; *130*
Wasserstoffperoxid 140
Wein, Panschen 86
Weinbau 35; 67
Widmarksche Formel 83
Widy-Phänomen 60
Wirkung
   antikoagulierende 23; 129
   knock-down- 110; 111
   muskarinische 105
   nikotinische 105
   östrogene, 2,4'-DDT 114
   östrogene, Chlordecon 116
Wismut 30
Wolfram 17

X
Xanthinoxidase 135
Xylol(e) 81; 95; **99**; 100

Y
Ytterbium 23

Z
Zahnheilkunde 48
Zelio 59
Zellatmung 144
Zelltransformation, Test 196

Zellzyklus 157
Zementwerke 59
Zigarette 42
Zineb *126*
Zink 16; 26; 32; 43
Zinn 33; 36; 39; 48
Zinn
   Biozid **124**
   organisches 102
Zinnober 47
Ziram *126*
Zyanose 134

MIX
Papier aus verantwortungsvollen Quellen
Paper from responsible sources
FSC® C105338

If you have any concerns about our products,
you can contact us on
ProductSafety@springernature.com

In case Publisher is established outside the EU,
the EU authorized representative is:
**Springer Nature Customer Service Center GmbH
Europaplatz 3, 69115 Heidelberg, Germany**

Printed by Libri Plureos GmbH
in Hamburg, Germany